技术创新、专利、标准
的协同转化研究

舒 辉 ▶ 著

企业管理出版社
ENTERPRISE MANAGEMENT PUBLISHING HOUSE

图书在版编目（CIP）数据

技术创新、专利、标准的协同转化研究 / 舒辉著 .—北京：企业管理出版社，2021.4

ISBN 978-7-5164-2335-6

Ⅰ.①技… Ⅱ.①舒… Ⅲ.①科技成果–成果转化–研究 Ⅳ.①G311

中国版本图书馆 CIP 数据核字（2021）第 038184 号

书　　名：	技术创新、专利、标准的协同转化研究
作　　者：	舒　辉
责任编辑：	尤　颖　宋可力
书　　号：	ISBN 978-7-5164-2335-6
出版发行：	企业管理出版社
地　　址：	北京市海淀区紫竹院南路 17 号　　邮编：100048
网　　址：	http：//www.emph.cn
电　　话：	编辑部（010）68701638　发行部（010）68701816
电子信箱：	emph001@163.com
印　　刷：	北京虎彩文化传播有限公司
经　　销：	新华书店
规　　格：	170 毫米×240 毫米　16 开本　18 印张　361 千字
版　　次：	2021 年 4 月第 1 版　2021 年 11 月第 2 次印刷
定　　价：	68.00 元

版权所有　翻印必究　·　印装有误　负责调换

PREFACE 前言

技术创新、专利与技术标准结下了不解之缘：技术标准离不开专利，其背后往往是以大量的专利作支撑；而专利的基石是技术创新，没有技术创新就不可能有专利，特别是在没有自主创新的情况下更是如此。同时，标准化战略与专利战略、技术创新战略密切相关，它是实施专利战略、技术创新战略的最高层次的境界，是最高级的专利战略和技术创新战略。对企业而言，只有当自主专利变成技术标准时，才能体现和实现企业的价值；对国家而言，只有拥有足够的具有自主专利的标准，才能拥有核心竞争力和在国际上称雄的资本。而要实现这些目标，就需解决技术创新、专利与标准的转化问题，特别是在当今"技术创新专利化→专利标准化→标准垄断化"的竞争环境下。正是基于这个目标，本书选择技术创新、专利、标准的协同转化作为研究对象，以期通过系统性研究为提高我国技术创新、专利、标准协同转化的效率与水平提供一定的理论支持与具体策略。

本书是以作者撰写与主持的数十篇与技术创新、专利、标准相关的学术论文、数项课题的研究成果为基础，运用相关经济学理论、管理学理论和技术经济学理论，经过整理、提炼、排序所形成的以"技术创新、专利、标准协同转化的关系分析→技术创新、专利、标准协同转化的影响要素分析→技术创新、专利、标准协同转化的核心问题分析→技术创新、专利、标准协同转化的路径分析→技术创新、专利、标准协同转化的推进策略分析"为主线的研究体系。

全书由以下七个部分内容构成。

第一部分：导论。

本部分主要包括五方面的内容：一是从国际背景的视角，简要介绍当前有关技术创新、专利、标准方面的发展态势及其影响，从国内背景的视角，阐述当前我国在技术创新、专利、标准方面存在的问题及其态势；二是从知识产权与技术标准关系、专利与技术标准关系、技术创新与专利/知识产权关系、技术标准与技术创新关系四个方面，对国内外关于技术创新、专利、标准协同转化方面的研究进行综述；三是阐述本书的目标，以及本书的理论意义和现实意义；四是提出本书的研究问题、研究框架与研究方法；五是从"技术创新、专利、标准协同转化的关系""技术创新、专利、标准协同转化的影响因素""技术创新、专利、标准协同转化的问题""技术创新、专利、标准协同转化的路径""技术创新、专利、标准协同转化的推进策略"五个方面，归纳总结本书所取得的创新内容。

第二部分：技术创新、专利、标准协同转化的关系分析。

借助于协同学理论思想和生命周期理论，依据熊彼特范式的创新阶段非线性模型，从创新时间与空间两个维度探讨在"创新成果专利化→专利标准化→标准垄断化"的市场转化过程中，技术创新、专利、标准三者之间的协同关系。具体研究内容包括五方面：一是构建技术创新、专利、标准协同转化的非线性模型；二是构建技术创新、专利、标准的协同转化关系模型；三是分析技术创新、专利、标准三者之间的协同关系，具体从创新成果专利化、专利标准化、标准垄断化三个阶段分别对它们的协同关系展开探讨；四是分析技术创新、专利、标准协同转化的时间维度，主要是从生命周期的角度，针对技术创新、专利、标准协同转化进行研究；五是分析技术创新、专利、标准协同转化的空间维度。

第三部分：技术创新、专利、标准协同转化的影响要素分析。

根据"创新成果专利化→专利标准化→标准垄断化"的转化进程，从技术、市场、政府、企业四个方面，探寻影响技术创新、专利、标准协同转化的关键因素。具体研究内容包括五方面：一是基于波特钻石模型，构建技术创新、专利、标准协同转化的影响因素系统模型；二是从理论推导和文献回顾两个视角，探究技术创新、专利、标准协同转化的影响因素与关键指标；三是通过专家打分的方式，对理论推导和文献回顾所获得的影响因素与关键指标进行梳理，以确立最终的影响因素指标体系；四是针对确立的最终影响因素指标体系，运用层次分析法对其进行权重计算；五是根据权重计算的结果，确定技术创新、专利、标准协同转化三阶段的关键影响因素。

第四部分：技术创新、专利、标准协同转化的核心问题分析。

根据"创新成果专利化→专利标准化→标准垄断化"的三阶段转化进程，探讨在转化进程中所遇到关键性的技术、市场、管理、政策、法律等问题。具体研究内容包括三方面：一是在技术创新、成果专利化阶段，针对原始创新、引进再创新和集成创新三种创新类型的专利化核心问题进行问卷调查、计算与分析，总结得出三种创新类型各自存在的核心问题；二是在专利标准化阶段，针对专利角逐标准、专利影响标准、专利占领标准和专利垄断标准四个专利标准化阶段的问题进行问卷调查、计算与分析，进而得出各自的核心问题；三是在标准垄断化阶段，针对事实标准和法定标准两种标准垄断化过程中的问题进行问卷调查、计算与分析，进而得出它们各自的核心问题。

第五部分：技术创新、专利、标准协同转化的路径分析。

本部分的研究内容包括三方面：一是以技术创新、专利、标准协同转化模式为因变量，以技术水平、市场化程度和对象的重要度为自变量，并将技术水平、市场化程度、对象的重要度三个维度分为高、低两个档次，从而构建技术创新、专利、标准协同转化的三维模型，得到技术创新成果、专利、标准协同转化两种路径下的八种类型；二是依据技术水平和市场化程度的高低不同，针对政府推进路径下的 A 型、B 型、C 型、D 型四种类型，分别从典型特征、作用机理、实施策略、实施条件、典型案例五个方面进行了详细论证；三是针对市场选择路径下的 E 型、F 型、G 型、H 型四种类型，分别从典型特征、作用机理、实施策略、实施条件、典型案例五个方面进行了详细论证。

第六部分：技术创新、专利、标准协同转化的推进策略分析。

本部分从企业、政府、行业协会三个层面，针对"创新成果专利化→专利标准化→标准垄断化"三阶段的转化进程，探讨具体的推进策略。具体的研究内容包括四方面：一是探讨推进技术创新、专利、标准协同转化的策略框架；二是探讨企业层面技术创新、专利、标准协同转化的推进策略；三是探讨政府层面技术创新、专利、标准协同转化的推进策略；四是探讨行业协会层面技术创新、专利、标准协同转化的推进策略。

第七部分：结论。

本部分主要从技术创新、专利、标准协同转化的关系、影响因素、核心问题、路径、推进策略五方面，对本书所取得的研究成果进行归纳总结。

本书的突出特色和主要建树体现在以下四方面。

（1）运用协同学理论与生命周期理论，构建出"技术创新、专利、标准协同转化非线性概念模型""技术创新、专利、标准的协同转化关系模型"，以及"创新成果专利化阶段技术创新、专利、标准的协同关系""专利标准化阶段技术创新、专利、标准协同转化关系""标准垄断阶段技术创新、专利、标准协同转化关系"等多种模型，进而从空间与时间维度探讨它们之间的协同转化关系。

（2）借助于波特钻石模型，构建出技术创新、专利、标准协同转化的影响因素钻石模型。进一步以此模型为依据，构建出技术创新、专利、标准协同转化的影响因素指标体系，以及创新成果专利化、专利标准化和标准垄断化三个阶段的要素层关键指标体系。

（3）以对象重要度、技术水平及市场化程度为坐标，构建起技术创新、专利、标准协同转化的三维模型，得到技术创新成果、专利、标准协同转化的八种模式。

（4）在技术、管理、法律三者综合的理论框架下，从三个层面（企业、政府、行业协会）和五个方面（技术、市场、管理、政策、法律），提出了企业、政府、协会三个层面的针对性推进策略。

目录

第1章 导　论

1.1 研究背景 ... 1
1.1.1 国际背景 ... 2
1.1.2 国内背景 ... 4

1.2 国内外相关研究综述 ... 6
1.2.1 知识产权与技术标准关系的研究 ... 6
1.2.2 专利与技术标准关系的研究 ... 8
1.2.3 技术创新与专利/知识产权关系的研究 ... 11
1.2.4 技术标准与技术创新关系的研究 ... 13
1.2.5 对现有相关研究的总结和评述 ... 15

1.3 研究目标与研究意义 ... 16
1.3.1 研究目标 ... 16
1.3.2 研究意义 ... 16

1.4 研究问题、研究框架与研究方法 ... 17
1.4.1 研究问题 ... 17
1.4.2 研究框架 ... 18
1.4.3 研究方法 ... 19

1.5 研究的创新点 ... 20
1.5.1 关于技术创新、专利、标准协同转化的关系 ... 20
1.5.2 关于技术创新、专利、标准协同转化的影响因素 ... 21
1.5.3 关于技术创新、专利、标准协同转化的核心问题 ... 22

1.5.4　关于技术创新、专利、标准协同转化的路径 ················· 22
　　1.5.5　关于技术创新、专利、标准协同转化的推进策略 ············· 22

第 2 章
技术创新、专利、标准协同转化的关系分析

2.1　技术创新、专利、标准协同转化的非线性模型 ················· 24
　　2.1.1　非线性概念模型的构建 ································· 25
　　2.1.2　"三跃迁"的基本内涵 ································· 27
2.2　技术创新、专利、标准协同转化的关系模型 ··················· 30
2.3　技术创新、专利、标准的协同关系分析 ······················· 34
　　2.3.1　创新成果专利化阶段 ··································· 34
　　2.3.2　专利标准化阶段 ······································· 36
　　2.3.3　标准垄断化阶段 ······································· 37
2.4　技术创新、专利、标准协同转化的时间维度分析 ··············· 38
　　2.4.1　技术创新、专利、标准的生命周期 ······················· 39
　　2.4.2　基于生命周期模型的协同转化分析 ······················· 45
　　2.4.3　基于 Logistic 时间模型的协同转化分析 ··················· 53
　　2.4.4　生命周期模型与 Logistic 时间模型的契合分析 ············· 56
2.5　技术创新、专利、标准协同转化的空间维度分析 ··············· 57
　　2.5.1　空间组织形式 ··· 57
　　2.5.2　空间分布及测度 ······································· 63
　　2.5.3　技术创新、专利、标准的空间网络化关系 ················· 67

第 3 章
技术创新、专利、标准协同转化的影响因素分析

3.1　影响因素系统模型的构建 ··································· 71
　　3.1.1　波特钻石模型简介 ····································· 71
　　3.1.2　基于波特钻石模型的影响因素系统模型的构建 ············· 72

3.2 影响因素与关键指标的分析 …… 74
3.2.1 基于理论推导的影响因素与关键指标分析 …… 74
3.2.2 基于文献回顾的影响因素与关键指标分析 …… 81

3.3 影响因素的确定 …… 93
3.3.1 初步影响因素指标体系的确立 …… 93
3.3.2 最终影响因素指标体系的确立 …… 94
3.3.3 影响因素指标的内涵定义 …… 97

3.4 影响因素的权重 …… 99
3.4.1 影响因素指标的 AHP 分析 …… 99
3.4.2 技术创新成果专利化的指标权重 …… 105
3.4.3 专利标准化的指标权重 …… 107
3.4.4 标准垄断化的指标权重 …… 109

3.5 关键影响因素的确定 …… 111
3.5.1 技术层面的影响因素 …… 112
3.5.2 市场层面的影响因素 …… 112
3.5.3 政府层面的影响因素 …… 113
3.5.4 企业层面的影响因素 …… 113

第4章 技术创新、专利、标准协同转化的核心问题分析

4.1 技术创新成果专利化的核心问题分析 …… 114
4.1.1 创新类型及其成果专利化类型 …… 115
4.1.2 基于原始创新成果专利化的核心问题 …… 117
4.1.3 基于引进再创新成果专利化的核心问题 …… 120
4.1.4 基于集成创新成果专利化的核心问题 …… 124
4.1.5 创新成果专利化问题的评价指标体系 …… 127

4.2 专利标准化的核心问题分析 …… 135
4.2.1 专利角逐标准阶段 …… 136
4.2.2 专利影响标准阶段 …… 140

4.2.3 专利占领标准阶段 ·· 143

4.2.4 专利垄断标准阶段 ·· 147

4.2.5 专利标准化问题的评价指标体系 ································· 150

4.3 标准垄断化的核心问题分析 ··· 159

4.3.1 事实标准垄断化的核心问题分析 ································· 160

4.3.2 法定标准垄断化的核心问题分析 ································· 162

4.3.3 标准垄断化问题的评价指标体系 ································· 165

第5章
技术创新、专利、标准协同转化的路径分析

5.1 技术创新、专利、标准协同转化模型分析 ····························· 171

5.1.1 技术标准的形成机制 ·· 171

5.1.2 技术创新、专利、标准协同转化模型 ····························· 173

5.2 政府推进技术创新、专利、标准协同转化的路径 ··················· 176

5.2.1 政府主导型协同转化模式（A型模式） ·························· 176

5.2.2 政府规范型协同转化模式（B型模式） ·························· 178

5.2.3 政府引导型协同转化模式（C型模式） ·························· 180

5.2.4 政府服务型协同转化模式（D型模式） ·························· 182

5.3 市场推进技术创新、专利、标准协同转化的路径 ··················· 184

5.3.1 技术领先型协同转化模式（E型模式） ·························· 184

5.3.2 超级企业型协同转化模式（F型模式） ·························· 186

5.3.3 市场领先型协同转化模式（G型模式） ·························· 189

5.3.4 企业联营型协同转化模式（H型模式） ·························· 191

第6章
技术创新、专利、标准协同转化的推进策略分析

6.1 技术创新、专利、标准协同转化的推进策略框架 ··················· 194

6.1.1 主体功能分析 ··· 196

  6.1.2 主体间关系分析 …………………………………………… 197
6.2 企业推进技术创新、专利、标准协同转化的策略 ……………… 198
  6.2.1 企业推进技术创新、专利、标准协同转化的基本策略 …… 198
  6.2.2 技术创新成果专利化阶段的策略 …………………………… 203
  6.2.3 专利标准化阶段的策略 ……………………………………… 207
  6.2.4 标准垄断化阶段的策略 ……………………………………… 210
6.3 政府推进技术创新、专利、标准协同转化的策略 ……………… 212
  6.3.1 政府推进技术创新、专利、标准协同转化的基本策略 …… 212
  6.3.2 技术创新成果专利化阶段的策略 …………………………… 216
  6.3.3 专利标准化阶段的策略 ……………………………………… 218
  6.3.4 标准垄断化阶段的策略 ……………………………………… 220
6.4 行业协会推进技术创新、专利、标准协同转化的策略 ………… 221
  6.4.1 技术创新成果专利化阶段的策略 …………………………… 221
  6.4.2 专利标准化阶段的策略 ……………………………………… 224
  6.4.3 标准垄断化阶段的策略 ……………………………………… 225
  6.4.4 行业协会自身优化建设的策略 ……………………………… 226

第7章
结　论

7.1 关于技术创新、专利、标准协同转化的关系 …………………… 228
7.2 关于技术创新、专利、标准协同转化的影响因素 ……………… 229
7.3 关于技术创新、专利、标准协同转化的核心问题 ……………… 231
7.4 关于技术创新、专利、标准协同转化的路径 …………………… 234
7.5 关于技术创新、专利、标准协同转化的推进策略 ……………… 235

参考文献 ……………………………………………………………………… 238
附　录 ………………………………………………………………………… 249
后　记 ………………………………………………………………………… 275

第1章
导　论

　　进入 21 世纪以来，随着经济全球化和全球信息化进程的加速，现代新型工业化水平不断提升，继而推动了以技术为基础的经济的快速发展。在知识经济时代，以技术创新、专利和标准化战略为特征的差异化竞争战略正在逐渐打破传统的同质竞争，改进并形成了新的利润结构。世界的标准体系和标准化管理体制也正在经历着深刻的变革。在这场变革中，各个国家和企业都希望能够通过"技术创新成果专利化→专利标准化→标准垄断化"的路径来赢得新一轮竞争优势，从而掌握对产业链的控制，以获取高额的利益回报、提升自己的国际地位。

1.1　研究背景

　　放眼全球经济发展的轨迹和趋势，可以明显感受到全球经济一体化蔓延速度之快，贸易自由化开放程度之深、信息网络化扩散范围之广及知识产权国际化影响作用和标准主导权之大。这些变化都在潜移默化地改变着世界竞争的格局。工业革命以后，资本和劳动力被视为获取竞争优势、实现规模化生产的核心要素。然而，随着时代的发展，以这些传统要素赢得竞争主动权的效用正在逐渐弱化，取而代之的是知识经济时代下的技术和创新力。以往聚焦于价格和规模领域的竞争也开始向技术创新和标准转移。面对日益缩短的产品生命周期和日新月异的市场需求，不断寻求技术创新已成为企业谋求生存的必经之路。在激烈的竞争环境下，不满足于生存而致力于寻求更加持续和长远发展的大型企业进一步将眼光投向了标准。一场围绕标准的竞争开始在全球范围内展开。

　　然而，标准自身也正在经历着一场深刻的变革。随着产品系统技术不断先进化、复杂化，标准的制定再也无法避开一些基本专利。标准的制定者需要通过与专利权人进行谈判，将专利纳入标准，才能顺利完成标准化工作；而专利权人也需要借用标准的规模效应来实现自身专利更加广泛的价值。尽管专利与标准在属性上存在着对立——私有权益与公共利益，但两者的融合却是大势所趋。

在知识经济的背景下，纳入专利的标准已成为企业和国家经济的一个新增长点。由于科技和信息发展的带动，传统的技术创新成果、专利、标准三者相分离的发展态势逐渐向三者相互融合的趋势发展。美国、日本、欧盟等发达国家和地区正是事先察觉和率先利用了三者之间的紧密关系而在国际贸易中抢占了先机。它们在积极进行技术创新的同时也将技术创新成果转化为专利，再通过将专利纳入标准从而构筑起非关税的技术壁垒，进而通过标准的扩散和推广应用，掌握对市场的控制以获取超额利润。

针对发达国家技术创新战略、专利战略和标准化战略的发展，中国需要对技术创新成果、专利和标准三者之间的关系进行重新审视和研究，充分发挥三者协同作用，实现三者的良性循环，以此提升我国的国际竞争力。

1.1.1 国际背景

（1）关税壁垒向非关税壁垒转变。

随着经济全球化浪潮的兴起和贸易自由化的发展，国际贸易壁垒的种类和形式正在发生改变，传统关税壁垒的作用正在逐步弱化。随着国际竞争的日益激烈，各国从维护自身利益出发又积极寻求并设置了新的、更加隐蔽的以技术性贸易壁垒为主要表现形式的非关税壁垒。再加上世界贸易组织《技术性贸易壁垒协议》（WTO/TBT）、《实施卫生与植物卫生措施协定》（WTO/SPS）的相关规定也在一定程度上成了技术性贸易壁垒合法的法律依据，使技术性贸易壁垒得到了空前的发展。纵观世界各国的技术性贸易壁垒，主要是由发达国家对发展中国家设置的。发达国家通常凭借自身在国际贸易中的主导地位及技术领先优势而成为国际标准的制定者，除了国际标准，它们还形成了自己的标准体系，如美国、日本、欧盟等发达国家和地区利用技术标准的隐蔽性和非对等性构筑贸易壁垒以限制和控制其他国家对本国的出口。21世纪以来，科技的进步推动了知识产权国际化发展，发达国家不断增加技术研发投入，获取对更多知识产权的独占权，并积极将知识产权融入技术标准之中。以知识产权（尤其是知识产权中的必要专利）为支撑的技术标准所构筑的技术壁垒具有双重性，技术含量更高，更加难以攻克。过去，技术标准作为一种对产品和生产的规范，以对出口国的出口产品进行严格的质量规范；而今出口国在使用技术标准时，不仅要按标准规定生产，而且由于标准中专利的存在，迫使其必须先获得专利许可，方能利用该项专利技术进行生产，以达到标准要求。

（2）专利标准战略的动态调整。

当前，国际标准已俨然成为国际市场的许可证，其背后隐含的巨大经济利益驱使着各国家尤其是发达国家在国际标准化活动中展开激烈的竞争，各国都希望能够获得国际标准的参与权、起草权甚至是领导权，以便能够将自己的标准纳入国际标准之中，使国际标准能够代表和体现自己的利益。为此，发达国家早已将争夺国际标准的主导权作为自己制定国际竞争战略的依据和导向。早在20世纪末，美国、日本、欧盟等发达国家和地区就已经开始了对标准化发展战略和相关政策的研究与制定。1998年9月，美国完成了国家标准化战略的制定任务；欧盟于1999年10月通过了"欧洲标准化的作用"战略决议；日本在2001年9月发布了标准化战略。法国于2002年、2006年、2011年和2018年发布了四个国家标准化战略。通过对这些国家或国际组织的标准化战略及其战略模式的对比分析可以发现：一是制定的国家标准化战略是随着时代的变化而变化的，战略的制定反映了时代的特点；二是都将国际标准战略作为制定国家标准化战略的重心；三是制定的国家技术标准战略都旨在将自身的标准体系向全世界推广，以形成对相关领域的控制。

（3）国际技术标准合作初现端倪。

互联网技术逐步与传统产业深度融合，不断衍生出新的经济发展业态和技术标准。在互联网技术领域，各国，尤其是发达国家间的技术标准竞争日趋白热化。联合技术委员会与美国国家标准学会的主要工作领域包括智能识别与数据抓取、数据管理与交换、云计算与分布式平台、人工智能、区块链技术等。这些工作领域都与互联网技术有着密不可分的联系，美国、日本、英国、澳大利亚等发达国家紧盯新兴技术标准赛道。

诚然，激烈的新兴技术标准竞争难以避免，但强国间标准化竞争的结果往往导致"两败俱伤"，因此，国家间标准化合作不失为更好的选择。在技术标准领域常常会出现标准的交叉与分工，每个国家在技术标准的侧重与优势上各有差别，一个国家再强大也不可能占有全部的技术优势。所以，只有集各国之所长，才能创造出更有利于人类发展的技术标准。在新兴技术领域，已经有了国际合作的案例。国际标准的交流与合作不仅是减少国际标准冲突的途径，也是推动全球技术进步的重要手段。

1.1.2 国内背景

（1）技术创新水平有待加强，专利转化动力不足。

技术创新水平对企业竞争力的重要作用被广泛研究，并已被企业实践所证明。在信息技术快速发展的时代，许多技术容易被模仿且成本极低，这对原始技术创造者造成了巨大的经济损失。而技术创新成果转化为专利的目的就在于，通过法定程序来明晰发明创造权利归属，保护原始的技术创新成果，避免给技术成果所有者造成经济损失。此外，对技术创新成果进行专利转化也是出于产品生产和销售安全性的考虑，为了防止竞争对手将同样的技术运用在产品当中，并通过专利的法定占有在市场中赢得主动权。然而，技术创新成果的专利化不是一蹴而就的，其对创新成果本身的原创性具有严格要求。

中国在技术创新方面做出了坚持不懈的努力，特别是在加入 WTO 后，国家科技部制定出了人才战略、专利战略、技术标准战略三大科技发展战略。近年来，我国对科技研发投入的比重也在不断提高，2018 年全国 R&D 经费支出 19657 亿元，比 2017 年增长 11.6%，与国内生产总值之比为 2.18%，其中，基础研究经费为 1118 亿元。同一时期，我国 R&D 经费的增长速度远远超过了美国、日本、法国、德国等发达国家。然而，虽然我国的技术创新能力在显著增强，但技术创新水平与发达国家相比仍有一些差距。

（2）专利与标准冲突，阻碍专利标准化进程。

专利的标准化是创新成果效益最大化的有效途径，通过收取许可费及使用费，不仅提高了企业收益，对于该项技术的延伸及升级也大有裨益。然而，我国专利标准转化的效率不高，具体原因有两个。

一是专利"量多质低"，难以形成标准。随着我国专利保护意识的加强，政府鼓励开展相关专利申请，因此，专利申请数量增幅明显。但从专利具体构成来看，发明专利量少，实用新型专利和外观设计专利多。相关数据显示，2018 年我国发明专利、实用新型专利及外观设计专利三种专利授权量总数达 244.7 万件，但从专利申请构成分析，发明专利申请量为 154.2 万件，而授权为发明专利的仅有 43.2 万件，其中，国内发明专利授权为 34.6 万件，从中可以看出，实用新型专利和外观设计专利在申请专利类型中是主体。此外，2019

年中国在《专利合作条约》(PCT)框架下的国际专利申请量为58990件，首次超越美国，跃居世界第一。但进一步的分析发现，这些授权发明专利的技术领域主要集中在传统技术领域，先进技术领域的发明专利是一块短板，而先进技术领域的发明专利是衡量国家技术创新水平的重要指标。基于传统技术的专利虽然得以申请，但很难具备可持续发展的潜力，因此，也就不足以转化为标准而投入市场。

二是专利的"私有"和标准的"公共"属性存在天然矛盾，主要表现在两个方面：一方面，专利技术的所有者出于经济利益最大化的考虑而收取高昂的许可费用，但作为标准的使用者必然不愿意支付这笔费用，从而出现逃避许可费用的行为，二者之间必然引发冲突；另一方面，技术标准通常是由行业的领头企业提出，这些标准的提出通常是基于对本企业专利技术考虑的。这就使得领头企业对市场标准进行控制，其他企业的专利技术要占领标准则非常困难，专利所有者和标准实施者之间必然存在矛盾，影响全球的高通反垄断案就是该矛盾的典型表现。从专利占有者的角度而言，设置专利壁垒也许能够增加自身收益，而从整个国家竞争力提高的角度而言，专利只有转化为标准，才能促进我国技术创新水平的提高。因此，如何解决专利和标准之间的冲突，促进专利的标准化就显得尤为必要。

（3）创新成果专利化、专利标准化、标准垄断化整体态势有待提升。

在当今国际贸易竞争中，是标准先行，通过技术标准使专利政策得到圆满实施。专利的垄断性借助标准实现普及，达到垄断目的。标准的背后是专利，而专利的背后就是巨大的经济利益。如果没有标准这个平台，对专利的保护力度再大，创新成果再多，都难以形成市场壁垒或者形成的市场壁垒不会那么严重。可见，技术创新、专利的落脚点应该是标准，只有当技术创新成果、专利纳入标准时，企业的价值才得以体现、国家才拥有在国际上称雄的资本。然而，我国在创新成果专利化、专利标准化、标准垄断化方面的整体态势有待提升。

首先，从专利的授权数量和构成上看，我国创新成果的数量较多，但技术质量有待提升。

其次，从标准数量与授权专利数量比例，看我国专利标准化的总体状况。

中国标准化事业经历了起步探索、开放发展和全面提升三个阶段，标准化管理体制和运行机制更加顺畅，标准体系日益完善。据国家标准化管理委员会2019年9月11日在北京透露，我国目前拥有国家标准36877项。同年，我国发明专利、实用新型专利及外观设计专利三种专利授权量总数达到259.2万件，表明我国标准化发展水平仍有较大的提升空间。

再次，从主导制定国际标准的数量，看我国标准垄断化的总体状况。

标准事业的发展目标不仅是占领国内市场，还应当把眼光放在国际市场。经过改革开放后几十年的发展，我国已经实现了国际标准由单一采用向采用与制定并重的历史型转变。一方面，我国积极采用国际标准，国家标准中采用国际标准数量超过万项。另一方面，我国也积极地向国际标准化组织、国际电工委员会提交国际标准的提案，提案的年度增长率已达到20%左右，成为国际标准提案最活跃的国家之一。然而，我国参与国际标准制定的深度还不够，在国际标准制定中的影响力还很小，在与发达国家争夺国际标准制定权和领导权时的竞争力不强。

1.2 国内外相关研究综述

学界对技术标准与技术创新的研究始于20世纪80年代末，专利与标准的结合最早来源于信息技术领域的事实标准，在21世纪初成了研究热点，但关于技术创新、专利、标准关系方面的研究则还没有引起特别关注。从目前所能收集到的资料分析，国内外的相关研究主要集中在知识产权与技术标准关系、专利与技术标准关系、技术创新与专利/知识产权关系、技术标准与技术创新关系四方面。

1.2.1 知识产权与技术标准关系的研究

知识产权正日益成为企业竞争力的核心要素，其在企业战略中的地位也日益上升。而技术标准在国际贸易中也发挥着越来越重要的作用，尤其是纳入了知识产权的技术标准更是日益成为各国在全球化市场中获取竞争优势的重要手段。从传统意义上来讲，知识产权和标准之间的关联度很低，甚至没有关联。随着产品技术的复杂性进一步增强，知识产权纳入标准已经在所难免。技术标准中涵盖的知识产权问题越来越突出，两者的关系也随着科技的发展日益复杂化。为了探寻二者之间日渐繁复的关系，国内外学者主要从知识产权保护力度、二者的属性、对经济的影响程度、动机和意图、战略与策略及标准化组织制定的知识产权政策等视角来进行深入研究。

（1）知识产权保护力度对标准市场化的影响。

基于知识产权保护力度的视角，一些学者探讨何种力度的知识产权保护对标准竞争、市场更快地选择标准等问题的影响。如 Bekkers（2002）认为在 GSM 标准设计的过程中加强对知识产权的重视主要是为了避免知识产权人可能会阻碍甚至完全阻止标准发展的情况。闫佳和许志成（2012）通过建立动态均衡模型希望对发达国家知识产权保护力度要强于发展中国家做出新的解释，研究表明对知识产权的保护力度过高或者不足都会对技术标准带来直接或间接的不利影响，而且对知识产权最优的保护力度和知识产权人拥有的要素禀赋息息相关，从而证实了发达国家较强的知识产权保护是源于其高比率的高技能劳动力。顾金焰和郑颖捷（2010）认为对知识产权的保护能够对推动技术标准的发展起到一定的促进作用。

（2）知识产权与标准结合对市场化的影响。

基于二者不同属性，一些学者从技术贸易壁垒的视角、网络效应的视角、战略与策略的视角、熊彼特创新的三阶段范式等，探讨知识产权与标准结合可能产生的影响。Lundqvist（2015）认为在标准的应用市场中是否存在网络效应会影响到竞争法对技术标准及技术标准设置行为的法律处理，在具有网络效应的市场，合作制定标准是良性的，可以促进竞争，尤其当技术标准纳入知识产权时，甚至可能得到竞争法的认可。曹艳梅（2008）认为知识产权要形成技术贸易壁垒需建立在将知识产权纳入标准的基础之上，因为知识产权是相对静态的，如果只依靠法律的保护力度其形成的壁垒将不高。张平（2004）认为由技术标准形成的非关税壁垒已经给国际贸易带来了巨大的挑战，而纳入知识产权的技术标准其威胁性更是难以阻挡。两者的结合在维护了知识产权贸易公平的同时也将使标准使用者的成本上升，还可能引发知识产权滥用的现象。

（3）知识产权与技术标准对经济的影响。

基于对经济影响程度的视角，国外很多学者探讨知识产权保护的程度、技术标准对经济的作用与影响。Blind 和 Jungmittag（2008）通过选取欧洲四个国家、十二个地区的数据为样本，采用道格拉斯生产函数进行实证分析。他们认为，知识产权中的专利和技术标准对经济增长的作用都是积极的，尤其是当标准化过程对所有相关利益主体公开、透明，且标准本身是生产者和消费者都可获得时，这种促进作用会更加明显。Tassey（2000）认为企业的技术标准及该技术标准能够准入或者抑制某项技术进入市场的程度将会对长期的经济效益产生巨大的影响，并且垄断控制下的标准或者多重技术标准的存在会造成经济效率低下。刘慷和李世新（2010）以我国 1985—2007 年间的宏观经济数据为样本来探究知识产权保护、标准化与经济之间的动态关系，研究结果表明：知识产权保护和标准化是经济增长的内生变量，并且在短期内知识产权和标准化推动经济的作用很明显，但是这种推动力在长期内会逐渐减弱。

（4）知识产权标准化的动机和作用。

部分学者从动机和意图的视角分析知识产权标准化的目的和作用。如安佰生（2012）基于对网络竞争理论的新认识，认为在以企业为主导构建的标准化体系中，知识产权的私有性得以完全化，标准化的公有性不断弱化，纳入了完全私有性的知识产权后的标准逐渐形成了一个私有网络体系，并且在网络竞争的过程中使社会和个人的效益得以最大化。莫祖英（2010）认为知识产权和技术标准两者融合后带来的可观效益及形成的大量技术信息积累可以促进技术创新和扩散，但是两者融合也会引发知识产权滥用，融合了知识产权的技术壁垒也将更加难以克服。姚颉靖和彭辉（2006）认为知识产权制度赋予知识产权所有者权利的垄断性，使产权人在知识产权标准化的过程中可以通过利用知识产权进行对外统一许可，从而实现对整个行业的控制。

（5）知识产权标准化问题的对策。

在探讨解决知识产权标准化问题的对策时，一些学者基于战略与策略的视角展开。孙耀吾、曾德明等（2007）认为企业标准化战略管理决策需要依赖知识产权，在进行标准化时，企业需要做出是利用自己的资源独立发起标准化还是通过企业联盟建立行业标准的决策，此时，拥有知识产权的数量和完全性便是企业进行权衡考量的依据。安佰生（2005）认为在解决知识产权标准化问题时，通过强制知识产权所有者将相关的技术信息对外进行公布是一个相对现实的方案，但是在披露过程中要注意知识产权保护力度与标准化之间的平衡，这样才能既维护公共的利益，又不损害创新的积极性。

1.2.2 专利与技术标准关系的研究

在国际贸易中，利用专利与标准的融合来获取竞争优势已经成为发达国家对发展中国家构筑新的非关税技术壁垒的战略趋势。因此，两者的结合受到了人们越来越广泛的关注。国内外学者主要从二者的属性、专利保护、许可问题、法理学范畴及社会福利角度等对二者的关系进行了研究，分析了二者结合后所产生的影响，并且针对其中的问题提出自己的见解。

（1）专利与技术标准结合的方式及影响。

在当今技术竞争越来越激烈的背景下，专利与技术标准的结合也越来越紧密，并吸引了许多学者的关注，他们侧重从专利私有性与标准公有性的视角，探讨二者结合的必要性、结合方式、结合下的专利战略，以及产生的冲突及解决对策。郭炬（2011）从垄断性经营、围鱼策略和专利策略三个角度阐述了专利和技术标准结合可能出现的后果，提出标准化组织应该为规制标准专利滥用承担起相应的责任，并且要设立包含审查、强制政府和行业组织在内的专利政策。姜军（2009）分析了在当今网络经济背景下，专利型的技术标准凭借着其"A+B>C"的集成优势日益成为企业竞争的焦点，实施专利技术标准化战略成了企业获取竞争优势的重要途径。宋河发、穆荣平和曹鸿星（2009）研究了技术标准和专利权之间的关系，他从专利侵权判定原则的角度认为要判断一项专利是否融进了技术标准，关键在于这项专利是否对技术标准产品构成了侵权，只有在造成了侵权的前提下才能算和技术标准存在实质性关联。周晓唯和董虹（2008）通过选取我国1995—2005年这十年间的国内专利申请授权数量及国家标准的统计量为样本对专利和技术标准之间的联动关系进行了回归分析，结果表明技术标准的水平会随着纳入标准的专利水平的提高而提高。

（2）专利标准化进程中的专利保护。

基于专利保护和专利强度的视角，部分学者从探讨专利与标准化进程的关系、探讨专利政策对专利与标准融合的影响展开分析。周云祥（2010）认为推进专利标准化进程可从如下方面入手：一是将技术研究成果申请专利保护，形成自身标准并将其向外扩散、渗透；二是积极参与标准化主管部门的标准化工作，主动向其推荐自身专利技术，力争将自身标准转化为正式标准，从而扩大自身标准的使用范围；三是通过推广自身专利技术许可进一步扩大专利技术或产品的市场份额和在行业中的影响，力争使自己的技术标准成为主导行业的事实标准。高敏和杨静（2008）认为技术标准的基础是专利，标准作为一种规范本身并不能创造利益，标准的真正利益来源是包含在标准中的一系列专利。然而，专利也只有纳入标准才能更好地实现其价值。

（3）专利标准化进程中的许可问题。

针对标准中的专利许可问题，主要从标准与专利融合、专利挟持、基于公平合理非歧视（FRAND）原则、强制许可等角度展开。Geradin和Rato（2007）认为FRAND承诺背后的基本原理是具有双重性的：一是必须保证标准中的必要专利的扩散，以便行业中的其他成员能够获取；二是确保这些专利权人能够从他们的创新中得到充足的回报，即便必要专利的持有者不做出FRAND承诺，也并不意味着这些专利问题将被排除在标准之外。Farrell 和 Shapiro（2007）认为在一个相对公平的竞争性行业里，当标准的实施受到专利挟持的阻碍时，直接购买者几乎不会承担任何成本，因为这些成本将最终转移到消费者身上，因此，即便是标准制定机构内部的"技术购买者"在抵制专利挟持时也是缺乏效率的。徐明（2012）通过建立技术标准中专利许可的收益模型对通信产业技术标准中专利许可的收益进行了研究，研究表明：从短期角度来看，合理的专利许可费用不仅不会损害专利权人的利益，而且还可以节省自由谈判的成本，甚至提升整个产业的收益率；从长远角度来看，专利权人为了增强自身标准的稳定性，可以采用逐步减少专利许可费用来降低专利使用者的成本以形成一个新的市场均衡。丁道勤和杨晓娇（2011）认为在专利和标准的结合过程中最根本的问题就是专利挟持，并且提出要解决专利挟持可以从进行交叉许可及建立专利池等方式来实现。韩梅（2010）认为由于现代标准难以避开某些专利技术，标准化机构不得不通过与专利权人进行谈判来完成标准化，这就决定了在与标准化的关系中，专利许可的法律地位是强势的，而标准实施者在专利谈判中将会处于被动、弱势的地位，种种专利权问题的存在阻碍了技术标准的实施。华鹰（2009）认为产品系统中所涉及的专利技术越来越多，单个企业很难拥有支持整个产品系统的专利技术，而且不完全的专利技术也难以形成垄断，此时，需要各个专利权人通过交叉许可形成专利池，只有将必要专利进行整合，专利形成产业标准的可能性才会大大增强。

（4）专利标准化路径及影响。

国内外学者分析专利标准化路径及影响，主要从技术标准化发展的路径、技术标准型专利壁垒、专利权滥用等方面进行探讨。Rauber（2014）认为企业专利和标准化战略相似程度依赖企业的规模大小，对于大型企业来说，取得专利和标准化是相互补充的工具，而对于中小企业来说，两者之间是相互替代的关系。李明星（2009）通过对标准产权效应的解释和分析，并从理论和实证两个角度论证了"技术专利化→专利标准化→标准国际化→标准市场化"的发展路径，认为企业应该实施以市场为导向的"专利确权、专利技术标准化、标准升级、组建技术标准联盟及标准市场化"的五步走战略。朱星华、刘彦和高志前（2005）认为将专利纳入标准后，专利许可和标准使用的结合使 WTO 中的 TBT 与 TRIPS 规定出现交叉，知识产权和技术性贸易壁垒的结合也主要通过专利壁垒来加以体现。何京（2005）认为在标准体系中，由于许多的必要专利权为中小企业所拥有，因此，在对滥用知识产权的规制方面反垄断法所能起到的作用将会受到很大的限制。

1.2.3　技术创新与专利/知识产权关系的研究

随着科学技术的进步，尤其是高科技的迅猛发展，产品更新换代的速度越来越快，市场上的需求也是日新月异，企业为了生存和发展需要不断进行技术创新，并对创新成果加以转化，使其形成专利，再利用专利的垄断性来为企业赢得竞争优势。关于两者间的关系，国内外学者主要从知识产权制度、专利池、创新的外部性及基于技术创新阶段的知识产权风险等视角进行了深入研究。

（1）知识产权保护对技术创新的影响。

知识产权保护对技术创新的影响可以从专利的保护期限和保护范围、知识产权制度的苛刻严厉程度等方面展开。Thomas（2008）认为由于对软件专利的过度保护导致软件专利不会推动技术创新，反而会抑制技术创新，但是，对于大多数学者建议加强知识产权制度中专利的披露要求并不认同，他认为改变披露要求不仅大大增加诉讼的机会，而且还会降低大多数软件专利的价值。Belleflamme（2006）认为加强对专利的保护对于拉动创新来说作用是极其微弱的，以 IP 系统创新为例进行研究，指出基于专利组合的策略对创新的影响是否是有利的仍然是个悬而未决的问题。Mazzoleni 和 Nelson（1998）认为高强度的专利保护会阻碍而非促进技术创新和经济的发展。李培林（2010）认为知识产权制度保障了技术创新主体在一定保护期内对创新成果的独占权，为了避免侵权，其他企业往往会另辟蹊径，开发新的技术，这在一定程度上推动了技术创新的发展，而且知识产权制度中对于专利保护期的明确规定有利于其他企业制定对某项专利的使用或者二次创新的计划，可有效规避重复性开发，为企业节约资源。吴敏（2006）指出在技术创新的扩散过程中如果不用知识产权对技术创新成果进行保护，可能引发技术仿制者和技术创新者之间的竞争，因此，技术创新者会希望通过实行严格的知识产权保护制度来保护自身利益。王九云（2004）认为过短的专利保护期使技术创新主体在未收回技术研发和创新成果专利化的相关成本时就将失去对专利的独占权，这不仅会损害技术创新主体的利益，且还将挫伤技术创新主体今后进行创新的积极性，知识产权保护期需要在创新主体利益和公共利益间进行权衡。

（2）专利池对技术创新的影响。

专利池也叫专利联盟，研究专利池对技术创新的影响主要从专利池的微观机理、标准中的专利池等方面探讨对技术创新的影响展开。Kwon 等（2011）尝试运用博弈理论的经济模型来揭示专利池对事前创新投资或激励的影响，研究结果表明专利池可以影响垂直一体化企业和实验研究室的创新激励，但对两者的创新激励程度不同，其效果取决于垂直一体化企业所拥有必要专利的数量和专业制造企业的数量。Lampe 和 Moser（2010）通过引用美国缝纫机组合案例来检验专利池对技术创新的影响，研究表明，专利池内成员及外部公司的创新速度会随着专利池的建立而放缓，并且随着专利池的解散又重新恢复，且认为专利池阻碍创新有两个原因：一是增加了外部公司的诉讼风险；二是外部公司较低的预期利润使其减少了对研发的投资。Dequiedt（2007）采用事前视角研究专利池对企业 R&D 的动态激励效果，研究表明专利池形成的可能性对企业的 R&D 活动具有积极、正面的影响。在专利池形成前的创新速度比在没有专利池可以形成的情况下的创新速度要快得多，一个企业的投资趋势也将由专利池形成前的上升向专利池形成后下降转变。Merges（1988）认为奖励专利权的创新主体有利于激励创新主体进行技术创新，但前提是该项发明或者技术能够对科技产生一定的推动作用，否则，将会对专利系统造成破坏。周全和顾新（2014）基于战略联盟理论，提出了以企业、大学、研究院为联盟核心层、以政府为联盟支持层和以中介机构的联盟辅助层为主体的专利实施战略联盟基本框架，认为该联盟可促进企业技术创新能力，提升企业专利实施水平。詹映（2007）在理论与实证研究的基础上，发现专利池对我国自主创新的作用具有双重性。当企业预计自己加入专利池的可能性较大时，企业技术创新的积极性会被极大地调动起来；但专利池中的滥用专利权、搭便车等现象的存在，又将打击企业技术创新的积极性。

（3）技术创新阶段的知识产权风险。

不同技术创新阶段的知识产权风险有所不同。王伟（2013）在研究通过整合专利信息来运作的专利化技术创新五阶段后，发现在各个阶段，专利信息的加入将会为企业的创新技术开发指引方向、降低风险。冯晓青（2005）认为企业在研发的各个阶段都需要发挥专利的各种作用，在制定研发计划的阶段，企业需要搜集和利用有关专利动态和该项技术转化为专利的概率大小等方面的专利情报，预测研发风险；在实施研发计划阶段，除了要正确和充分利用专利情报之外，还要监测竞争对手的研发和专利状态，尽可能排除风险；在完成研发成果阶段，企业要强化知识产权的保护意识，把握好申请专利保护的时机，避免知识产权被侵犯的风险。

1.2.4 技术标准与技术创新关系的研究

随着网络信息时代的到来，技术标准已经超越了其在技术活动中的传统作用，逐渐成为国家和企业在国际贸易和市场中的竞争规则和关键性因素。在技术标准上各方开展了激烈的竞争，技术标准与技术创新的协调和互动日益成为人们关注的焦点。国内外学者对两者关系的研究主要从技术标准对技术创新的作用、经济因素、机制等视角开展的。

（1）技术标准对技术创新的促进作用。

技术标准促进技术创新，主要从资源优化配置、构建创新平台、交易市场等角度，探讨技术标准对技术创新促进作用的机理、功效。Jiang、Zhao 和 Zhang（2012）认为高质量的技术创新可提升技术标准，广泛实施的高水平技术标准也可促进技术创新，此外，技术标准化和工业技术创新之间存在协同效应。Allen 和 Sriram（2000）认为技术是技术标准化的基础，而技术创新又是影响技术发展的重要因素，因此，技术标准也会直接或间接地推动技术创新的发展。David 和 Steinmueller（1996）认为技术的性质和标准的制定过程能够影响技术创新的速度与方向。侯俊军和王娟娟（2014）选取 2000—2009 年我国省际的面板数据为样本，利用扩展的知识生产函数来研究标准化对技术创新的影响，实证结果显示标准化的投入会极大地推动技术创新，而且这种影响不论是对国家还是区域来说都是很明显的。舒辉和刘芸（2014）认为技术创新和技术标准之间存在两方面的关系：一方面，技术创新的水平和速度决定技术标准的水平和更新速度；另一方面，技术标准是技术创新过程中知识积累的平台，技术标准不仅决定着技术创新的方向，而且它的实施将会促进技术创新成果的商业化。刘恩初和李健英（2014）通过对我国 1995—2011 年间电子及通信设备制造业各大中型企业的实证研究，发现技术标准与技术创新效率呈显著正相关关系，且技术标准每增加1%，将使技术创新效率提高 0.081%。陶爱萍和汤成成（2012）从技术标准私有化的垄断、外部性、信息不对称、风险性四个特性方面，剖析技术标准私有化对技术创新的影响，认为私有标准对技术创新的正效应未必大于公有标准对技术创新的正效应，对技术标准中的合理产权界定和所有权安排将有助于激励技术标准对技术创新的正效应。李保红、刘建设和吕廷杰（2007）基于熊彼特创新三阶段范式，从时间和空间两个维度研究了技术创新过程中知识产权、标准化和创新之间的"金三角"关系，认为多样性的技术创新活动可推动技术选择定位的标准，但是标准对技术创新活动的作用具有双重性。

(2) 技术标准阻碍技术创新。

技术标准阻碍技术创新，主要从基于后续创新、路径依赖等角度，探讨技术标准对技术创新阻碍作用的机理、方式。Metecalfe 和 Miles（1994）认为标准化是创新活动的一种自然结果，现行的技术标准是标准的代继进化的结果，技术标准化后会对多样性进行限制，而多样性是技术创新的源泉，所以，技术标准化会在一定程度上抑制技术创新。王世明、吕渭济和梅晓仁（2009）认为技术标准对技术创新的影响是双重的：技术标准能够表明技术变革的方向，在一定程度上减少了技术发展的不确定性，从而可以解决由于协调失败而使技术创新无法实现的问题；但是自主技术标准易对技术创新产生负面效应：一是已有标准成为新技术、新产品的障碍；二是技术标准简化了产品品种，减少了品种类别变化的可能性，对技术创新不利。陈长石和刘晨晖（2008）以 1995—2005 年间我国通信设备制造业的面板数据为样本进行实证研究，发现通信设备制造企业创新技术的数量与政府颁布的技术标准数量之间存在负相关关系，由此得出通信设备制造企业技术创新的动力会因政府部门颁布过多的技术标准而减弱。潘海波和金雪军（2003）通过研究技术标准和技术创新协同发展的机理，发现技术标准对技术创新具有双重的作用，技术标准在一定程度上会成为技术创新的潜在障碍。

(3) 技术标准与技术创新的联动关系。

探讨技术标准与技术创新的联动关系，主要从经济因素方面，对交易成本、转换成本、网络效应等视角展开。Yoo、Lyytinen 和 Yang（2005）基于行动者网络理论，分析了技术标准在过去十年移动宽带服务创新中所扮演的角色，研究显示 CDMA 标准促使网络效应的形成，从而导致技术创新快速发展，使得 2G 移动宽带基础设施得到积极开发和部署，促进了 2G 到 3G 时代的快速过渡。丁日佳、高晓红和刘银志（2004）认为技术标准通过引导消费者的预期强化了网络的外部性，鉴于网络的外部性能够给自己带来的产品增值，消费者通常会购买预期会成为标准的产品。因此，企业在研发新产品时需要考虑网络外部性的存在，从而确定合理的技术创新方向及企业的 R&D。

(4) 技术创新及标准化主体对两者关系的影响。

技术创新及标准化主体对两者关系的影响，主要从政府、标准联盟的角度，研究、分析权力机构对它们互动关系的影响作用。高俊光和单伟（2012）分析了政府、行业协会、标准化组织三个技术创新规制主体在标准竞争中各自所发挥的作用,认为它们通过对技术创新方向和消费者预期的导向作用影响技术标准在经济、技术两条路径上的竞争,进而决定技术标准建立的成功与否。周晓宏和王介石(2009)认为技术标准既受企业技术创新水平的影响,同时也影响着企业技术创新水平,最优的技术标准将会推动技术创新,而次优技术标准将有可能阻碍技术创新。李远勤和张祥建(2009)认为主体的战略和利益导向会对整个标准化过程产生重要的影响,采用了错误的标准或者引入标准的时机选择不当,都会削弱技术标准对技术创新的促进作用,甚至产生阻碍。赵树宽、闫放和陈丹(2006)认为由于政府既不是技术创新的主体,也不是知识产权人,因此,在制定标准过程中难免会出现失灵,这不仅会影响标准的质量,还可能对进一步的创新造成损害,建议通过支持NGO(Non-Governmental Organization)来弥补政府失灵,以促进我国标准化的发展。

1.2.5 对现有相关研究的总结和评述

综观已有研究成果,可以看到知识产权与技术标准、专利与技术标准、技术标准与技术创新、技术创新与专利的研究已成为当前学术界、企业界及政府部门关注的热点,他们从不同学科、领域展开了大量的研究与探索,取得了丰硕的研究成果。但有关探讨技术创新、专利、标准关系的研究并不多见,仅有零星数篇,如王黎萤、陈劲和杨幽红(2004)基于技术标准战略的视角,探讨了技术标准战略、知识产权战略与技术创新之间的关系,发现技术创新会推动技术标准战略和知识产权战略的结合,但两者的结合对技术创新的影响却是具有双重性的,只有实现三者间的协同发展,才能使三者的关系朝着良性循环的方向发展;柏昊、杨善林和冯南平(2008)基于发展中国家的技术创新环境,探讨了知识产权和技术标准与发展中国家技术创新之间的互动关系,发现知识产权和技术标准的结合对发展中国家的技术创新来说,既提供了机会,同时也增加了技术创新的难度。刘瑾和刘辉(2011)分别针对知识产权与技术创新、标准化与技术创新、知识产权与标准化之间的两两互动关系进行了探讨,进而得出知识产权、技术创新与标准化三者之间应该是协同发展的关系。

总之,目前的研究几乎都是被动地围绕着知识产权与技术标准、专利与技术标准、技术标准与技术创新、技术创新与专利结合导致的冲突与问题而展开的研究,涉及三者转化问题的研究则很少,罕有探讨如何才能有效地将专利转化为标准，及三者协同转化的研究，对影响转化的因素、路径、方式等问题的研究也是非常少见。可见，关于技术创新成果、专利、标准的协同转化问题是当前研究的薄弱环节，值得深入探讨。

1.3 研究目标与研究意义

1.3.1 研究目标

对企业而言，只有当自主专利变成技术标准时，才能体现和实现企业的价值；对国家而言，只有拥有足够的具有自主专利的标准，才能拥有核心竞争力和在国际上称雄的资本。若想实现这些目标，就要从根本上解决技术创新、专利与标准的转化问题，特别是在当今"技术创新专利化→专利标准化→标准垄断化"的竞争环境下。

因此，本书的总体研究目标是以技术创新、专利、标准的协同转化为研究对象，首先依据熊彼特范式的创新阶段非线性模型，从创新时间与空间两个维度，探讨在"创新成果专利化→专利标准化→标准垄断化"的市场转化过程中，技术创新、专利、标准三者间的协同关系；继而根据"创新成果专利化→专利标准化→标准垄断化"的转化进程，从技术、市场、政府、企业四个层面，探讨影响技术创新、专利、标准协同转化的关键因素及可能遇到的技术、市场、管理、政策、法律方面的问题；然后，在此基础上，按"方式→路径→模式"的研究思路，从标准形成的市场机制和法定机制两个视角，探寻技术创新、专利、标准协同转化的具体路径和相应模式；同时从企业、政府和行业协会三个层面，研究推进技术创新、专利、标准协同转化的具体策略。

1.3.2 研究意义

（1）理论意义。

现有研究几乎都只是针对知识产权与技术标准、专利与技术标准、技术标准与技术创新、技术创新与专利结合导致的冲突与问题展开的研究，罕有探讨专利转化为标准的有效方式，更未涉及技术创新、专利、标准三者协同转化的因素、路径、方式等问题。可见，关于技术创新、专利、标准的协同转化的研究是当前研究的薄弱环节，值得深入研究。本书基于协同转化视角对三者的协同转化问题进行研究具有一定的理论意义。

(2) 现实意义。

技术标准离不开专利，其背后往往是以大量的专利作支撑；而专利的基石是技术创新，没有技术创新就不可能有专利，特别是在没有自主创新的情况下更是如此。标准化战略与专利战略、技术创新战略密切相关，它不仅是实施专利战略、技术创新战略的最高层次的境界，也是最高级的专利战略、技术创新战略。由此可见，本书具有十分重要的现实意义。

首先，强化我国企业对知识产权的保护意识。知识产权保护意识的缺乏来源于对知识产权重要性及和创新、标准的关联性认识不足。通过研究技术创新成果、专利及技术标准之间的协同关系，可以较为清晰地展示和解释三者间的紧密联系及三者结合产生的重大影响；转变"三者间没有关联"的传统观念，使企业能够正确认识到知识产权的重要性，从而进一步强化对知识产权的保护意识。其次，引导我国标准体系健康发展。本书对技术创新、专利、技术标准协同转化影响因素与问题的分析和研究，将有助于发现、分析和解决我国在这方面所存在的现实问题。再次，提高我国企业技术创新、专利、技术标准协同转化效率。与国外发达国家相比，我国在创新成果专利化、专利标准化、标准垄断化方面都存在着较大的差距。本书对技术创新、专利、标准协同转化的路径与推进策略进行分析和探讨，将有助于缩小我国在创新成果专利化、专利标准化、标准垄断化方面与国外发达国家的差距。

1.4 研究问题、研究框架与研究方法

1.4.1 研究问题

从现实案例分析，技术创新、专利、标准三者之间存在着必然的相互影响、相互制约关系。在绝大多数情况下，它们之间的关系是：先有技术创新的成果，然后有专利，最后专利形成标准，在市场上应用。那么，在三者的转化过程中，有哪些外部干扰影响着三者之间协同转化的效果和效率？基于对现有文献的阅读和对现实案例的调研分析，本书将对以下五个研究问题进行解答。

问题1：技术创新、专利、标准协同转化的关系。

依据熊彼特范式的创新阶段非线性模型，从创新时间与空间两个维度，探讨

在"创新成果专利化→专利标准化→标准垄断化"的市场转化过程中，技术创新、专利、标准的协同关系。

问题2：技术创新、专利、标准协同转化的影响要素。

根据"创新成果专利化→专利标准化→标准垄断化"的转化进程，从技术、市场、政府、企业四个层面，探讨影响技术创新、专利、标准协同转化的关键因素。

问题3：技术创新、专利、标准协同转化的核心问题。

根据"创新成果专利化→专利标准化→标准垄断化"的转化进程，从创新成果纳入专利、在标准中引入专利、标准与专利结合、标准中技术要素与专利关系等方面，探讨三者在转化进程中将会遇到哪些关键性的技术、市场、管理、政策、法律等问题。

问题4：技术创新、专利、标准协同转化的路径。

根据"创新成果专利化→专利标准化→标准垄断化"的转化进程，按"方式→路径→模式"的研究思路，从标准化形成的市场机制、法定机制，探寻技术创新、专利、标准协同转化的具体路径和过程，并对各种转化方式、路径、模式的典型特征、机理、实施策略、实施条件等进行探讨。

问题5：技术创新、专利、标准协同转化的推进策略。

主要从三个层面探讨推进策略：一是企业层面的三者协同转化的推进策略，具体从技术、市场、微观管理等方面展开；二是政府层面的三者协同转化的推进策略，具体从宏观管理、政策引导、市场监管等方面展开；三是行业协会层面的三者协同转化的推进策略，具体从技术支持、行业管理、政策援助、法律咨询等方面展开。

1.4.2 研究框架

由于技术创新、专利、标准是按"创新成果专利化→专利标准化→标准垄断化"单向转化的，因此，本书根据"协同转化关系分析→协同转化影响因素分析、协同转化核心问题分析、协同转化路径分析→协同转化推进策略"的逻辑思路，从三个层面（企业、政府、行业协会）和五个方面（技术、市场、管理、政策、法律）展开了探讨（见图1-1）。

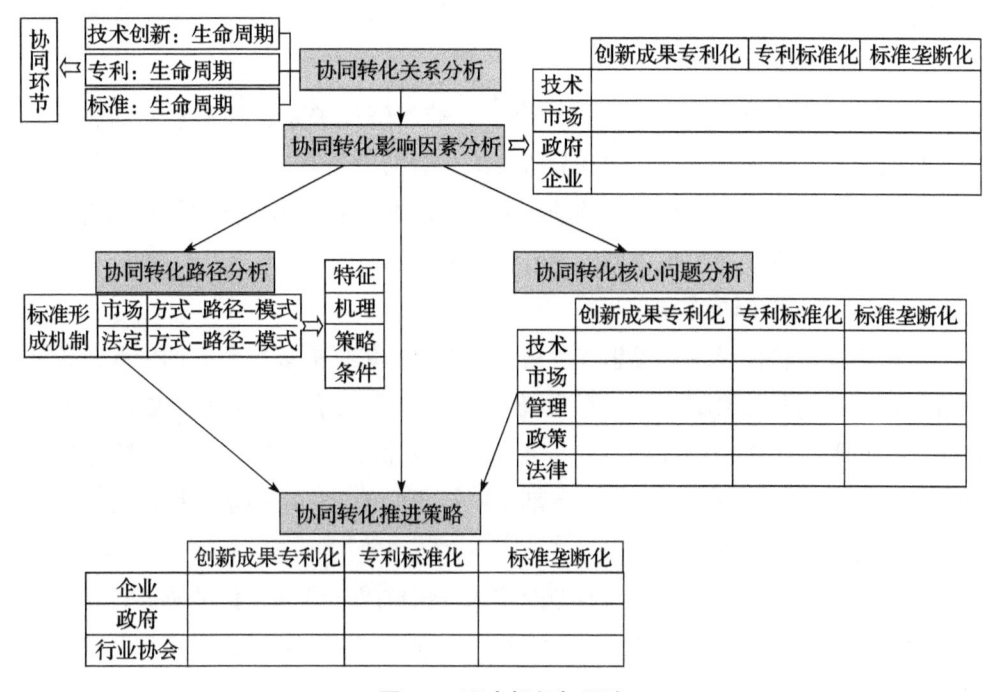

图 1-1 研究框架与思路

1.4.3 研究方法

本书的研究是在技术、管理和法律综合的理论分析框架下进行的，在研究过程中运用了技术经济、管理、法律、统计和数学等不同学科知识。"技术创新成果、专利、标准的协同转化"不仅涉及法律方面的问题，而且更多地涉及了技术问题和管理问题。具体研究方法包括以下几种。

（1）文献追溯法。

本书采取文献追溯法对国内外学者研究有关技术创新、专利、标准方面及其相关领域方面（创新、专利、标准）中的文献进行跟踪，重点放在对以下几个方面研究成果的跟踪上，一是有关专利标准化方面的研究；二是有关专利权限制方面的研究；三是有关技术创新、专利与技术标准关系的研究。

（2）专家访谈调查法。

研究项目中一些有关影响要素、核心问题、专利管理等方面客观事实的内容需要通过专家访谈调查和专家问卷调查的形式来获取第一手资料信息。同时，将就研究中的某些具体问题，通过发放问卷的方式进行更具体、更精准的调查与资料收集。

（3）逻辑分析方法。

要客观地把握技术创新成果、专利、标准的辩证关系，探索它们的转化路径、推进策略，离不开逻辑思维和分析方法。借助于逻辑分析方法，可以做到从成功与失败的个案中总结出一般性的经验；从调查问卷数据处理中推导出有益的信息；从已有文献成果学习中提炼出有价值的启示。

（4）系统科学分析方法。

一是借助于协同学理论思想和生命周期理论，依据熊彼特范式的创新阶段非线性模型，探讨技术创新、专利、标准的协同转化关系；二借助于层次分析法（AHP）所具有的"定性与定量分析相结合，多目标、多准则"的系统分析功能，分析、筛选技术创新、专利、标准协同转化的关键影响因素、核心问题。

（5）案例分析方法。

有针对性地分析一些国内外典型的技术创新成果、专利、标准协同转化的案例，从中归纳和总结技术创新成果、专利、标准协同转化的可行路径和策略，以及转化失败的经验教训。

1.5 研究的创新点

对比现有相关研究成果，本书的创新之处主要体现在以下几个方面。

1.5.1 关于技术创新、专利、标准协同转化的关系

目前，学者们基本都集中在针对"知识产权与技术标准""专利与技术标准""技术标准与技术创新""技术创新与专利"方面的研究，而几乎没有涉及三者转化过程及其转化关系的研究。而本书的研究则在以下三方面体现出与现有研究相比的创新处。

（1）以技术创新成果为起点，以成为市场公认标准（事实标准和法定标准）为终点，借鉴熊彼特范式的创新过程非线性模型，构建起基于技术创新成果专利化、专利标准化、标准垄断化三个不可逆递进阶段的"技术创新成果→专利→标准"协同转化非线性概念模型，进而发现有三条协同转化路径：一是"技术创新成果专利化→专利标准化（法定标准Ⅰ）→标准垄断化（市场化实现）"；二是"技术创新成果专利化→专利标准化（市场化实现）→标准垄断化（以事实

标准转化)";三是"技术创新成果专利化→专利标准化(市场化实现)→标准垄断化(以法定标准Ⅱ转化)"。

(2) 依据熊彼特范式的创新阶段非线性模型,提出了技术创新、专利、标准协同转化的关系模型;并从技术、市场、政府和企业四个方面分析了"发明→技术研发→创新成果专利化""创新→产品开拓→专利标准化""扩散→市场垄断→标准垄断化"三个层次,以及在市场化过程中与技术创新、专利、标准的协同转化关系。

(3) 通过引入 Logistic 模型,对技术创新成果、专利、标准三者的生命周期 S 形曲线进行契合分析,得出三者生命周期具有"四阶段、三跃迁"的一般规律,以及技术创新成果需经历"技术创新成果专利化→专利标准化→标准垄断化"三个连续跃迁阶段的协同转化,其转化轨迹具有 S 形特征。

1.5.2 关于技术创新、专利、标准协同转化的影响因素

目前,具体有关针对技术创新、专利、标准三者转化影响因素的研究几乎没有,更多的是针对两两相互作用、相互影响关系的探讨,如"知识产权保护对技术创新的影响(李培林,2010)""专利与技术标准结合的方式及影响(宋河发、穆荣平和曹鸿星,2009)""技术标准对技术创新的促进作用(Jiang、Zhao 和 Zhang,2012;侯俊军和王娟娟,2014)""技术创新对标准化的影响(刘瑾和刘辉,2011)",等等。而本书的研究则是在基于理论分析与文献回顾的基础上,借助于专家问卷打分与 AHP 分析相结合的方式,按技术创新成果专利化、专利标准化、标准垄断化三阶段,分别从技术、市场、政府、企业四个方面探讨具体的影响因素及重要度。与现有研究成果相比,主要的不同之处表现在以下两个方面。

一是借助于波特钻石理论模型,构建了技术创新、专利、标准协同转化的影响因素钻石模型,得出政府、企业是主体因素,市场是外部环境因素,技术是内部条件因素,它们共同构成技术创新、专利、标准协同转化的主要影响因素;并进一步具体提出技术创新、专利、标准协同转化的影响因素指标体系,以及创新成果专利化、专利标准化、标准垄断化三个阶段的要素层关键指标体系。

二是借助于层次分析(AHP)法,分别测算出在创新成果专利化阶段、专利标准化阶段、标准垄断化阶段影响因素的权重,从而确定了各阶段的关键影响因素。

1.5.3 关于技术创新、专利、标准协同转化的核心问题

本书的研究是从技术、市场、管理、政策和法律五个方面，针对技术创新成果专利化、专利标准化、标准垄断化三个阶段，以及对各阶段在转化过程中可能碰到的问题进行分类探讨，从中探寻出在三个阶段转化过程的核心问题。与现有研究成果相比，本书的不同之处体现在以下三个方面。

（1）针对基于原始创新、引进再创新和集成创新三类创新成果专利化问题，通过进行问卷、计算与分析，分别得到在技术、市场、管理、政策和法律五方面所可能碰到的具体核心问题。

（2）针对专利角逐标准、专利影响标准、专利占领标准和专利垄断标准四个专利标准化阶段的问题，通过进行问卷、计算与分析，分别得到在技术、市场、管理、政策和法律五方面所可能碰到的具体核心问题。

（3）针对事实标准和法定标准两种标准垄断化过程中的问题，通过进行问卷、计算与分析，分别得到在技术、市场、管理、政策和法律五方面可能碰到的具体核心问题。

1.5.4 关于技术创新、专利、标准协同转化的路径

目前，专门针对技术创新、专利、标准转化路径的研究成果很少，与现有研究成果相比，本书研究的创新处在于以下两个方面。

（1）按"方式→路径→模式"的研究思路，针对技术创新、专利、标准协同转化的路径提出一种方式（市场方式）、两条路径（政府、市场）、八种模式的系统研究。

（2）以技术水平、市场化程度、对象重要度为三个坐标维度，建立起技术创新、专利、标准协同转化的三维模型，得到技术创新成果、专利、标准协同转化的两种路径、八种模式，并从典型特征、作用机理、实施策略、实施条件、典型案例五个方面进行了详细探讨。

1.5.5 关于技术创新、专利、标准协同转化的推进策略

目前，具体针对推进技术创新、专利、标准三者转化策略的研究很少，更多的是针对解决两两关系问题的策略探讨，如"解决知识产权标准化中知识产权保护力度与标准化间的平衡策略（安佰生，2005）""利用专利标准化构筑新非关

税技术壁垒的策略（朱星华、刘彦和高志前，2005）"，等等。与现有研究成果相比，本书研究的不同之处体现在以下两个方面。

（1）基于技术创新、专利、标准协同转化都需经历技术创新成果化→成果专利化→专利市场化→专利标准化→标准垄断化的过程，最终成为垄断市场的法定标准或事实标准的事实，以及企业、政府和中介组织作为基本参与主体的现实，提出了推进技术创新、专利、标准协同转化的策略框架。

（2）从企业、政府、行业协会三个层面，依据创新成果专利化→专利标准化→标准垄断化三个阶段的转化进程，分别探讨各阶段具体的、有针对性的推进策略。

第2章
技术创新、专利、标准协同转化的关系分析[①]

技术创新成果在市场化的过程中存在三种形态：技术创新成果、专利、标准。现实中不存在专利转化为技术创新成果、标准转化为专利的情况，技术创新成果、专利、标准之间的两两转化只有三种形式：技术创新成果转化为专利、技术创新成果转化为标准、专利转化为标准。如果以技术创新成果为起点、标准为终点，则技术创新成果、专利、标准三者的协同转化存在唯一形式：技术创新成果→专利→标准。因此，根据协同学和生命周期理论的基本观点，技术创新、专利、标准的协同转化[②]形式相应地有四种：一是技术创新成果自生自灭的过程，是形态不变的过程；二是技术创新成果成为专利的协同转化过程，是技术创新成果转化为专利的不完全转化的协同过程；三是技术创新成果成为标准的协同转化过程，是技术创新成果直接转化为标准的不完全转化的协同过程；四是技术创新成果先转化为专利、专利再转化为标准的协同过程，即"技术创新成果→专利→标准"的递进式、完全转化的协同过程。从以上推演可知，技术创新、专利、标准协同转化的实质是"技术创新成果→专利→标准"的协同过程。

2.1 技术创新、专利、标准协同转化的非线性模型

技术创新是推动社会进步与经济发展的重要动力。在技术市场中，技术的发展具有明显的阶段性。熊彼特将技术变革划分为发明、创新、扩散三个阶段，从

[①] 本部分的内容主要依据蒋明琳的博士学位论文《技术创新成果、专利、标准的协同转化机理研究》和陈晓雪的硕士学位论文《技术创新、专利、标准的协同转化关系研究》撰写而成。

[②] 技术创新、专利、标准的协同转化是指技术创新成果、专利和标准在各自演化的过程中相互转化、相互影响，包括它们的演化方向、速率等。

市场化角度来划分，随着市场化程度不断加深可划分为技术研发、产品开拓、市场垄断三个阶段。本书在此基础上，从技术扩散程度的角度划分，结合技术创新市场化发展路径，将其分为创新成果专利化、专利标准化、标准垄断化三个阶段。构建技术创新、专利、标准的协同转化关系模型，并从技术、市场、政府、企业四个层面分析创新成果专利化、专利标准化、标准垄断化三个阶段转化的协同关系。

2.1.1 非线性概念模型的构建

在熊彼特创新理论的基础上，一些科学家按照科学与技术的发展框架，将创新与经济的关系发展成为一个著名的创新线性模型"Basic Research（基础研究）→Applie Research（应用研究）→Development（发展）→Production and Diffusion（生产与扩散）"，即指创新始于基础研究，而后向应用研究发展，最后终于生产与扩散。这个模型影响力巨大，不论是学术组织还是政府机构研究和制定创新政策时都广泛地使用这个模型。

（1）创新的线性模型向非线性模型发展回顾。

自从创新的线性模型被提出后，许多经济学家对这个模型进行了深入的分析和广泛应用。Maclaurin（1953）认为创新包括五步骤，即发明、创新、金融、验收、扩散。Ruttan（1959）认为创新的线性模型为发明→创新→技术变革。从1960年开始，创新的线性模型引起更多学者的关注，Ames（1961）认为市场型创新线性模型包括研究、发明（应用研究）、发展和创新四个阶段；Schmookler（1966）认为技术型创新线性模型包括研究、发展和发明三种行为；Scherer（1965）认为创新的线性模型包括发明、企业家精神、投资与发展四个方面；S. Myers 和 D. G. Marquis（1969）认为创新线性模型包括识别（技术可行性和需求）、掌握方法、解决问题、解决方案的利用率和扩散等方面；J. M. Utterback（1974）则认为创新线性模型还包括新一代的想法、解决问题或开发、产品实施和扩散等方面；Godin（2006）以创新线性模型为基础，结合美国经济发展与创新的关系，将经济发展分为三个阶段。可见，随着科技的进步和经济社会的发展，经济学家对现行创新模型的认识与应用早已从单纯的创新与经济关系的研究阶段发展到创新与产品市场化关系的研究阶段，更加重视创新线性模型的市场化过程，认为创新的终极阶段即扩散阶段还包括创新的市场影响，其具备非线性的特点。创新扩散理论的发展，其重要先驱Rogers（1962）形容创新的过程由四个部分组成，即创新、沟通（或扩散）、社会制度影响的后果、通过时间影响的后果。Rogers（1983）借鉴经济学的思想来进一步理解创新，认为创新包括六个主要的阶段：分析需求/问题、开展研究、产品开发、商业化、扩散和被采纳、有影响力的结果。

在创新线性模型发展过程中，标准化理念的引入具有重要意义。Utterback 和 Abernathy（1975）认为标准化是技术发展过程中的重要阶段，并认为创新产品的发展分为三个阶段，即产品的创新、成熟和标准化。Gessler（2002）以欧洲无线电技术发展为模板，分析了在创新线性模型下欧洲无线电技术发展进程包括技术研究与发展、技术标准化过程、产品设计与生产、市场扩散的过程。Hemphill（2009）则以美国数字电话技术的发展为例，提出了数字电话发展的概念模型，分析在高科技发展的新时代背景下，政府规制与专利等知识产权保护对数字电话发展有着重要影响。

综上所述，创新线性模型经历了从"R&D→中试→生产→销售"初级模型发展到"基础研究→应用研究→开发→生产经营"高级模型的过程，并指出标准化和市场化在创新演化过程中的重要性。目前，创新非线性模型已经成为成熟的、重要的创新过程分析工具。因此，本书根据创新非线性模型，构建技术创新、专利、标准协同转化非线性概念模型。

（2）非线性概念模型。

技术创新、专利、标准的协同转化是以技术创新成果为起点，以成为市场公认标准（含事实标准和法定标准）为终点，以市场为边界的转化过程。为此，我们借鉴熊彼特范式的创新过程非线性模型，构建起基于技术创新成果专利化、专利标准化、标准垄断化三个不可逆递进阶段的"技术创新成果→专利→标准"协同转化的非线性概念模型（见图2-1）。

在图2-1的概念模型中，存在三条协同转化路径：一是"技术创新成果专利化→专利标准化（法定标准Ⅰ）→标准垄断化（市场化实现）"，即专利先法定标准化再进行市场化的协同转化过程；二是"技术创新成果专利化→专利标准化（市场化实现）→标准垄断化（以事实标准转化）"，即专利先市场化再进行事实标准化的过程；三是"技术创新成果专利化→专利标准化（市场化实现）→标准垄断化（以法定标准Ⅱ转化）"，即专利先市场化再法定标准化的过程。在这个过程中，市场化是源动力，标准化是直接动力。

图 2-1 技术创新、专利、标准协同转化的非线性概念模型

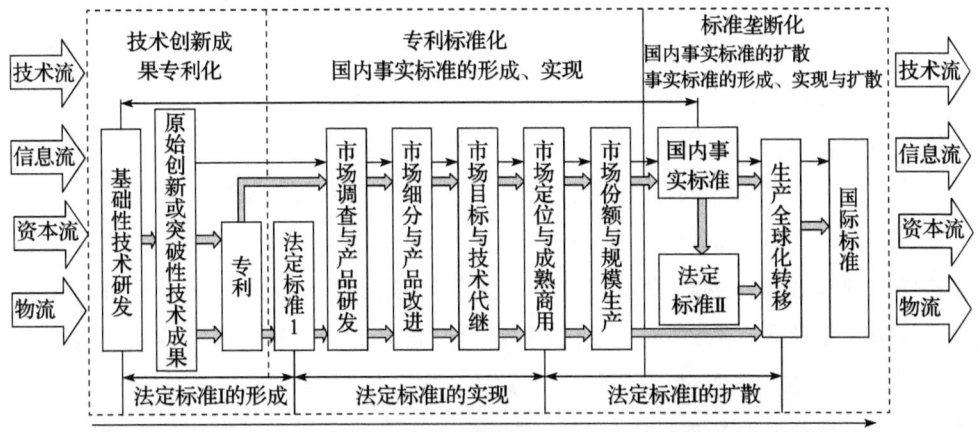

注：① ⇒表示技术创新、专利、标准的协同转化的演进过程。
② →表示技术创新成果直接成为标准的转化进程。
③法定标准Ⅰ和法定标准Ⅱ都是法定标准，区别在于法定标准Ⅰ是在国家推动下专利直接转化为法定标准；法定标准Ⅱ是指专利经过市场化阶段成为事实标准而后在国家推动下成为法定标准。前者是先标准化再市场化，后者是先市场化再标准化。

2.1.2 "三跃迁"的基本内涵

根据熊彼特范式的创新过程非线性模型，一项创新技术或产品在市场化过程中需要经历技术研发、产品开拓和市场垄断。随着技术的不断发展，按技术扩散程度划分，即会出现低扩散程度的创新成果专利化阶段、中扩散程度的专利标准化阶段、高扩散程度的标准垄断化阶段。其遵循着"技术创新成果专利化→专利标准化→标准垄断化"市场化形态的跃迁过程，是一个以市场化为过程、以标准为最终归宿的事实标准与法定标准形成、实现和扩散的过程。

（1）技术创新成果专利化。

从企业选择创新研发项目开始到创新研发的项目转化为专利结束，技术创新成果专利化经历三个阶段，即技术创新前期准备期、技术创新研发进行期和技术创新成果转化为专利三个过程。在这个跃迁的过程中，技术创新成果专利化在专利寿命的基础上体现出地域性保护特征。

第一，以《中华人民共和国专利法》为适用法律核心的地域性、保护性。专利保护是一种具有国家地域性特征的知识产权保护，保证技术创新成果以专利

的形态在国内市场上的垄断地位,并设置国内准入壁垒,像一座无形的、由专利组成的"长城",限制和延缓国外相同或相似技术对国内市场造成的冲击,从而赢得国际贸易竞争优势。同时,技术创新成果转化为专利也为专利转化为标准做铺垫,以便在更广阔的国际市场竞争中获取标准垄断收益。

第二,技术创新前期准备期。熊彼特范式以发明为起始阶段,发明并不是随机突发奇想的,就企业而言,开展技术创新工作是项高投入、高风险的活动,企业能够顺利开展技术创新活动往往与企业领导层的意识、企业发展战略密切相关。为降低创新研发的风险,企业在创新研发之前,往往经过市场的广泛调研以确定消费者预期,并通过广泛的信息搜索(含同行交流)等方式确定技术的新概念和新设想及行业领先性,经过一系列程序最终确定创新研发项目。就政府而言,政府也会出台相关的创新战略,引导企业开展技术创新的方向,使企业开展技术创新活动,既能满足自身需要,也能满足国家创新战略发展的需要。因此,企业是否进行技术创新研发的影响因素包括企业领导层的意识、企业发展战略、消费者预期、企业信息搜索能力和国家创新战略的引导等方面。

第三,技术创新研发进行期。就企业而言,在确定开展技术创新研发项目后,要从人、财、物方面配套支持技术创新研发工作,要有领军的科研人才,要有精诚团结的创新团队,要有一定的启动资金和长期投入资金等。就政府而言,必须积极推动技术创新活动,尤其在一些涉及国计民生等重大创新研发项目上,要从政策、资金方面支持企业开展技术创新研发活动。因此,在这个阶段,影响企业是否能够顺利开展技术创新研发活动的因素包括企业是否拥有能够进行创新研发的人才、政府的支持力度、社会力量的支持能力等因素。

第四,技术创新成果转化为专利期。就企业而言,对技术创新成果有三种处理方式:转化为公共技术、专有技术和专利技术。若将技术创新成果转化为公共技术,则该技术将免费使用,企业将不能获取专有经济收益;若将技术创新成果转化为专有技术,该专有技术将作为企业核心竞争力的技术秘密,企业必须具备很强的保密能力;若将技术创新成果转化为专利,则意味着企业决定向社会有条件地公开该项技术创新成果,允许其他企业按照《中华人民共和国专利法》的相关要求使用技术创新成果,获取专有收益、垄断利润,同时也要受到专利寿命的制约。就市场而言,技术创新成果转化为专利,是企业抢占先机的战略和举措,能使市场上同类技术失去竞争优势。就政府而言,则应在《中华人民共和国专利法》框架下,完善相关的政府行政职能,推进更多原始创新或突破性创新技术、创新成果转化为专利，保证专利申请的质量。因此，影响企业开展技术创新成果转化为专利的因素包括企业专利管理人才、专利申请能力，政府专利保护力度、行政服务水平，专利保护的市场形成、实现和扩散等因素。

(2) 专利标准化。

专利转化成标准后，标准的等级由低到高依次为企业标准、行业标准、国家事实标准和法定标准、国际标准。在市场化的过程中，相应的标准不断从企业范围、行业或产业范围、国家主权范围、国际范围由小到大拓展，具备适用等级地域性特征。

第一，专利先标准化再市场化。这种情况是由政府主导，从国家创新战略或国家安全战略高度将必要专利直接转化为法定标准。由于没有经过市场的检验，专利直接进入法定标准或将不能发挥专利的最大商用价值。为此，政府可以从整合"四功能流、五结构链"①资源的角度出台优惠政策弥补专利直接上升为标准的弊端。同时，政府还应注重对法制环境的建设和维护，出台相关实施细则、司法解释，不断完善《中华人民共和国专利法》《中华人民共和国标准化法》等法律，解决专利标准化、市场化过程中遇到的难题。

第二，专利先进行市场化再进行标准化。这种情况是企业出于追求利润最大化的目的，直接以必要专利技术进行产品研发，并将其投入市场，通过市场选择不断改进专利技术，使专利最终成为事实标准的过程。在这个过程中，在必要专利技术得到很好的法律保护前提下，企业一般会以组建标准联盟的方式提高企业的技术管理能力和专利的兼容性。同时，企业也会不断整合"四功能流、五结构链"，形成了复杂交错的空间内外部网络组织形式，提高产品的安装基数，形成市场垄断，实现专利转化为事实标准。

(3) 标准垄断化。

随着标准从行业标准、国家标准到国际标准，标准适用的地域范围不断扩大，专利权保护的区域也随之增大。就专利权人而言，就可以从标准不断扩大的应用地域内获得更广泛的专利权控制，从而获得市场支配地位和极大的竞争优势，进而获得丰厚的专利许可费和巨大的经济效益。标准垄断实质是在专利权保护的地域性和标准适用的地域性条件下专利权的垄断。也就是说，专利转化为

---

① "四功能流"是指技术流、信息流、资本流和物流；"五结构链"是指技术链、信息链、资本链、产业链和供应链。

标准，并以标准形态在市场上进行推广，从而实现标准适用地域范围内的专利权垄断，即标准垄断。

在图2-1中，企业（或标准联盟）在国内市场形成事实标准，市场垄断形成。在政府建立的公平、有序的法制环境下，专利权得以维护，从而实现了事实标准所在的国内市场的专利权垄断，即在国内市场实现标准垄断。政府为了能够更好地规范和统一市场，选择事实标准进入法定标准，使事实标准以法定的形式规范下来，这就使专利得到政府的强制性保护，进一步加剧了国内市场该专利技术的专利权垄断。专利技术持有人不满足于专利技术成为国内事实标准或法定标准，为了获取更大的利益，专利技术持有人积极推进专利技术向更广阔的市场转移，这就使得以必要专利技术为核心的技术链、信息链、供应链进一步延伸，以掌握必要专利技术的企业为核心的产业链进一步延伸，逐步形成一个全球市场网络，最终成为国际事实标准，标准的应用范围扩大到全球，专利权人在标准应用的区域积极地将专利技术转化为专利权，这就形成了一个在国际事实标准应用地域的专利权垄断，专利持有人在国际市场取得市场支配地位，获取极大的竞争优势，进而获得丰厚的专利许可费用和巨大的经济效益。

2.2 技术创新、专利、标准协同转化的关系模型

基于技术创新、专利、标准三者的协同转化存在一个唯一的形式，即"技术创新→专利→标准"，这是一个不可逆的转化过程。技术创新、专利、标准的协同转化是在技术的市场化过程中实现的，并非独立进行，在整个协同转化过程中会受到技术、市场、政府、企业的影响，结合熊彼特范式和技术创新、专利、标准的协同关系，本书提出如图2-2所示的技术创新、专利、标准协同转化的关系模型。

技术创新是一个复杂的过程，在其市场化的过程中与专利和标准有着密切的联系。随着科学技术的进步，在激烈的市场竞争中，产品更新换代的速度随市场不断变化的需求而加快，企业为了生存和发展，需要不断地进行技术创新，为增强竞争优势，需要加强对创新成果的保护，将创新成果转化为专利，利用专利为企业争夺更大的利润空间。受专利保护期和市场发展速度的影响，企业应实行标准化战略，将自己的专利技术推向标准竞争中，只有成为标准才能进一步扩大自身的市场影响力。

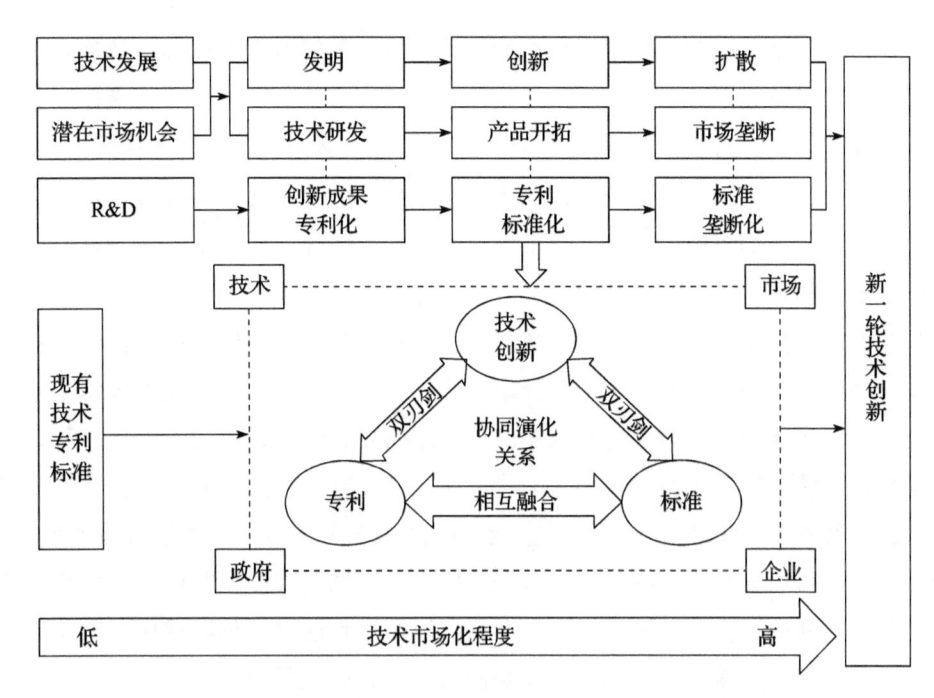

图 2-2 技术创新、专利、标准协同转化的关系模型

就技术创新与专利的关系而言，对专利的过度保护不会推动技术创新，反而会抑制技术创新[①]。同时，将技术创新成果转化为专利，在一定的保护期内维护了专利拥有者的独占利益，为了避免侵权，其他竞争企业会另辟蹊径，寻求新技术突破，研发新的技术，这在一定程度上会推动技术创新的发展。

就专利与标准关系而言，在国际贸易中，利用专利与标准融合来获取竞争优势已成为发达国家对发展中国家构筑新的非关税技术壁垒的战略趋势[②]。专利和标准的融合既可以推动技术创新的发展，也会引发专利滥用现象，反过来阻碍技术创新的发展。

在技术创新和标准关系方面，在技术发展周期内，最先开始的是技术创新，标准化是创新活动的一种自然结果，现行的技术标准是标准代继进化的结果，技术标准化后会进行多样性选择，而多样性是技术创新的源泉，因此，标准在一定程度上会抑制技术创新，对技术创新起阻碍作用。

---

① Thomas R E. Debugging Software Patents：Increasing Innovation and Reducing Uncertaining in the Judicial Reform of Software Patent Law [J]. Santa Clara High Technology Law Journal，2008（25）：191.

② 朱星华，刘彦，高志前. 标准化条件下应对专利壁垒的战略对策 [J]. 中国软科学，2005（10）：11-25.

在技术创新、专利、标准的相互关系中，技术创新对专利和标准的发展均有促进作用，反过来，专利和标准在技术发展的过程中，一方面，对技术创新也起到促进作用，另一方面，现有的专利和标准对新技术在市场竞争中也有阻碍作用。因此，在专利与标准的发展过程中，越来越多的专利转化为标准，在制定标准的过程中，人们也通过专利了解市场技术的发展情况，为制定更加符合市场和行业发展的标准，专利与标准相互融合的趋势更加明显。

在熊彼特技术变革三阶段中，技术的变革有其特定的前因导向，其中，技术发展和潜在的市场机会是技术变革开始的重要前提，技术的发展推动技术不断变革和前进，潜在的市场机会诱发企业进行技术研发，促进技术的市场化过程。在技术扩散三阶段中，进行技术创新获得创新成果的前提是 R&D，只有经过充足的研究与开发，不断地实验、创新才能生成创新成果。某项技术经过技术研发、产品开拓、市场垄断三个阶段，技术创新成果的市场化程度不断提高，并且在市场化不断提高的过程中，技术创新、专利、标准三者通过"创新成果专利化→专利标准化→标准垄断化"的路径实现协同转化。该模型从技术、市场、政府和企业四个方面，分析在"发明→技术研发→创新成果专利化""创新→产品开拓→专利标准化""扩散→市场垄断→标准垄断化"三个阶段，技术创新成果、专利、标准的协同转化关系。

（1）发明→技术研发→创新成果专利化。

该阶段处于技术发展的起始阶段，确定创新思想和概念，确定技术发展的机会与可能性，以此进行技术研发与创新，借助专利保护技术创新成果。

在技术方面，了解现有市场上的技术水平，掌握相关技术专利与标准信息，寻求突破性创新。因突破性技术往往更容易成为专利，技术的新颖性、创造性和实用性成为创新成果专利化的必要的技术前提，技术越先进，越能促进创新成果向专利的转化。

在市场方面，新技术的研发必须要充分掌握市场需求，了解现有竞争者与潜在竞争者，有针对性地进行技术创新，才能保证在技术研发阶段的技术创新成果在今后市场化的过程中能有足够的市场安装基础，被市场所接受且形成一定的影响力。市场上如果存在潜在的技术替代者，替代技术如果被授予专利，对在位创新者的攻击是显著的，在位创新者应积极将其创新成果专利化；当市场上存在较多竞争者的模仿者时，技术拥有者需要积极地将技术创新成果向专利转化，对自身技术进行保护。

在政府方面，制定相关的政策与措施，需要把握正确的发展方向，拥有正确的战略眼光和市场导向能力。市场存在"失灵"的情况，政府的引导作用比较重要，详细了解政府对于技术产业的管理体制、监管体制、市场推进举措。

在企业方面，企业作为创新的主体，为谋求更加具有竞争优势的发展，需要不断增强技术创新意识，进行突破性创新，获取突破性技术，并将其转化为专利，直接或间接挖掘专利的价值，增大相关产品的市场份额。

（2）创新→产品开拓→专利标准化。

该阶段主要处于技术发展的中间阶段，根据前阶段的铺垫，仍需要进行不断地创新或对技术创新成果进行完善，并选择具有竞争优势的先进的技术创新成果在市场中进行传播与扩散，在技术市场中进行产品开拓，并推进专利向标准的转化，借助标准策略抵制市场中的技术模仿与突破。

在技术方面，市场化的程度和市场的作用对专利标准化影响增大，此时政府的引导工作依然重要，技术创新成果本身的技术也十分重要。突破性技术是保持技术和专利长远发展的根本保证，此外，技术的兼容性也影响技术在市场上的扩散。专利技术进入标准时，如果该专利技术的对外接口能够与其他产品兼容，将有助于该项专利技术在标准中的推广[1]。

在市场方面，市场安装基础成为最主要的影响因素，通过提高客户价值的实现程度来扩大市场影响力和安装基数，市场安装基数代表该技术的市场化程度。

在政府方面，政府可以发挥在公共服务方面的作用，提高知识产权保护力度、战略眼光和标准化导向能力，营造良好的市场环境，促进专利的标准化过程顺利开展。在专利向标准转化的过程中，政治和经济因素都起到关键作用，特别是相关的标准化政策，知识产权规则的制定将对技术标准的形成有重要影响[2]。

在企业方面，企业具有较强的科技研发能力，可以提供技术支持。企业应重视对专利和标准的管理，对专利与标准的管理能力是企业开展专利和标准的申请和推广的重要基础，企业对专利和标准的管理能力越强，越有利于专利标准化[3]。

（3）扩散→市场垄断→标准垄断化。

该阶段处于技术发展的最后阶段，经过前两个阶段的发展，技术已经趋于成

---

[1] Katz M L, Shapiro C. Network Externalities, Competition, and Compatibility [J]. The American Economic Review, 1985, 75 (3): 424-440.

[2] 杨少华, 李再杨. 全球标准化的形成与扩散: 以移动通讯为例 [J]. 西北大学学报（哲学社会科学版）, 2007, 37 (4): 116-120.

[3] 任坤秀. 我国技术进步与国家标准发展关系研究 [J]. 科技进步与对策, 2013 (5): 1-6.

熟，该阶段主要是选定的技术创新成果向目标市场强化推广与扩散的过程，增强对技术市场的影响力，进行市场垄断，实行标准化战略，将技术创新成果最终上升到标准的高度，达到市场垄断的地位。

在技术方面，主要是技术的突破性和兼容性，保持技术竞争优势，并根据市场信息反馈进一步调整和优化技术，借助产品扩大在技术领域的扩散程度，进一步提高技术的市场化程度。

在市场方面，关注客户价值的实现情况与市场安装基数，了解技术在市场中的影响力，收集与分析市场信息，把握好下一轮技术创新的市场导向，保持在技术市场的竞争力。

在政府方面，主要是维护专利权人的专利权和引导建立符合市场发展的标准，通过管理体制、监管体制促进市场良性竞争。政府应积极提供资金支持并与相关部门合作，构建公平交易的法律环境，促进标准的形成与推广，实现标准垄断化。

在企业方面，重点是维护企业的专利权，进一步扩大市场安装基数，运用标准垄断寻求超额利润，并不断提高自身的技术研发能力。已处于垄断地位的企业掌握着标准核心专利技术，这更加有利于企业实现标准垄断。此外，消费者选择标准核心技术产品的意愿及产品质量和技术的成熟度同样有利于促进标准实现垄断。因此，企业在推广产品的过程中，消费者的信息反馈对于企业更好地实现标准化战略十分重要。

2.3 技术创新、专利、标准的协同关系分析

技术创新、专利、标准的协同转化是"创新成果专利化→专利标准化→标准垄断化"循序渐进的过程。从技术创新、专利、标准的协同技术创新成果关系模型中可看出，技术创新、专利、标准三者的协同转化是在技术、市场、政府、企业这四位一体的环境中进行的，必然受到这些环境因素的影响。因此，我们将针对创新成果专利化、专利标准化和标准垄断化三个阶段，从技术、市场、政府、企业四个方面对技术创新、专利、标准的协同关系进行分析。

2.3.1 创新成果专利化阶段

在创新成果专利化阶段，技术创新、专利、标准的协同转化关系主要是创新成果向专利的转化，以及市场中现有专利、标准对新技术创新的协同关系（见

图2-3)。现有专利是指在市场中已经存在的专利,主要是指由上一轮技术创新成果转化的专利技术;现有标准是指市场中实施的标准,主要是指由上一轮技术创新产生的标准。在创新成果专利化阶段,技术创新在向专利转化的过程中,会受到现有标准和现有专利的阻碍,要实现创新成果专利化,必须要突破现有专利,寻找新的技术突破口。在激烈的市场竞争中,现有专利与标准对新技术的创新具有协同作用,推进着新技术的创新。进行技术创新的前提是对市场上现有技术发展水平的充分调研与了解,选定技术创新突破的方向与核心,做出对新技术研发创新的判断与决策,其中,现有的专利与标准化水平是评价市场技术发展水平的重要依据。在选定的突破方向上进行技术创新,突破现有专利,产生领先于市场技术水平的创新成果,为保护技术创新成果,进行知识产权保护申请,获得专利权,使创新成果专利化,在市场竞争中受知识产权保护。

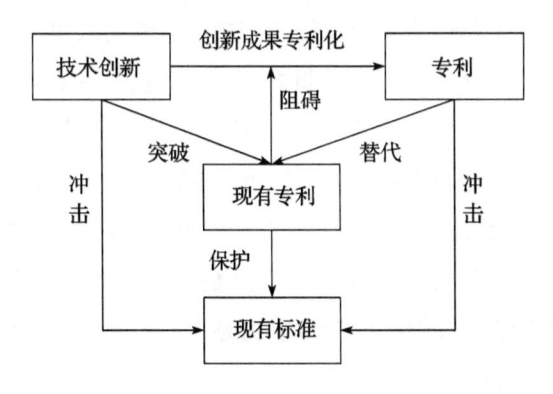

图2-3 创新成果专利化阶段技术创新、专利、标准的协同关系

在创新成果专利化阶段,新专利的出现,一方面意味着技术市场出现更为先进的新技术,现有专利水平已不再满足新技术应用发展的需要,现有专利在新技术发展过程中被创新成果专利化转化的专利所替代,逐渐退出竞争市场。另一方面意味着技术创新成果在市场竞争中获得发展机会,以现有专利与标准为突破点的新技术将开始在市场中扩散,维持市场竞争秩序的现有标准必然会受到技术创新和创新成果专利化的专利的冲击。与此同时,在新技术发展的过程中,会出现更多适应于技术市场发展的专利,由众多专利组成的专利组合也成为新标准出现的技术基础,受现有专利保护的现有标准已经落后于技术市场的发展。新技术的发展并不是一蹴而就的,现有专利在技术市场有一定的影响力,拥有一定的安装基数,其必然会对新技术的发展造成一定的阻碍,同时,由于市场中还存在受现有专利影响的技术或产品，现有标准在市场中仍占据一定的地位，现有专利在这一方面保护着现有标准。随着技术的不断发展与提高，这一替代与冲击过程将更加激烈，在市场竞争中推动整个技术市场的技术发展。

2.3.2 专利标准化阶段

在专利标准化阶段，技术创新、专利、标准的协同转化关系主要是专利向标准的转化，以及专利、标准对市场中现有标准的冲击与替代关系（见图2-4）。在此阶段，要在技术市场进行产品开拓，将技术创新成果向市场推广，获取市场安装基数，与现有的技术和产品竞争，抢占市场份额，使专利技术发展成熟，将专利技术与标准融合，促进专利向标准的转化。专利是企业在技术竞争市场获取市场份额的重要手段，根据《2018年中国专利调查报告》中专利行业贡献竞争度数据显示，近八成企业认为其所在行业需要依靠专利取得或维持竞争优势，其中，认为"单件产品中所需的专利数量并不算多，但是专利对于产品维持市场份额极其重要"的占66.9%，而认为"单件产品中所需的专利数量极多，缺乏足够数量的专利基本上无法在本行业生存"的占12.8%。在获取足够的市场份额之后，从企业盈利角度出发，在技术创新成果受知识产权保护期内，要积极促进专利技术向标准的转化，即专利标准化。以此建立进入本行业的技术壁垒，一方面，可以在现有的竞争之间继续保持竞争优势；另一方面，可以在一定程度上减少新进入竞争者的威胁。

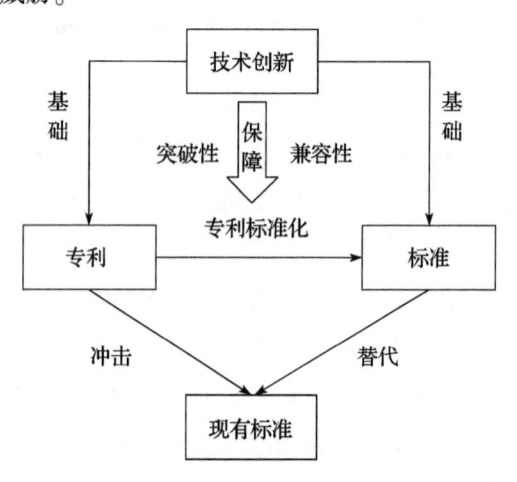

图2-4 专利标准化阶段技术创新、专利、标准的协同关系

技术创新始终贯穿在整个协同转化过程中，在专利标准化阶段，技术创新是专利与标准的基础，没有技术创新所取得的创新成果，技术市场将一直被现有专利和现有标准占领，技术创新的突破性和兼容性使得由创新成果转化的专利有机会在竞争市场中替代现有专利和冲击现有标准，并保障专利向标准的成功转化。随着新技术的发展，创新成果在技术市场得到传播扩散，专利逐渐替代现有专利，随着市场安装基数的不断扩大，其对现有标准的冲击力度会不断增大。新技术逐渐在技术市场中占据主导地位，技术和专利所有权拥有者将成为新标准的制定者与重要参与者，为增加在技术市场的竞争优势，制定的新标准必然会替代现有标准，以此来维护新技术的发展与扩散。现有标准由于落后于技术市场的技术发展水平，已经不再适应于市场发展的需要，会逐渐退出竞争市场，最终随着新技术的发展被新标准所替代。

2.3.3　标准垄断化阶段

标准垄断化阶段是技术创新、专利、标准三者实现最终统一的重要阶段，技术创新的创新成果通过专利最终演变成标准，上升到该项技术或产品的标准高度。在传统产业里，标准主要是为了保证产品质量、互换和通用性，标准与专利相分离。在现代产业里，标准成为市场争夺的利器，标准与专利趋向融合。由于产品或技术创新成果的技术含量越来越高，更新也越来越快，使得单纯依靠专利来捍卫权利人利益变得越来越困难。只有通过标准实现技术（尤其是专利技术）的集中使用与配套，才能实现专利及其权利人利益的统一经营管理和利益的最大化，实现专利收益的杠杆效用。要实现市场垄断的目标，则必须将标准推广到市场中，促其成为市场行为必须遵循的标准，即实现标准垄断化。技术市场是不断发展的，市场竞争也日益激烈，为了分享与争夺市场经济效益，在实现市场垄断后，标准又成为新一轮技术创新需要突破的技术壁垒，推动和激发着新一轮技术创新。因此，技术创新、专利、标准的协同转化呈现不断连续的状态，又将影响下一代新生技术的研发与创新，标准的生成并不意味着技术创新的终止，而是意味着新技术创新的开始。

此外，新技术的技术创新、专利、标准三者之间密切联系，相辅相成，互相推动（见图2-5）：一是创新成果的独特性推动专利的发展。离开了技术，专利就失去了存在的基础，而技术创新是技术发展的一个重要因素，因此专利与技术创新两者密切联系，技术创新是推动专利发展的源动力。在技术市场中，只有具有独创性的创新成果转化的专利才能在市场竞争中替代现有专利。二是对专利的保护推动着标准的发展。通过创新成果转化的专利在市场上只有获得了足够的市场份额才会对现有标准产生冲击作用，随着技术创新在市场化过程中不断扩散，新标准的诞生势必会取代现有标准。在技术市场上，专利技术的安装基数成为新标准制定的重要基石，推动和保护着标准的发展。三是标准的扩散推动着技术创新的发展。标准成为技术市场重要的竞争手段，标准在市场中扩散得越快意味着对行业内竞争规则的控制力越强。对拥有制定标准话语权的企业来说，标准的扩散对其获取超额的市场利润有利，对非标准制定企业而言，要想在市场竞争中获取发展机会，只能在标准的推动下寻找技术创新的突破口，实现在技术上的赶超，争取下一轮标准之争的话语权。

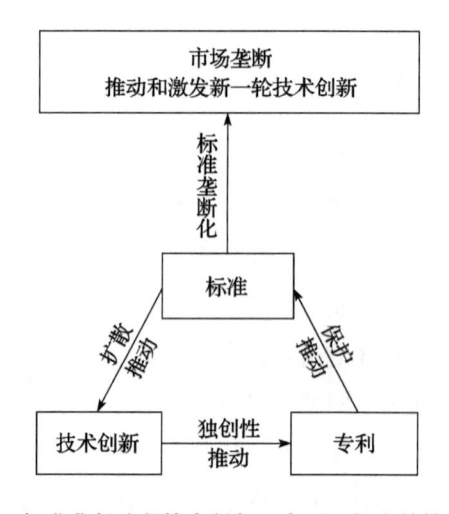

图 2-5　标准垄断阶段技术创新、专利、标准的协同关系

2.4　技术创新、专利、标准协同转化的时间维度分析

根据协同学和生命周期理论的基本观点，技术创新、专利、标准协同转化并非一朝一夕就能完成的，而是沿着时间轴不断转化，具有"四阶段、三跃迁"[①]的生命周期性特征。从时间的维度分析，技术创新、专利、标准都有自身的生命

---

① "四阶段、三跃迁"是根据系统科学的基本观点对具有生命周期性协同转化一般规律的归纳，包括形成期、发展期、成熟期、衰退期四个协同转化阶段及"形成期→发展期""发展期→成熟期""成熟期→衰退期"三个跃迁过程（或相变点）。

周期性演化，一般都是一条光滑的 S 形曲线。对于某项具体的技术创新成果而言，是先有技术创新成果，然后有专利，最后才是标准，即技术创新成果形态的转化存在时间的先后次序。建立在技术创新成果生命周期性演化基础上的专利、标准生命周期性演化，虽然它们的时间起点不同，但都存在着契合点：第一个契合点是技术创新成果转化为专利的时点；第二个契合点是专利转化为标准的时点；第三个契合点是技术创新成果转化为标准的时点。

2.4.1 技术创新、专利、标准的生命周期

（1）技术创新成果的生命周期。

技术创新是促进产业、产品发展的最主要的动力和发展的源泉，产品性能的提升和产业的发展都离不开技术创新成果。因此，技术创新成果的生命周期研究主要是以产品生命周期与产业生命周期理论为基础。

在概念层面，Arthur（1981）给出技术创新成果生命周期一个有代表性的定义，即技术创新成果的生命周期主要受到竞争力和产品生产过程的集成度等因素的影响，是用来测量技术创新成果变迁与进步的工具，包括开始、增长、成熟和衰退四个阶段：在开始阶段，创新技术所受到的竞争冲击和产品生产过程的集成度都是非常低的；在增长阶段，改进后的创新技术竞争力逐渐加强，但是还没有被融入新产品中；在成熟阶段，一些创新技术进一步升级并逐渐成为重点创新技术，并被融入新产品内，它们拥有较强的竞争力；当这项创新技术失去竞争力成为一项基础技术时，这项技术的应用达到饱和，并进入衰退阶段，随时可能被新的技术创新成果替代。Kaplan 和 Tripsas（2008）认为技术创新成果的生命周期是一种循环往复的过程，分为五个阶段：在开始阶段，新技术的出现大部分是非连续性的，此时的技术或由于变革产生突破性创新，或产生激进式创新，或功能的延续性创新，使新技术得以出现；在发展阶段，由于潜在的用户不能明确将会使用哪种技术，技术发展具有不确定性，技术创新者基于商业目的会通过进一步完善技术的功能，吸引更多用户使用该项技术；在主导设计阶段，工业标准出现，促进该项技术的大规模使用；第四个阶段，确保技术使用份额能够保持增量发展；第五个阶段开启新的一轮技术生命周期。

在影响因素层面，如果以技术创新绩效为主要变量，技术创新成果的生命周期一般认为是呈现 S 形。然而，美国麻省理工学院的科研团队通过对电力传输技术创新成果与航天航空技术创新成果的 S 曲线模型进行研究发现，只用技术创新

成果的绩效来描述技术创新成果的生命周期样本量较小，且可能导致技术创新成果的研究指向错误，建议利用更多的指标来测试技术创新成果的生命周期，并从商业的角度考虑是否需要进一步发展该项技术。因此，部分学者从商业的角度考察技术创新成果的生命周期，如 Porter A. L. 和 Wang J. 等（2013）认为技术生命周期的演化与顾客需求的本质有关，其演化过程离不开经济社会的商业需求，并从专利申请的获得来分析技术生命周期的轨迹。

在方法层面，技术创新成果生命周期分析方法主要是研究技术创新成果的应用绩效，分析 R&D 研发系统的累积绩效。Utterback（1975，1994）提出了技术创新成果生命周期的动力模型，并认为在技术生命周期的不同阶段，技术创新能力也不同。在技术生命周期初始阶段，技术创新能力是最强的，而随着技术生命周期的演进，技术创新能力却逐渐减弱，如图 2-6 所示。

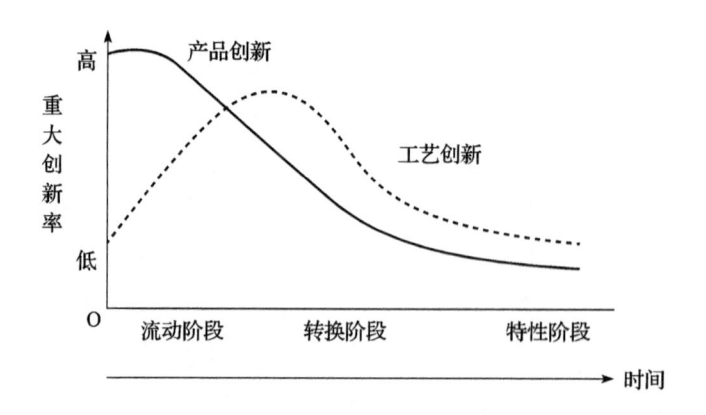

图 2-6　厄特巴克技术创新生命周期动力模型

综上所述，技术创新成果的完整生命周期一般起始于一项突破性创新技术的生成，或是一种原始创新，并非以往技术的代继，其市场化过程大致可分为形成期、发展期、垄断期和衰退期四个阶段，包括技术创新成果专利化、专利标准化和标准垄断化三个市场化形态跃迁的起点①，如图 2-7 所示。

---

① 本书所研究的技术创新成果、专利、标准协同转化以原始创新或突破性创新技术成果的"四阶段、三跃迁"协同转化为基础，重点针对"技术创新成果→专利""专利→标准""标准→垄断标准"三个跃迁过程进行研究。由于技术创新成果在不同的跃迁过程表现出不同的形态和性质，本书把这三个跃迁过程命名为"技术创新成果专利化""专利标准化""标准垄断化"，使之既能体现"四阶段、三跃迁"的协同转化基本规律，又能体现技术创新成果、专利、标准协同转化是一种形态跃迁的协同转化进程。

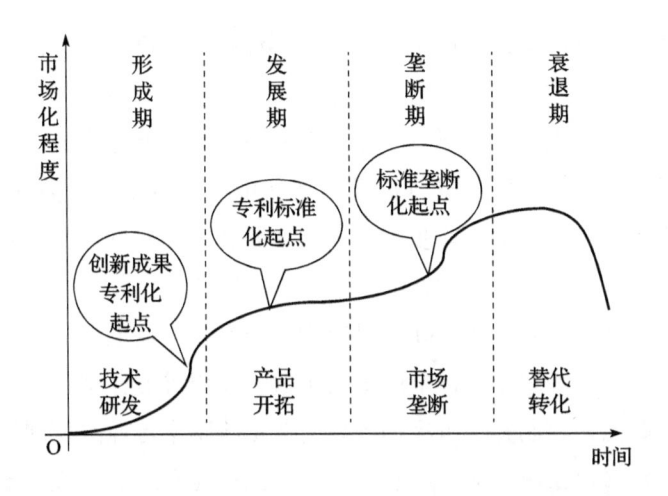

图 2-7 技术创新成果"四阶段、三相变"生命周期规律

第一，形成期。它是技术创新成果所有者组织技术研发创新的起点阶段，也是技术创新成果实现专利化的起点阶段，即当技术创新成果趋于成熟时，技术创新成果实现第一次市场化跃迁——技术创新成果专利化。在这个阶段，技术创新成果彼此之间处于竞争的状态，最终能否转化为专利是由技术创新成果所有者根据技术创新成果对其载体——产品使用效率的提升程度、市场预期接受程度和自身的战略需求等因素具体决定。当技术创新成果转化为专利时，技术创新成果所有者随之转变成专利权人。

第二，发展期。它是专利权人在进一步完善专利的性能、规范专利生产流程等内容的基础上逐步市场化、标准化的发展阶段。专利伴随着其载体——产品的市场开拓而不断扩散，逐步为市场接受，并实现技术创新成果第二次跃迁，即成为专利后的跃迁——专利标准化。在专利市场化、标准化的过程中，以产品为载体的若干专利逐渐形成以某项或某几项专利为核心专利的"专利组合"，并不断对整个行业的市场格局产生影响，使行业内的企业竞争从核心专利的竞争逐步上升为标准（行业、市场、国家和国际等标准）的竞争。随着市场竞争进一步加剧，专利权人也逐渐转化为标准制定人或标准制定的重要参与人。

第三，垄断期。它是标准的制定人或标准制定重要参与人将所制定标准（行业标准、国家标准、国际标准）在各级市场进行大规模扩散的阶段。其主要途径是以标准形式（含专利组合等类标准形式）构筑市场壁垒，以在行业、国家或国际市场上吸引更多的消费群体，增大消费者安装基数，从而在与其他企业竞争中获得垄断优势。标准垄断程度主要由消费群体接受程度决定，同时也受到国际竞争贸易态势、国家政府的支持力度、相关企业的战略定位、市场运作水平和竞争对手的能力等多方面因素的影响。在这个阶段，标准制定人或标准制定重要参与人为获取超额利润，不断地进行标准创新和市场化运作，提高标准垄断程度，保持标准所带来的超额收益，逐步朝着标准垄断化方向发展，并实现技术创新成果第三次跃迁，即成为标准后的跃迁——标准垄断化。

第四，衰退期。它是技术创新成果成为标准并在市场上形成垄断之后的兴衰阶段。此时，居于垄断地位的标准的市场扩散程度仍可能保持稳步增长，而且在相当长的一段时间内控制整个市场的规模，并影响整个行业的发展进程。这主要由消费群体的消费习惯决定的，虽然此时市场上可能有新的替代标准，但仍然无法完全撼动其主导地位，只有当其不能满足消费者需求或其核心技术成为一般技术时，该项垄断标准迅速衰退，表现为其标准制定人或标准制定重要参与人所生产产品的市场占有率忽然急剧下滑，企业出现巨额亏损，甚至一夜之间破产，如柯达、GE等。此阶段，作为原始起点的技术创新成果达到了市场化的顶峰并被市场淘汰了，但其作为标准的文化内涵将被新的垄断标准所扬弃、转化和继承，如技术创新成果所引发的商业模式变革或所产生的商业文化仍在继续。

(2) 专利生命周期的核心问题——法理寿命。

一般认为，专利生命周期也是经历了形成期、发展期、垄断期和衰退期四个阶段，其演化过程呈S形生命周期特征。在专利形成期，专利并未产生一定的价值；在专利发展期，专利有利于形成产品及其市场开拓；在专利垄断期，专利的载体——产品在市场上进一步扩散，能够获得更多的收益；在专利衰退期，市场上出现可替代专利，原专利开始衰退。Andersen（1999）以30年为一个周期，将56种典型专利和各类匹配技术联系起来，从专利年度累积量的角度进行研究，发现专利的生命周期符合一般生命周期规律；Achilladelis B.等（1990、1993）从专利申请数量分别分析了化学工业专利申请和制药业的专利申请，也得出相同的结论。但也有一些学者认为专利生命周期是双S形特征，如Reinhard Haupt（2007）以起搏器技术专利发展为例，发现起搏器技术专利的生命周期呈现双S形特征。

更多的学者关注专利生命周期的核心问题——专利寿命。Nordhaus（1969）通过建立一系列数学模型，利用结构参数计算了最优专利长度，开启了对最优专利长度的研究；Scherer（1972）利用几何方法对该模型进行完善。Kamien和

Schwartz（1974）批评了这一假设，否定创新的规模是研发投资的递增函数，并建立了一个包含创新时机不确定性的模型，但是未对最优专利长度得出结论。部分学者开始从法理的角度研究专利的生命周期及寿命问题，并结合获利能力对专利的寿命进行了研究，如 Lubica Hikkerova（2013）分析了欧洲专利的生命周期，认为专利消亡的类型包括程序上的消亡，即专利保护时间到期、自然消亡和被撤回等类型，影响专利更新的重要因素包括专利审查的交易时间及专利被引用的累积次数。Pakes（1986）通过实证分析得出专利的持有者在申请专利四年后才可能获得投资，仅有一部分专利在 7 年后才可能从商业中获得利润。Baudry 和 Dumont（2006）进一步分析发现，50%的专利在申请八年后被放弃，只有 25%的专利年龄能够超过 13 年。由此可见，专利的寿命普遍较短。此外，市场上竞争者的技术竞争水平，替代技术质量的高低，也都有可能影响到专利技术的寿命长短。

专利生命周期的核心问题是专利的法理寿命，包括专利申请期、专利维持期和专利法定保护期三个时间概念，均以专利申请日为起点，以专利权保护期为最长有效时间区间（见图 2-8）。专利维持期是指专利从申请日至无效、终止、撤销或届满之日的实际时间；专利法定保护期是指专利法对授权专利技术进行法律保护的最长时间，如《中华人民共和国专利法》规定，发明专利权的法定期限是 20 年，实用新型专利权和外观设计则为 10 年，均自申请日起计算。

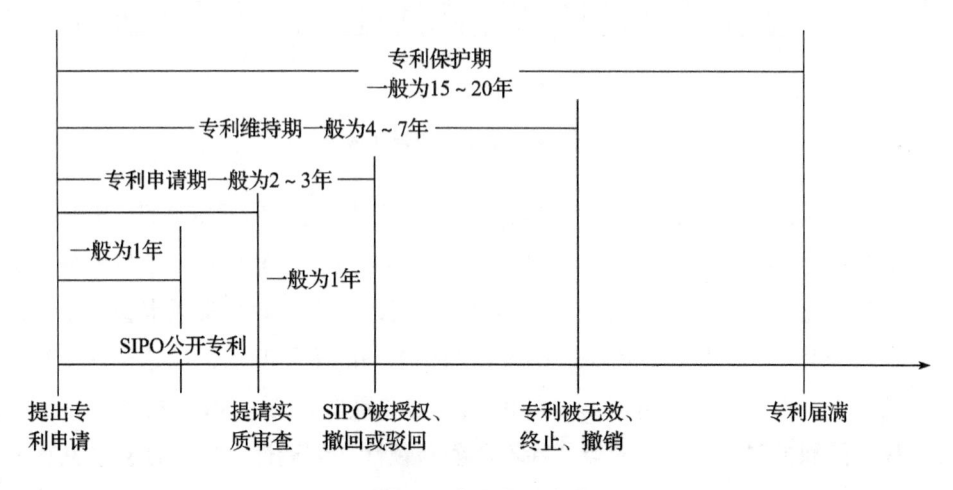

图 2-8 专利法理寿命

专利申请期、专利维持期和专利法定保护期三者在申请期的部分都是重叠的，既有联系又有区别。专利权人应当自被授予专利权的当年开始缴纳年费以维持专利权，否则，专利权会在期限届满前失效；超过法定保护期后，即使专利权人愿意继续缴纳维持费，相关技术也不被法律保护。但并不是所有专利都要维持到法定保护期届满，如在我国许多专利权人根据自身的实际情况，通过拒绝缴费等方式，提前终止了专利权，未达到其法定保护期。

根据专利维持状态的不同，专利法理寿命又可分为有效专利寿命和失效专利寿命。有效专利寿命是截至某一日期仍然有效的专利寿命，计算公式为：有效专利寿命=截止日期-专利申请日期；失效专利寿命是截至某一日期已经失效的专利寿命，计算公式为：失效专利寿命=专利失效日期-专利申请日期。Lubica 等（2014）实证分析欧洲专利放弃和专利寿命存在的关系（见图 2-9）。

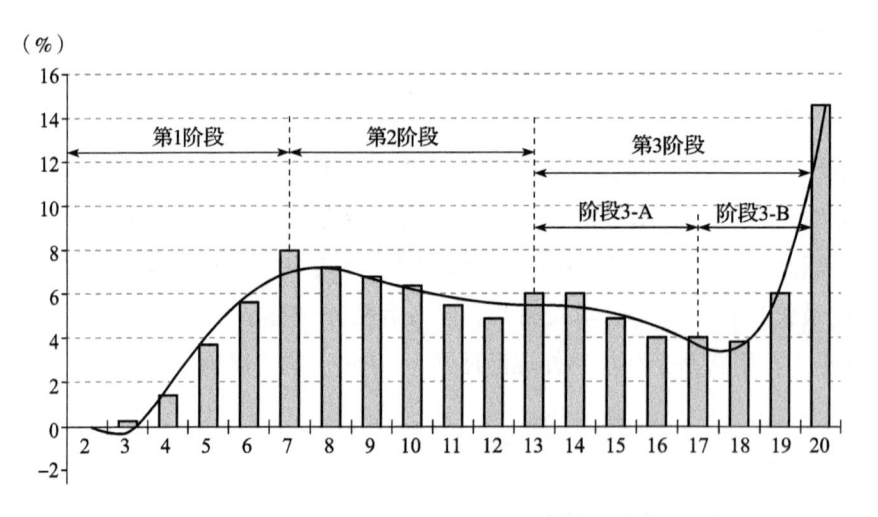

图 2-9　欧洲基于专利寿命专利放弃比率

在专利寿命期间有几个重要的时点：专利申请日、专利实质审查日、SIPO（国家知识产权局）批复日、专利中止日、专利届满日等。专利申请日是技术创新成果向专利转化的重要时点，也是专利形成和发展的起点；专利实质审查日是在所提交申请记载范围内形成最终说明书及权利要求书的重要时点，也是开启专利标准化的起点，专利说明书将成为参与标准制定的重要依据；SIPO 批复日是专利被授权、撤回或驳回的重要时点，除不具备新颖性、创造性、实用性被驳回或专利申请人撤回专利申请等情况外，也是专利以营利为目的进行市场化、商业化的法定起点；专利中止日是专利未达到专利保护年限就被无效、终止或撤销（目前市场大部分专利消亡形式）的重要时点，这是专利市场竞争结果和分化时点，胜出的专利将成为制定标准的重要依据；专利届满日是专利法定权益终止的时点，但专利作为一项技术创新成果并没有消亡，可能转化为市场广泛应用的普通技术或成为标准的一部分以延续其技术生命周期。

（3）标准的生命周期。

国内外关于标准生命周期的研究主要集中在标准各发展阶段的划分及其各个发展阶段之间的关系。Ollner（1974）认为标准发展的进程分为标准化前期、标准化过程和后标准化时期，侧重点在于标准化过程。Eva Soderstrom（2004）认为标准生命周期包括标准准备、标准开发、标准产品开发、标准执行、标准使用、标准反馈等主要阶段。彭洪江、鞠基刚（1999）从标准生成的程序提出标准生命周期可分为孕育期（标准立项，征求意见）、成长期（标准送审，报批并发布）、成年期（标准实施，监督检查和总结评价）和老年期（复审并退出）四个阶段。李保红（2005）根据熊彼特创新三段论将标准生命周期分为形成阶段、实现阶段和扩散阶段；形成阶段主要是进行科学创新与核心技术的生成；在实现阶段仍然有大量的技术创新成果，主要进行商用产品的生产；在扩散阶段，技术的基本功能都已经实现，创新也主要集中在工艺创新上，主要是成熟商用产品的拓展和大规模生产制造。胡培战（2006）在产品生命周期基础上探讨技术标准运行规律。高俊光（2012）分别从技术、经济、规制等维度来分析标准的生命周期，构建标准生命周期不同阶段的 TER 三维模型。

综上所述，根据熊彼特的创新三段论和生命周期理论，标准自身的演化可划分为四个阶段：第一个阶段是标准形成阶段，该阶段的起点是技术创新成果发展阶段和专利发展阶段，尤其是核心技术或核心专利形成后，该项技术或专利才能成为标准；第二个阶段是标准发展阶段，在这个阶段，市场上存在各种类别、层次的标准，彼此之间相互竞争，并逐步在各级市场形成"标准寡头"态势，如 ICT 行业的 3G 技术标准在世界不同的区域展开各级市场竞争后，逐渐形成了以 CDMA2000、WCDMA、TD-SCDMA、WIMAX 四种标准为主流的"标准寡头"，并继续在市场上相互竞争；第三个阶段是标准垄断阶段，也是标准成熟阶段，经过"标准寡头"的激烈竞争后，逐渐在市场上形成一种标准"独大"的格局，成为市场上相关产品的生产强制标准或垄断标准；第四个阶段是标准衰亡阶段，也是市场优胜劣汰的必然结果，此时市场上的产品将不再使用该类标准。

2.4.2　基于生命周期模型的协同转化分析

在技术创新成果市场化、标准化的过程中，能够最终成为核心专利并上升为标准的毕竟是少数，甚至是只有一个，即技术创新成果能实现"技术创新成果专利化→专利标准化→标准垄断化"，连续跃迁过程的必要条件是：原始技术创新成果或突破性技术创新成果。这是本书从技术创新、专利、标准协同转化的时间维度上进行分析的最重要的假设。

2.4.2.1 技术创新、专利、标准生命周期性协同转化理论模型

技术是专利、标准得以出现和发展的基础，而专利、标准是技术得以市场化、商业化扩散的保障。从时间的维度出发，根据熊彼特的创新三段论，技术创新、专利、标准协同转化的过程是技术生命周期、专利生命周期和标准生命周期沿着时间轴的正方向协同转化过程，即以原始创新或突破性创新等技术创新成果形成为基础和原点，循序渐进的、相互作用、错综复杂的动态过程，如图2-10所示。

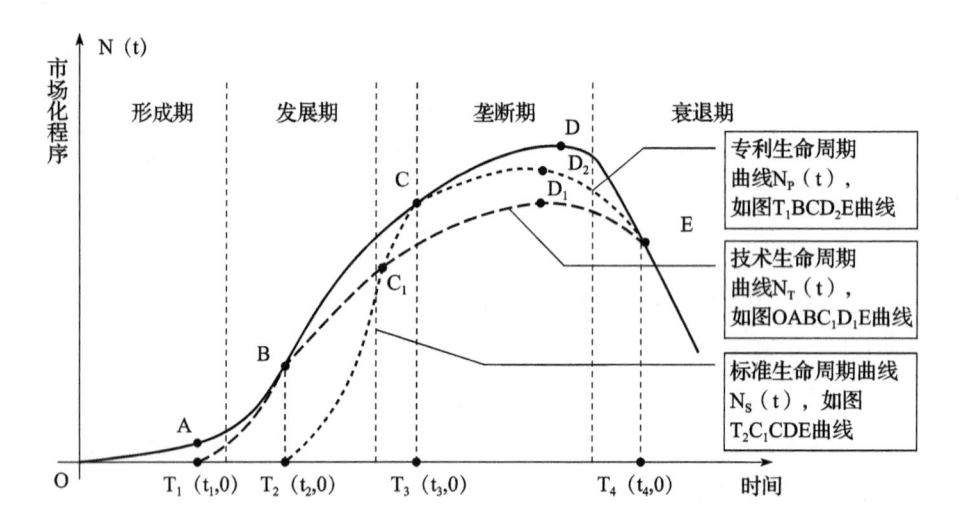

图2-10 技术创新、专利、标准协同转化的生命周期模型

在图2-10中，横轴代表时间t，纵轴代表市场化程度$N(t)$，$T_1(t_1, 0)$、$T_2(t_2, 0)$、$T_3(t_3, 0)$、$T_4(t_4, 0)$分别表示专利申请日、专利授权日、专利成为标准日、技术衰退日。曲线$OABC_1D_1E$是技术生命周期的曲线$N_T(t)$，包括形成期、发展期、垄断期和衰退期，D_1是技术生命周期曲线的顶点；T_1BCD_2E是基于市场技术生命周期的专利生命周期曲线$N_P(t)$，D_2是专利周期曲线的顶点；T_2C_1CDE是基于技术生命周期与专利生命周期的标准生命周期曲线$N_S(t)$，D是标准周期曲线的顶点；因为专利和标准只是这项技术创新成果的法理形式，所以

E$[t_4, N_T(t_4)]$ 点不仅是技术创新成果生命周期衰退的起点，也是专利和标准衰退的起点，即 $[t_4, N_T(t_4)] = [t_4, N_P(t_4)] = [t_4, N_S(t_4)]$。技术创新、专利、标准的协同转化形式有四种（见图 2-10）。

（1）"技术创新成果→专利→标准"的协同转化。

由于整个过程不仅完全满足技术创新成果效益最大化的要求，而且始终保持最高的市场化水平，所以，该协同转化是技术创新成果协同转化的最高级形式，如曲线 OABCDE 所示，在 B、C 点实现跃迁。

（2）"技术创新成果→专利"的协同转化。

由于该过程虽然满足技术创新成果效益最大化的基本要求，但缺少通过标准扩散的阶段并受到专利寿命的影响，整个过程只保持较高的市场化水平，所以，该协同转化是技术创新成果协同转化的较高级形式，如曲线 OABCD$_2$E 所示，在 B 点实现跃迁。

（3）"技术创新成果→标准"的协同转化。

由于此过程是技术创新成果以自组织形式转化到一定阶段直接上升为标准，并在标准扩散过程中保持较高的市场化水平，所以，该协同转化也是技术创新成果协同转化的较高级形式，如曲线 OABC$_1$CDE 所示，在 C$_1$ 点实现跃迁。

（4）技术创新成果以自组织形式进行的协同转化。

由于该过程缺少通过专利保护、推广和标准扩散的阶段，技术创新成果效益最大化的要求未受到法制保护，也未能得到满足，市场化保持一般水平，所以，该协同转化也是技术创新成果协同转化的一般形式，如曲线 OABC$_1$D$_1$E 所示。

2.4.2.2 技术创新、专利、标准协同转化的阶段分析

（1）技术创新成果专利化阶段曲线 AB。

A$[t_1, N_T(t_1)]$、B$[t_2, N_T(t_2)]$ 点分别代表专利申请日和专利授权日的技术创新成果市场使用数量；$t \in (t_1, t_2)$ 为专利申请阶段，因为在此阶段专利还未被授权，曲线 T$_1$B 只是假设技术创新成果已是专利时的市场虚拟使用量而非市场真正的使用量，所以，曲线 AB 为技术创新成果专利化阶段曲线而非曲线 T$_1$B，A 点是"技术创新成果专利化"的起点，B 点是"技术创新成果专利化"的终点和"专利标准化"起点。

创新成果专利化是技术创新、专利、标准协同发展的起始阶段，包含技术创新和创新成果向专利的转化。在这一阶段，各项技术处于起步阶段，技术创新的

成果慢慢进行商业化，为保持竞争优势，收回技术创新的投入，进行知识产权保护申请，获取技术或者创新成果的专利，可以降低进行技术创新的风险。在进行技术创新前，需要对市场及所处的大环境进行一个准确的调查，了解进行技术创新的环境、市场需求、存在的各项风险等，权衡各项情况，制定技术创新战略，对自身所拥有的资源进行整合，进行技术创新。在将技术创新的技术或者创新成果推向市场的过程中，为保持自身的竞争优势，保持在某一项技术或者产品上的领先优势，赢取更多的利润，获取更多的市场份额，在满足市场需求的前提下，申请专利保护，获得专利后更容易在同行业内占据一定的地位。技术专利的作用是形成技术垄断，并带来经济效益。

在创新成果专利化阶段，技术创新成果专利化主要取决于企业对技术创新成果技术水平的认知，同时政府的引导作用在此相对突出。市场竞争激烈，政府可通过政策和战略对创新成果专利化进行引导，企业作为技术创新的主体，其创新能力和管理水平是影响企业创新成果专利化的重要因素。此外，技术和市场一方面会推动技术创新成果的发展，另一方面在创新成果专利化阶段对政府和企业制定相关的政策或者行为有导向影响（见图 2-11）。

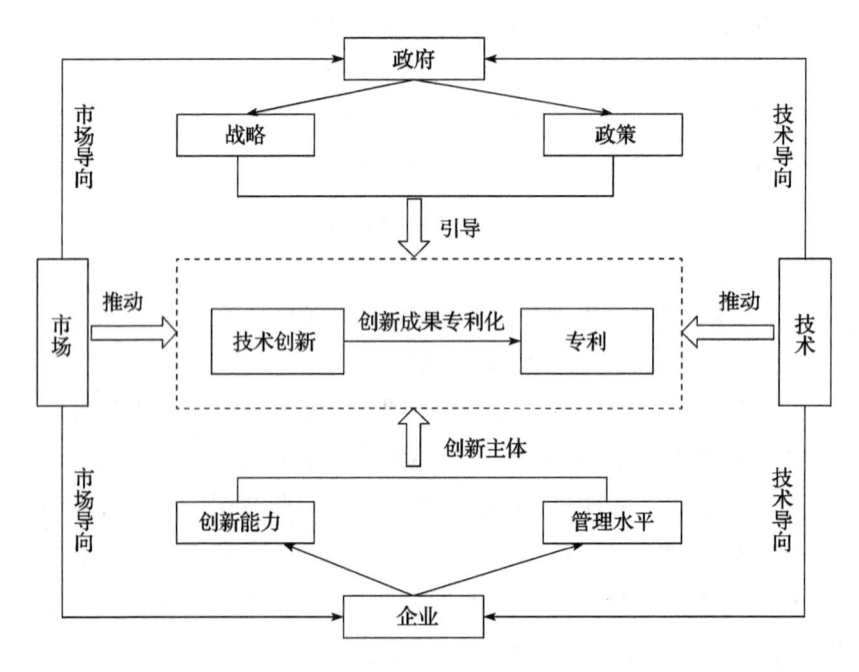

图 2-11 创新成果专利化阶段转化分析

从技术层面而言，创新成果专利化阶段在技术方面受到技术的突破性、新颖性、创造性、实用性等要素的影响。其中，突破性技术更容易成为专利，进而有机会替代现有专利，冲击技术市场的标准。企业掌握突破性技术，往往占据先机，国外跨国巨头公司在世界技术市场上的巨大成功就是通过掌握突破性创新技术控制行业发展，形成技术专利。由于企业掌握了突破性技术，其他竞争者不易模仿，企业牢牢把握技术的主动权，维持技术竞争优势。技术的新颖性、创造性与实用性是《中华人民共和国专利法》规定技术转化为专利的一种市场标准，能减少技术在技术市场中的扩散阻力，增加其市场接受度，推动创新成果向专利的转化。此外，技术作为推动社会经济发展的动力，其技术水平会作为重要的导向信息影响着企业和政府，企业会根据市场技术发展水平制定自身技术创新方向，政府会根据市场技术发展情况制定相关的扶持或者鼓励政策，促进技术发展。

从市场层面而言，市场本身的竞争机制会驱动技术不断地发展和提高，因此市场上的创新成果会不断地出现，且为保持竞争优势，具有创新成果的企业会借助专利手段保护自身的创新成果，以此推动创新成果向专利的转化。此外，市场作为企业间竞争的社会环境，在该阶段，市场安装基数、客户价值的实现程度和竞争者、替代者、模仿者都是重要的影响因素。技术创新研发的产品被市场广泛接受并达到一定的安装基数是实现标准化的核心，没有市场安装基数，整个技术创新、专利、标准的协同转化就没有办法实现。竞争者、替代者、模仿者作为竞争市场的重要参与者，其技术研发容易产生同样功能的替代技术，因此企业为强化技术的不可替代性，促进创新成果专利化可保持企业的技术竞争优势。客户是技术市场的重要参与者，没有客户流量的技术无法在技术市场中扩散，其客户价值的实现程度是客户对使用该产品或技术能达到满足自身需求的评价，客户价值实现程度高，说明企业技术创新成果适应技术市场的发展需要，企业可根据客户价值实现程度的实际情况对技术进行调整和优化，保障更加先进的技术创新成果向专利转化。此外，市场安装基数、客户价值的实现程度、竞争者、替代者和模仿者作为技术市场的重要因素，传导着重要的市场信息，企业会根据市场信息进一步确定技术创新的发展方向，且根据现有竞争者扬长避短，了解替代者和模仿者的威胁，并制定保护策略，以及根据客户价值的实现程度进行技术调整，以此保障创新成果更具有竞争优势并成功向专利转化。

从政府层面而言，政府在创新成果专利化阶段主要是发挥政策和市场引导作用，实行创新战略。政府通过政策扶持相关技术创新企业，帮助技术创新企业解决创新前期的问题，提高技术研发成功率，并且通过相关的法律政策，优化技术市场的竞争环境，促进全社会的技术进步。政府政策作为一种重要的政策导向，对企业的技术研发方向也有一定的启发，在大的方向上把握正确的发展路径。政府根据从技术和市场两个方面收集的重要信息，针对技术市场和社会经济的发展需求，制定相关促进企业创新的战略，保持正确的战略眼光，并引导创新资源向正确的技术发展方向聚集，以此保障技术发展水平的提高，促进更多先进的创新成果产生，引导创新成果向专利转化。

从企业层面而言，企业作为技术创新的主体，一方面，市场导向和技术市场的技术导向是促使企业进行自主创新的重要因素。在创新成果专利化阶段，把握正确的市场导向和技术发展趋势，进行突破式创新更有利于驱动创新成果向专利的转化。另一方面，企业自身的技术研发创新能力和现代化管理水平对其实现突破性创新具有重要作用。在该阶段，企业的侧重点应该是开展创新研发工作，企业的技术创新研发能力越强，越容易产生更多先进的突破性技术，支持企业快速将技术创新成果转化为专利。企业也应该有较强的现代化管理水平，能够更好地支持技术创新。此外，企业的专利意识也是创新成果专利化的重要影响因素，企业应强化产权保护意识，将自身的创新成果转化为专利。

（2）专利标准化曲线 BC。

$B[(t_2, N_T(t_2))]$、$C[(t_3, N_T(t_3))]$ 点分别代表专利申请授权日和标准实施日市场使用数量；$t \in (t_2, t_3)$ 为标准制定阶段，因为在此阶段标准尚未制定完成并实施，曲线 T_2C_1C 只是假设专利已是标准时市场虚拟使用量而非市场真正使用量，所以，曲线 BC 为专利标准化阶段曲线而非曲线 T_2C_1C；B 点是"专利标准化"的起点，C 点"专利标准化"的终点和"标准垄断化"的起点。

随着技术的发展，市场上不断涌现出新的技术和产品，专利申请情况也越来越多，如果要继续保持自身的竞争优势，在行业内抢占一定的市场份额，面对激烈的市场竞争，扩大自身技术或者产品市场中的影响力，一项创新技术或成果在申请专利后，为了扩大自身最终的竞争优势，只有上升到标准的高度，在获得专利后，积极促进专利向标准的转变。技术标准要反映最新的技术进展，就无法绕开技术专利，技术标准和技术专利日益融合形成技术标准的专利化趋势。一方面，要对现行的标准进行具体的了解，在对市场实行标准的基础上，进行符合标准的创新，才容易被市场所接受；另一方面，也要加大自身技术对标准的影响，在技术日益发展的今天，标准并不是一成不变的，标准的制定也要为市场经济的发展起到积极作用，标准的产生也受技术和市场的影响，先进技术创新的成果越多，专利申请也越多，呈现出正比同向增长关系，这些都影响着标准的制定。技术创新、专利、标准三者之间只有在不断地相互反馈中，才能制定符合市场发展的标准，创造更多的高科技产品，进行良好的技术创新，促成良好的竞争。

在专利标准化阶段，市场化的程度和市场的作用对专利标准化的影响增大，而政府的引导作用仍然突出，技术创新成果本身的潜质仍然十分重要。

在技术层面，技术发展水平提高，新技术逐步对市场现有技术进行替代，投入研发的企业逐渐增多，技术发展速度加快。技术的兼容性和突破性对该阶段的转化影响大，突破性技术是保持专利长青的根源，技术的兼容性则有助于产品应用范围的扩张，专利技术必须具备一定的兼容性才能更适应推广和扩散。标准的制定是个繁复的过程，具有较强兼容性的技术创新成果成为事实标准，能够通过兼容性保持在技术市场中的快速扩散。

在市场层面，市场竞争愈发激烈，技术创新比较领先的企业逐渐占据主要的地位。市场安装基数是专利标准化阶段最为核心的关键影响因素，它代表着产品的市场化程度。为了能提高市场安装基数，提高消费者预期是较好的办法，通过提高客户价值的实现程度，能锁定已有的市场安装基数和进一步扩展潜在的市场安装基数，吸引更多的市场份额。

在政府层面，政府的知识产权保护力度、战略眼光和标准化导向能力作为重要影响因素影响着专利标准化阶段的专利向标准的转化，政府对标准垄断化起着举足轻重的作用，政府必须营造良好的法制环境，制定中长期战略以引导专利标准化过程。知识产权的保护力度有助于培养和营造公民遵纪守法的环境，引导专利向技术的转化，促进专利技术的扩散，维护专利权人的权益。从战略高度来说，政府的战略眼光对颁布相关的创新政策和扶持相关企业进行技术创新具有重要的导向作用，并且在标准化战略导向下加快市场上先进专利技术向专利的转化。

在企业层面，企业通过加强专利、标准化管理与现代化管理，有助于企业将专利技术转化为标准。企业只有具有强大的技术研发创新能力，才能保证企业有较强的技术支撑。在专利标准化阶段，企业应该不断加大技术的扩散和产品的推广，积极地促使自身拥有的先进的技术创新产品转化为市场所实行的标准，积极争夺标准的话语权，利用在市场竞争中的优势，加强专利、标准化管理，扩大产品或技术在市场的影响程度，将专利转化为标准。企业的现代化管理水平更能促进创新产品的产生，实现技术创新的目标。企业的技术创新研发能力是专利向标准成功转化的重要基石，没有技术创新的突破与积累，专利就难以成功向专利转化。

(3) 标准垄断化曲线 CDE。

$C[t_3, N_T(t_3)]$、$E[t_4, N_S(t_4)]$ 点分别代表标准实施日和标准衰退日的市场使用数量；当 $t \in (t_3, t_4)$ 时，标准已经实施，因为专利已经成为标准的一部分在市场上实施，曲线 CD_2E 只是假设专利未成为标准时的虚拟使用量而非市场真正的使用量，所以曲线 CDE 为"标准垄断化"阶段曲线而非曲线 CD_2E，C 点是"标准垄断化"的起点，E 点是"标准垄断化"的终点和技术创新成果、专利和标准衰退的起点。

在标准垄断化阶段，新的技术创新成果正在取代现行的技术，作为标准选取一项广泛得到市场认可的技术作为主导技术。即技术创新与标准协同转化的实现阶段。此时的技术创新成果在市场中进行推广，同时为技术标准的扩散和推广提供良好的环境。在技术创新越来越多的市场中，选择一种技术作为主导范式，促成新技术越来越多地被掌握，建立新的标准体系，促成技术的新陈代谢。此外，随着技术的发展，在标准化下的新技术或者产品的影响力越来越大，具有危机意识的企业为了在众多竞争中脱颖而出，需要不断进行市场调查，收集市场信息，研发新的技术，为下一轮市场标准的建立做铺垫。

在标准垄断化阶段，政府与企业仍发挥着重要作用。主要是推动标准在市场中的扩散，促进整个技术市场的发展，此外，对新一轮技术创新进行引导。

在技术层面，与前两个阶段相比，标准垄断化阶段的影响程度较弱，技术趋于成熟，其突破性、兼容性的特征使技术市场的发展较为稳定。

在市场层面，市场的影响程度有所下降，但变化不大，市场仍然保持一定的市场化程度。突破性技术创新成果成功转化为专利，专利技术安装基数在市场中迅速扩散，达到了垄断市场的目的。在标准垄断化阶段，市场安装基数是标准垄断化的重要因素，客户价值的实现程度是进行技术标准调整的重要反馈信息，企业可借此进一步巩固和扩展市场安装基数，保持产品或技术在市场中的良好形象。

在政府层面，知识产权保护力度、标准化导向能力都是政府对标准垄断化的影响因素。在协同转化过程中，专利的审核与批准、标准的制定与推广都需要政府具备很强的知识产权保护和标准化导向能力。政府的工作重点是维护产品专利技术的专利权，政府主要是强化知识产权保护，打造公平交易的法律环境，强化标准化导向能力，以此推动标准在市场中的推广和扩散。

在企业层面，标准垄断化阶段的重点是维护企业专利权，保持并进一步扩大市场安装基数，完善企业的知识产权防御体系，提高企业的技术研发创新能力，通过知识产权来维持企业的竞争优势和市场垄断地位。企业要重点关注自身的专利技术，运用专利实现垄断，即企业要有较强的运用专利保护市场的能力。

（4）技术创新成果专利化、专利标准化和标准垄断化三阶段曲线共同构成一条连续光滑的 S 形曲线 ABCDE。

当 $t \in (t_1, t_4)$ 时，曲线 AB⊂技术生命周期的曲线 $N_T(t)$，曲线 BC⊂专利生命周期的曲线 $N_P(t)$，曲线 CDE⊂技术生命周期的曲线 $N_S(t)$，依次在 S 形曲线 $N_T(t)$、$N_P(t)$、$N_S(t)$ 连续、同向的通道上且 $N_T(t_2)=N_P(t_2)$、$N_P(t_3)=N_S(t_3)$、$N_T(t_4)=N_P(t_4)=N_S(t_4)$。

因此，从上述定性推理结果可知，曲线 ABCDE 是一条连续光滑的 S 形曲线，即从时间的维度出发，技术创新成果专利化、专利标准化和标准垄断化三阶段所构成的过程是技术创新成果协同转化的最高级形式，具有完整的生命周期的特征。

2.4.3 基于 Logistic 时间模型的协同转化分析

19 世纪比利时生物数学家 P. F. Verhulst 提出 Logistic 模型，是最常见的描述这种 S 形发展的数学模型，不管在自然科学领域还是在社会科学中都具有非常广泛的用途。Logistic 模型可以用来描述经济变量随时间变化的规律性，从已经发生的经济活动中寻找规律，并用于经济预测。因此，本书在定性分析的基础上，选择 Logistic 模型分析技术创新成果专利化、专利标准化和标准垄断化三阶段所构成技术创新成果协同转化的一般规律。

（1）模型（方程）假设。

$N(t)$ 是技术创新、专利、标准协同转化的时间函数，其 Logistic 时间模型为 $\dfrac{dN(t)}{dt}=aN(t)-bN^2(t)$，$a$，$b$，$N(t) \geqslant 0$，反映变量增长率 $\dfrac{dN(t)}{dt}$ 与其现值 $N(t)$、饱和值与其现值之差 $\dfrac{a}{b}-N(t)$ 都成正比关系；$N_T(t)$、$N_P(t)$、$N_S(t)$ 分别是技

术创新成果、专利和标准的生命周期函数，均为非负函数。

(2) 参数假设。

影响参数 ξ_1、η_1 是在无标准而只有专利随机扰动影响和约束的情况下对参数 a、b 的影响，即 ξ_1、η_1 只由专利生命周期函数 $N_P(t)$ 决定，存在相互关联的关系；影响参数 ξ_2、η_2 是在市场无专利而只有标准随机扰动影响和约束的情况下对参数 a、b 的影响，即 ξ_2、η_2 只由标准生命周期函数 $N_s(t)$ 决定，存在相互关联的关系；影响参数 ξ、η 是在市场既有专利又有标准随机扰动影响和约束的情况下对参数 a、b 的影响，即 ξ、η 由专利生命周期函数 $N_P(t)$ 和标准生命周期函数 $N_s(t)$ 决定，存在相互关联的关系。

(3) 条件假设。

模型所述的技术创新成果是一项原始创新或突破性技术创新成果，能够实现技术创新、专利、标准协同转化；该项技术创新成果的生命周期是其专利生命周期和标准生命周期的基础，即生命周期函数 $N_P(t)$、$N_S(t)$ 是生命周期函数 $N(t)$ 的衍生函数；技术创新、专利、标准协同转化沿时间轴正向不可逆；不考虑市场扩散空间性，只考虑市场扩散的数量。

基于上述三方面假设，技术创新、专利、标准协同转化的 Logistic 时间模型可分为技术型、专利型、标准型和跃迁型。

2.4.3.1 技术型

技术型，即在无专利和标准随机扰动的影响和约束下技术创新、专利、标准协同转化的 Logistic 时间模型。由于没有专利和标准随机扰动的影响和约束，此时技术创新、专利、标准协同转化的 Logistic 时间模型实质就是技术创新成果生命周期，其模型为 $\frac{dN(t)}{dt}=\frac{dN_T(t)}{dt}=aN_T(t)-bN_T^2(t)$，时间函数 $N(t)=N_T(t)=\frac{\frac{a}{b}}{1+e^{\frac{ac}{b}-at}}$，C 为任意常数。令 $K_0=\frac{a}{b}$，$I_0=e^{-Ac}$，则时间函数简化为 $N(t)=\frac{K_0}{1+I_0e^{-at}}$，初始点 $[0, N(0)]=(0, 0)$，是具有 S 形特征的 Logistic 曲线方程，与生命周期函数 $N_T(t)$ 曲线一致，如图 2-10 所示的曲线 $OABC_1D_1E$。

2.4.3.2 专利型

专利型，即在无标准而只有专利随机扰动影响和约束的情况下，技术创新、专利、标准协同转化的 Logistic 时间模型。由专利生命周期函数 $N_P(t)$ 决定的

影响参数 ξ_1、η_1 对技术创新、专利、标准协同转化 Logistic 时间模型的参数 a、b 产生影响,所以其模型为 $\dfrac{dN(t)}{dt} = (a-\xi_1)-N_T(t)-(b-\eta_1)N_T^2(t)$,对应的时间函数

为 $N(t) = \dfrac{\dfrac{a-\xi_1}{b-\eta_1}}{1+e^{-\dfrac{(a-\xi_1)c}{b-\eta_1}-at}}$,C 为任意常数。令 $K_1 = \dfrac{a-\xi_1}{b-\eta_1}$,$I_1 = e^{-Ac}$,则时间函数 $N(t) =$

$\dfrac{K_1}{1+I_1 e^{-at}}$,初始点 $[0, N(0)] = (0, 0)$,是具有 S 形特征的 Logistic 曲线方程,如图 2-10 所示的曲线 $OABCD_2E$。

2.4.3.3 标准型

标准型,即在无专利而只有标准随机扰动影响和约束的情况下,技术创新、专利、标准协同转化的 Logistic 时间模型。由于标准生命周期函数 $N_S(t)$ 决定的影响参数 ξ_2、η_2 对技术创新、专利、标准协同转化 Logistic 时间模型的参数 a、b 产生影响,所以其模型为 $\dfrac{dN(t)}{dt} = (a-\xi_2)N_T(t)-(b-\eta_2)N_T^2(t)$,对应的时间函数

为 $N(t) = \dfrac{\dfrac{a-\xi_2}{b-\eta_2}}{1+e^{-\dfrac{(a-\xi_2)c}{b-\eta_2}-at}}$,C 为任意常数。令 $K_2 = \dfrac{a-\xi_2}{b-\eta_2}$,$I_2 = e^{-Ac}$,则时间函数 $N(t) =$

$\dfrac{K_2}{1+I_2 e^{-at}}$,初始点 $[0, N(0)] = (0, 0)$,是具有 S 形特征的 Logistic 曲线方程,如图 2-10 所示的曲线 $OABC_1DE$。

2.4.3.4 跃迁型

跃迁型,即在既有专利又有标准随机扰动影响和约束的情况下,技术创新、专利、标准协同转化的 Logistic 时间模型。由生命周期函数 $N_P(t)$、$N_S(t)$ 决定的影响参数 ξ、η 对技术创新、专利、标准协同转化 Logistic 时间模型的参数 a、b 产生影响,所以其模型为 $\dfrac{dN(t)}{dt} = (a-\xi)N(t)-(b-\eta)N^2(t)$,对应的时间函数为

$N(t) = \dfrac{\dfrac{a-\xi}{b-\eta}}{1+e^{-\dfrac{(a-\xi)c}{b-\eta}-at}}$,C 为任意常数。令 $K = \dfrac{a-\xi}{b-\eta}$,$I = e^{-Ac}$,则时间函数 $N(t) =$

$\frac{K}{1+Ie^{-at}}$，初始点 [0，N(0)] = (0, 0)，是具有 S 形特征的 Logistic 曲线方程，如图 2-10 所示的曲线 OABCDE。

2.4.4 生命周期模型与 Logistic 时间模型的契合分析

综合比对生命周期模型的定性分析结论和 Logistic 时间模型的数理分析结论，发现两者的结论高度契合，如表 2-1 所示。

表 2-1 生命周期模型和 Logistic 时间模型对比分析

生命周期模型	Logistic 时间模型	对应曲线（图 2-10）
技术创新成果自身协同转化	技术型	曲线 $OABC_1D_1E$
"技术创新成果→专利"协同转化	专利型	曲线 $OABCD_2E$
"技术创新成果→标准"协同转化	标准型	曲线 $OABC_1DE$
"技术创新成果→专利→标准"协同转化	跃迁型	曲线 OABCDE

技术创新成果的协同转化形式有四种。

一是技术创新成果自身的协同转化。由于该过程缺少专利保护和标准扩散、适用的阶段，技术创新成果效益最大化的要求未受到法制保护，也未能得到满足，市场化保持一般水平，所以该转化是技术创新成果协同转化的一般形式，如曲线 $OABC_1D_1E$ 所示。

二是"技术创新成果→专利"的协同转化。由于专利的保护作用该过程虽然满足技术创新成果效益最大化的基本要求，但缺少通过标准扩散和适用的阶段，并受到专利寿命的影响，整个过程只保持较高的市场化水平，所以该转化是技术创新成果协同转化的较高级形式，如曲线 $OABCD_2E$ 所示，在 B 点实现跃迁。

三是"技术创新成果→标准"的协同转化。由于此过程是技术创新成果以自组织形式演化到一定阶段直接上升为标准，并在标准扩散过程中保持较高的市场化水平，所以该转化也是技术创新成果的协同转化较高级形式，如曲线 $OABC_1DE$ 所示，在 C_1 点实现跃迁。

四是"技术创新成果专利化、专利标准化和标准垄断化"的协同转化。由于整个过程不仅完全满足技术创新成果效益最大化的要求，而且始终保持最高的市场化水平，所以该转化是技术创新成果的协同转化最高级形式，如曲线 OABC-DE 所示，在 B、C 点实现跃迁。

综上所述，从时间的维度得出以下结论：技术创新、专利、标准协同转化是建立在技术创新成果、专利和标准各自生命周期性协同转化基础上的跃迁过程，即原始创新或突破性技术创新成果经过"技术创新成果专利化→专利标准化→标准垄断化"三个连续跃迁阶段构成的协同转化的最高级形式，其轨迹是一条具有 S 形特征的光滑曲线。

2.5 技术创新、专利、标准协同转化的空间维度分析

技术创新活动是在空间中开展的，如果技术创新、专利、标准协同转化的时间性所阐述的是技术创新成果如何从一粒种子长成参天大树、开花结果、生老病死的过程，那么技术创新、专利、标准协同转化的空间性所刻画的是在这个过程中的某一个时点或阶段技术创新、专利、标准所形成的系统主体之间、主体与所处外部环境之间的交互状态。因此，技术创新、专利、标准协同转化的研究必须结合空间进行，主要研究的是在技术创新、专利、标准协同转化过程中的某个具体时点或阶段的组织方式、内部条件和外部环境等内容，包括其物化形式和法理形式等空间组织形式、主体空间网络化关系等方面的内容。

2.5.1 空间组织形式

对于技术创新、专利、标准协同转化的空间性研究主要集中在技术创新引发空间组织变革的问题上，即从经济学、管理学角度研究广义的技术创新（包括技术创新成果、专利和标准等形式）与外界交互方式的"外化"问题。以美国管理学家迈克尔·波特（Michael E. Porter）为代表的战略学派倾向于从宏观的视角研究技术创新对空间组织变革（国家或者是联盟、区域）的影响，比如产业的扩散和聚集问题等。以英国经济学家约翰·邓宁（John. H. Dunning）为代表的组织学派倾向于从微观的视角研究技术创新对企业内部组织结构的影响，如以跨国企业的国际生产折中理论等。以约瑟夫·熊彼特（Joseph A. Schumpeter）为代表的创新学派则对两种学派的观点进行综合，更关注对企业特有优势的技术资产的占有和积累，以及作为国家特有优势的创新系统的作用，如意大利经济学家克瑞

斯提诺·安东内利（Cristiano Antonelli）（2014）在学习经验、技术轨道和企业创新战略上关注技术创新的空间性，提出"创新经济"的概念；英国经济学家克里斯托弗·弗里曼（C. Freeman）（1995）从国家层面上关注技术创新的空间性，提出了国家创新系统的概念。综上所述，虽然各学派从不同角度深入地研究技术创新导致各层次空间组织的变革，有学者甚至从系统的角度进行剖析，但技术创新、专利、标准转化的空间组织等"内化"问题及其对经济、政治、市场的影响等"内外化"综合问题都未得到重视，目前这方面的研究主要集中在技术创新、专利、标准的空间（地理区位、区域国家等）扩散、转移和嫁接等问题，未曾对技术创新、专利、标准协同转化空间组织形式进行分析。

因此，本书认为，技术创新、专利、标准协同转化并不是一个孤立的现象，而是技术创新、专利、标准与外部环境的各种因素不断地交流、博弈、合作的结果；技术创新、专利、标准协同转化的空间组织形式主要是指在技术创新、专利、标准协同转化过程中的某个时点或阶段所形成的市场化形式。按照系统论的观点，作为研究对象——技术创新、专利、标准协同转化可以被视为一个系统，具有作为系统的构成要件，如要素、功能、结构等，并不断地与其所处的外部环境相互联系、相互作用，共同推动技术创新、专利、标准协同转化。

第一，外部环境。组织的外部环境一般是指对组织进行的各项活动具有直接或间接影响的条件或因素的集合。技术创新、专利、标准协同转化的外部环境也是指其外部的政治环境、社会环境、技术环境、经济环境等的集合。根据技术创新、专利、标准协同转化的空间性，其外部环境主要是指市场环境和法制环境等，如图 2-12 所示。

市场环境也称为全球大市场，规定技术创新、专利、标准协同转化的空间范围和空间组织形式。根据地理区位划分，市场环境可分成区域市场、国内市场和国际市场，这是一种比较传统的划分方式，与法制环境能够形成一一对应的关系，便于研究技术创新、专利、标准协同转化的空间组织形式的内涵；根据商业模式创新划分，市场环境可分为线上市场（Online Market）、平台市场①（Platform Market）和线下市场（Offline Market）。这是一种建立在互联网技术基础上的全球大市场发展新趋势，虽然打破了传统地缘化的全球大市场的形式，导致法

---

① 平台市场是指为线上、线下市场的协同运作而形成的服务型市场，如以云服务为核心形成的云平台、第三方物流为主体的电商物流市场等。

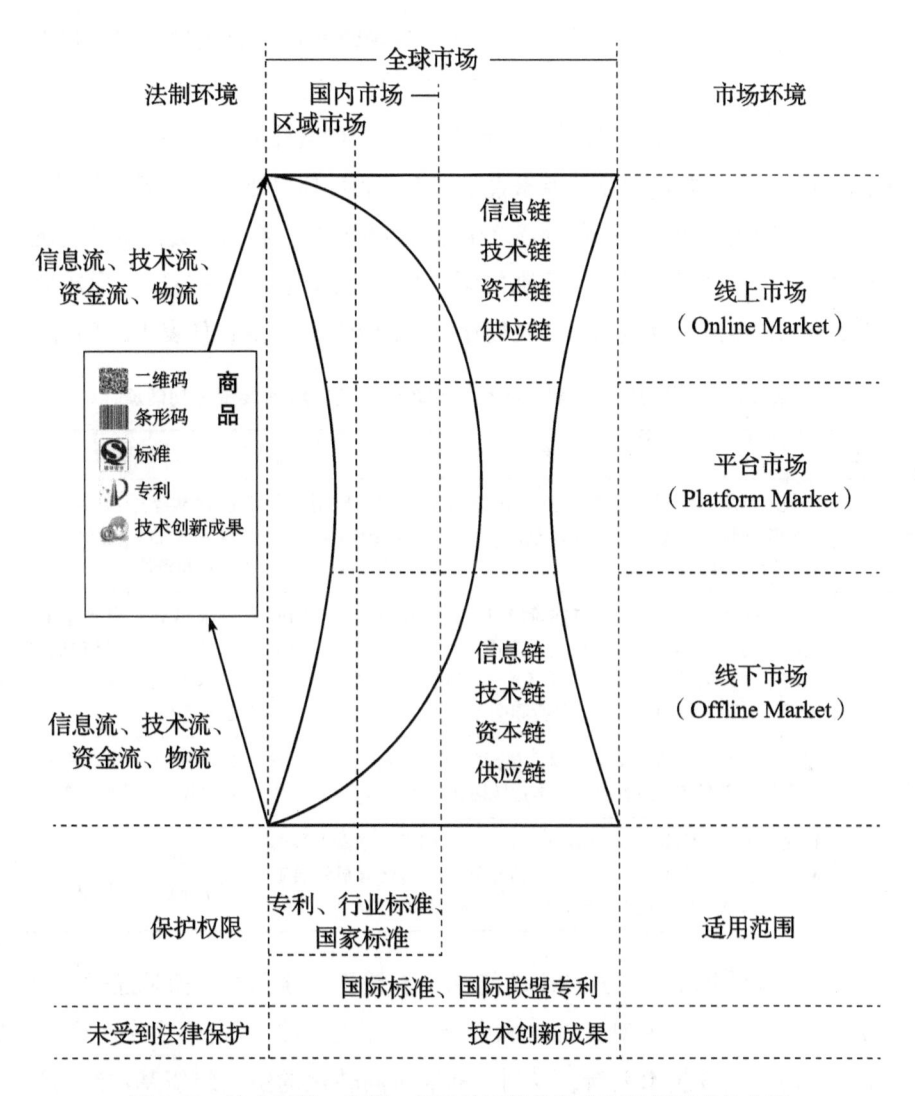

图 2-12 技术创新、专利、标准协同转化的空间组织形式的内涵

制环境剧烈的变革，但并没有颠覆国际贸易以国家主导的国际市场竞争格局，只是更突出了国际市场竞争中标准、专利的地位，并形成全球大市场以标准竞争为主要竞争形式的新格局。法制环境是指一个国家的法律和制度的确立、执行、适用等活动和过程，包括守法氛围和法律监督力度等，是技术创新、专利、标准协同转化的空间组织形式实现的前提和保障。从国家和国际等区位空间法律保护权限和技术创新、专利、标准适用空间范围的综合分析结果可知，法制环境具有三个特点：一是标准约束力的空间范围最大；二是专利的空间区域性最强；三是技术创新成果受法律保护的力度最弱。目前,各国政府正努力通过标准化建设的路径,营造保护知识产权的合法权益、打击非法技术壁垒的法制环境。

第二,要素和功能。技术创新、专利、标准协同转化的空间组织并不是简单地由技术创新、专利、标准等主要要素直接构成,而是必须把技术创新、专利、标准协同转化的空间组织放置在外部环境之中进行分析构建。在对上述外部环境进行分析的基础上,技术创新、专利、标准协同转化的空间组织是在各要素形成的技术流、信息流、资本流、物流四个"功能流"基础上构建而成,如表2-2所示。

表2-2 技术创新、专利、标准协同转化的空间组织要素及功能流

功能流	释义	要素
技术流	指技术创新、专利、标准自身内部的转化和外部的应用所形成的空间位移,不仅包括技术创新、专利、标准的扩散、转移、转让等内容	技术创新、专利、标准,包括研发、应用的设施、设备和条件
信息流	指主体采用在具体某个时点或阶段以各种方式和渠道(如问卷、面访、抽样等统计调查法和应用各种计算机系统、通信网络等现代化的传递媒介等手段)来实现空间信息的采集、处理、储存、传递、检索、分析和交流	供求信息、商品信息、技术信息、调查信息、信息技术手段、相关软硬件设备和条件
资本流	指用于生产和流通的基本要素,包括资金及厂房、设备、材料等物质资源和人力资源等资本化转换和空间位移	物质资本、自然资源、技术知识、人力资本等
物流	指根据客户的实际要求和需要,将运输、储存、采购、装卸搬运、包装、流通加工、配送、信息处理等功能有机结合起来实现物品从供应地向接收地的实体空间流动	劳动力要素、资金要素、技术要素和实物要素

第三,基本结构形式。这四个功能流并不是相互独立的,而是通过"知本"要素(包括技术创新、专利、标准和资金等)将它们按一定的优先次序紧密联系起来,从而汇聚成技术创新、专利、标准协同转化的空间组织基本结构形式:技术链、信息链、产业链、资本链和供应链。这五条链"分工不分家",彼此间水乳交融,如表2-3所示。

表2-3 技术创新、专利、标准协同转化的空间组织基本结构形式

基本结构形式	释义	典型案例
技术链	指技术创新、专利、标准间存在的承接关系而形成了一种链接关系;外延是指技术创新、专利、标准物化于其载体商品之间存在上下游的链接关系而形成的一种技术链	如纳米技术从技术创新成果转化为专利、标准形成内涵式技术链,并在新型建材及涂料、电子信息、生态环保、新能源、生物医学工程等领域的应用

第 2 章 技术创新、专利、标准协同转化的关系分析

续表

基本结构形式	释义	典型案例
信息链	是由事实（Facts）→数据（Data）→信息（Information）→知识（Knowledge）→"情报或智能"（Intelligence）五个节点构成的空间递进链环	如供求信息与商品信息在传递和交互时形成的信息链，包括云计算、大数据和物联网等技术支持和服务而形成的平台化空间结构和布局
资本链	指市场上物质资本、自然资源、技术知识、人力资本等各种资本追逐利润所形成的空间集聚和渠道	如资本市场上天使投资（AI）、风险投资（VC）和私募股权投资（PE）形成了"资本团"成为互联网企业等高科技企业重要的融资渠道
产业链	产业链上的产业部门间基于技术经济联系而表现出的环环相扣的关联关系	如纺织产业链：从棉花生产→皮棉加工→纱线纺织→坯布生产→印染→服装加工→销售各个环节形成的一个个产业集聚形成的空间关联关系
供应链	供应链是生产与流通过程中所涉及将产品或服务提供给最终用户的上游与下游企业所形成的空间网链状结构	如生产型企业通过对技术流、信息流、物流、资金流的控制，从采购原材料（供应商）→最终产品（制造商）→销售网络（分销商）→零售网络（零售商）→商品（消费者）打造一个产供销空间网链状结构

第四，空间组织形式。"四功能流、五结构链"以商品为载体，以市场需求为导向，在广阔的、不断拓展的市场空间中纵横交错、相互作用，形成"剪不断，理还乱"的空间组织形式，主要表现为市场化形式，如图 2-13 所示。

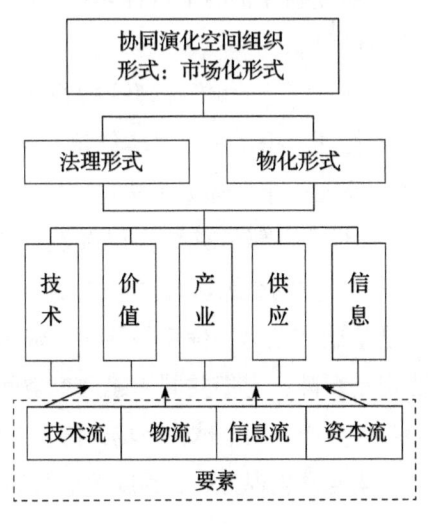

图 2-13 技术创新、专利、标准协同转化的空间组织基本结构形式

所谓的市场化形式，微观含义是指技术创新成果、专利和标准以商品为主要载体形成的实物化体系，即技术创新、专利和标准协同转化形成的"技术流"与信息流、资金流、物流等要素或资源凝结成商品的价值和使用价值，并在此基础上不断地创新、变革或颠覆商品的生产、流通、交易等空间组织形式，如ISO和EAN.UCC两大与物流密切相关的标准化体系不仅成为国际物流业共同遵守的技术规范，而且成为物理技术创新的基础等；宏观含义是指技术创新、专利和标准协同转化形成"技术链"与信息链、产业链、价值链、供应链共同形成的区域或全球化产业空间布局、各种商品的流通渠道、区域乃至全球市场供需体系，如产业集聚的生产组织形式、多式联运的流通形式、跨境电子商务的崛起，包括跨境电子信用支付的兴起，等等。

技术创新、专利、标准协同转化空间组织不仅是由"四功能流、五结构链"支撑而成的体系，也是与外部环境（如地理区位、法理人情等）交互而成的开放式系统，是法理形式和物化形式的有机结合。

法理形式是指由于技术创新成果归属具有产权性、专利的保护作用具有法律强制性、标准在既定的范围内具有普适性和强制性及在专利的申请和标准制定上都有严格的法律程序和规范的内容界定等，技术创新、专利、标准协同转化具有空间层次性和法律规范的特征；物化形式是指由于在不同的行业，不同国家法律的强制性和保护力度不同，技术创新、专利、标准协同转化表现出行业约束、国别限制、国家强制的特征，如专利保护的地域性表现为国别的地域性特征、标准的适用具有等级的地域性特征等。

综上所述，本书从一个不同于技术传统理论的视角，揭示了技术创新、专利、标准协同转化的空间性特征，得出一个基本结论：从空间的维度出发，技术创新、专利、标准协同转化是在以市场环境和法理环境为核心的外部环境中，通过"四功能流、五结构链"形成内部具有结构层次性、法理性和外部具有实物性、空间地理性的空间组织，其空间组织形式主要包括物化形式和法理形式。在这个空间组织中，技术创新是基础和动力，信息是导向，资本是实质，物流是平台，各国法律和国际条约或协定是保障，它们共同构建这个空间组织的协同运行机制，维持和保障以技术创新为第一生产力的全球化市场经济生态圈的空间协同转化。技术创新、专利、标准协同转化通常表现为一定程度的空间集中和空间依赖。

2.5.2 空间分布及测度

熊彼特（Schumpeter）认为，所谓创新就是要建立一种新的生产函数，即生产要素的重新组合，它把一种从来没有的关于生产要素和生产条件的新组合引进生产体系中去，以实现对生产要素或生产条件的新组合。有学者认为，技术创新有助于国民财富创造、经济结构调整和社会经济发展。但创新活动毕竟是在空间里进行的，仅从影响因素或是经济关系等平面结构来刻画创新具有三维性质的空间性显然过于抽象。此时，空间扩散理论的出现和随之兴起的地理经济学的发展逐渐填补了这方面研究的空白。

1951年，瑞典隆德大学教授哈哥斯特朗（Hagerstrand）发表的 *Spatial Diffusion as an Innovation Process* 奠定了空间扩散理论的基础，开创技术创新空间性研究的先河。自20世纪60年代以来，随着经济地理学的发展，创新活动空间分布及其测度的研究逐渐成为热点，主要集中在两个方面：一是从空间的维度上来分析创新活动在某个具体的时点或阶段的空间集中、空间依赖程度，如 Moreno 等（2003）研究欧洲17个国家的138个区域创新（标准和专利）空间分布的影响因素（R&D 经费支出、经济绩效、经济集聚等内部因素）、知识溢出效应对创新空间分布的影响。Andersson 等（2005）通过分析1994—2001年瑞典100个劳动市场创新产品（专利）产值的空间分布情况，得出自20世纪90年代以来瑞典的城市化过程导致区域创新产出（专利）15%的总量增加；Knudsen（2007）分析了美国大城市及其郊区（MSA）技术创新的空间分布，发现大城市技术创新的空间分布明显比郊区集聚度高。二是从空间分布的测度分析其动态演化趋势及其收敛性，如 Audretsch 和 Feldman（1996）利用区位基尼系数衡量了美国各州的创新空间分布情况；Verpagen 等（2004）利用赫芬达尔指数的修正公式测度了本地企业与跨国企业专利的空间分布；Fornahl 等（2009）分别应用赫芬达尔指数、E-G 指数方法测度德国规划区的地理集聚指数，并在探讨不同指标下，测度结果之间的差别分析其空间分布的差异原因。综上所述，目前技术创新的空间性研究已从原来地理区位优势、空间扩散等方面的研究向技术创新、专利、标准的空间分布和空间溢出效应等方向发展，并倾向于应用空间计量学的方法进行实证分析，即空间分布测度方面的研究。因此，本书认为，技术创新的空间分布是技术创新、专利、标准协同转化空间性研究的重要内容。

2.5.2.1 技术创新的空间分布及测度分析

技术创新的空间分布也可以称为技术创新的空间布局或空间配置，是指技术创新在一定地域空间（区域、国家乃至全球）范围内的分布、组合和排列。具体来说，技术创新的空间分布是指一定地域空间范围内的创新主体（如企业、研发机构、高校等）、创新要素和创新能力三者的集中、离散和相关状态。

（1）技术创新的空间影响因素分析。

在区域和国家层面，技术创新的空间分布是对技术创新的空间扩散、转移、嫁接与技术创新集聚区域的战略部署；在全球化层面，技术创新的空间分布是国与国之间竞争的排兵布阵。技术创新的空间分布体现了经济社会发展的技术水平，而且也是涉及多层次、多领域、多产业、多因素影响的具有完整性和长期性的经济社会空间活动，是一种具有全面性、长远性和战略性的经济社会的空间部署。根据波特的竞争理论，在市场经济条件下，技术创新的空间分布受到进入壁垒、替代技术威胁、买方议价能力、卖方议价能力及现存竞争者之间的竞争状况五种力量的影响，如技术、市场、政府和企业等因素。不同类型的技术创新客观上对分布的外部环境条件的要求存在差异性，也使得技术创新的空间分布相应地具有不同的空间布局、功能结构、组织形式和基本倾向或趋势。

（2）技术创新的空间分布测度。

技术创新的空间分布测度是一种空间计量的方法，也是经济地理学常用的实证工具，主要用于发现经济创新的空间关系和空间分布的合理性分析，如表2-4所示。

表2-4 创新活动空间分布测度指标

测度方法	公式	释义及特点
标准差系数	$VCO = N\sqrt{\dfrac{\sum(S_i)^2 - \left(\sum S_i\right)^2}{N(N-1)}}$	即样本标准差，差是最简单、直观的测度
集中率	$CR_n = \sum\limits_{i=1}^{n} S_i$	直接指向技术创新集聚区域个数 n，n 的取值范围直接影响结果
集中指数	$I = \left(1 - \dfrac{H}{T}\right) \times 100$	反映空间分布同创新分布的关系
赫芬达尔指数	$HHI_a = a - 1\sqrt{\sum\limits_{i=1}^{n} S_i^a}$	a 取值不同，对分布差距的敏感度不同

续表

测度方法	公式	释义及特点
区位基尼指数	$G = \dfrac{n}{n-1} \times \dfrac{1}{2n^2\bar{S}} = \sum\limits_{i=1}^{n}\sum\limits_{j=1}^{n} \lvert S_i - S_j \rvert$	对中等水平的变化敏感
Theil 指数	$GE(c) = \begin{cases} \dfrac{1}{c(c-1)} \sum\limits_{i=1}^{n}\left\{ \dfrac{p_i}{p}\left[\left(\dfrac{x_i}{\bar{x}}\right)^c - 1\right]\right\} & \text{if } c \neq 1,\ 0 \\ \sum\limits_{i=1}^{n} \dfrac{p_i x_i}{p\bar{x}} \log\left(\dfrac{x_i}{\bar{x}}\right) & \text{if } c = 1 \\ \sum\limits_{i=1}^{n} \dfrac{p_i}{p} \log\left(\dfrac{\bar{x}}{x_i}\right) & \text{if } c = 0 \end{cases}$	GE(1) 对高水平的变化敏感；GE(0) 对低水平的变化敏感
E-G 指数	$EG = \dfrac{\sum\limits_{i=1}^{n}(S_i - P_i)^2 - \left(1 - \sum\limits_{i=1}^{n} P_i^2\right)\sum\limits_{j=1}^{m} Z_j^2}{\left(1 - \sum\limits_{i=1}^{n} P_i^2\right)\left(1 - \sum\limits_{j=1}^{m} Z_j^2\right)}$	反映在自然优势和溢出优势两种动力推动下的集中程度，可用于不同数据层面的比较
GCI 指数	$GCI = \dfrac{\sum\limits_{i=1}^{n} U_i T_i}{\left[\sum\limits_{i=1}^{n} U_i\right]^{1/2}\left[\sum\limits_{i=1}^{n} T_i\right]^{1/2}}$	反映技术创新和研发机构创新的分布结构差异及其之间的溢出情况
Moran's I 指数	$I = \dfrac{n}{\sum\limits_{i=1}^{n}(y_i - \bar{y})^2} = \dfrac{\sum\limits_{i=1}^{n}\sum\limits_{j=1}^{m} W_{ij}(y_i - \bar{y})(y_j - \bar{y})}{\sum\limits_{i=1}^{n}\sum\limits_{j=1}^{m} W_{ij}}$	揭示创新集中区域的空间位置关系

除了上述测度的方法外，作者认为用随机概率分布及其强度进行测度也是一种方法，如创新空间分布动力学模型。

2.5.2.2 创新空间分布动力学模型

从空间与时间关联的角度分析，技术创新空间分布主要是指在技术创新、专利、标准在协同转化过程中的某个时点或阶段的状态，即时间间隔服从幂律分布：①在不同的间隔时间，事件发生的次数是相互独立的；②在时刻 t，事件的强度函数为 $\lambda(t) = b/(at+1)$，表示技术创新成果（或专利、标准）某个时点或阶段的潜在技术创新能力，其中，$a \geq 0$，$b \geq 0$，$\lambda(t)$ 表示体现某项技术创新成功的能力随时间不断衰减，直至完全消失。a 表示创新能力衰减系数，数值越大，衰减越快，b 越大，衰减越慢；③在 t 与 t+dt 之间事件发生一次的概率为 $\lambda(t)dt$，dt 内时间几乎不会发生两次以上。

若把第一个事件的完成时间记为 T_1，当 n>1，以 Tn 记在第 n-1 个事件与第 n 个事件之间用去的时间。第 n 个事件到达系统的时间记为 Sn。根据模型假设，

它形成一个强度为 $\lambda(t)=b/(at+1)$ 的非齐次 Poisson 过程函数 $N(t)$，序列 $\{T_n, n=1, 2\cdots\}$ 为 $N(t)$ 的到达间隔时间列。则

$$P(T_{n+1} < t)$$
$$= \int\cdots\int P\{T_n+1 > t | S_n = x_n, \cdots, S_1 = x_1, \} \int S_1, \cdots, S_n(x_1, \cdots, x_n) dx_1 \cdots dx_n$$
$$= \int_0^\infty dx_n \int_0^{x_n} dx_{n-1} \int_0^{x_{n-1}} dx_{n-2} \cdots \int_0^{x_3} dx_2 \int_0^{x_2} \exp\left\{-\int_0^{x_n+t} \lambda(u) du\right\} \prod_{i=1}^{n} \lambda(x_i) dx_i$$
$$= \frac{b^n}{(n-1)! \, a^{n-1}} \int_0^\infty \frac{\ln^{n-1}(ax+1)}{[a(x+t)+1]^{\frac{b}{a}}(ax+1)} dx$$
$$= \frac{b^n}{(n-1)! \, a^n} \int_0^\infty \frac{y^{n-1}}{(e^y + at)^{\frac{b}{a}}} dy$$

因此，间隔时间 T_{n+1} 的分布函数为

$$F_{T_{n+1}}(t) = 1 - \frac{b^n}{(n-1)! \, a^n} \int_0^\infty \frac{y^{n-1}}{(e^y + at)^{\frac{b}{a}}} dy$$

当 $a=0$ 时，间隔时间 T_{n+1} 的分布函数为

$$F(t) = \lim_{n\to 0} F_{T_{n+1}}(t) = 1 - \lim_{n\to 0} \frac{b^n}{(n-1)! \, a^n} \int_0^\infty \frac{y^{n-1}}{(e^y + at)^{\frac{b}{a}}} dy = 1 - e^{-bt}$$

当 $a=0$ 时，间隔时间 T_{n+1} 的分布函数为指数分布，模型退化为齐次 Poisson 过程。

当 $a>0$ 时，时间间隔 T_{n+1} 的分布函数为

$$f_{T_{n+1}}(t) = \frac{b^{n+1}}{(n-1)! \, a^n} \int_0^\infty \frac{e^{\left(1+\frac{b}{a}\right)y} y^{n-1}}{(1+ae^{y_t})^{1+\frac{b}{a}}} dy$$

当 T 充分大时

$$f_{T_{n+1}}(t) \approx \frac{b^{n+1}}{(n-1)! \, a^n} \int_0^T \frac{e^{-\left(1+\frac{b}{a}\right)y} y^{n-1}}{(1+ae^{-y_t})^{1+\frac{b}{a}}} dy$$

由积分中值定理，存在 $\varepsilon \in [0, T]$，使得

$$f_{T_{n+1}}(t) \approx \left[\frac{b^{n+1}}{(n-1)! \, a^n} \int_0^T e^{\left(1+\frac{b}{a}\right)y} y^{n-1} dy\right] = \frac{1}{(1+ae^{-t}t)^{1+\frac{b}{a}}}$$

$$= \frac{b^{n+1}}{(a+b)^n}\left\{1 - \frac{1}{(n-1)!}\Gamma\left[n, \left(\frac{b}{a}+1\right)T\right]\right\}\frac{1}{(1+ae^{-t})^{1+\frac{b}{a}}}$$

$$= \frac{b^n}{(n-1)! \, a^{n-1}}\int_0^\infty \frac{\ln^{n-1}(ax+1)}{[a(x+t)+1]^{\frac{b}{a}}(ax+1)}dx$$

$$= \frac{b^n}{(n-1)! \, a^n}\int_0^\infty \frac{y^{n-1}}{(e^y+at)^{\frac{b}{a}}}dy$$

$\Gamma(n, x) = \int_x^\infty e^{-y}y^{n-1}dy$ 是不完全的 Gamma 函数。间隔时间 T_n+1 的分布函数是幂律指数为 $\gamma = \frac{b}{a}+1$ 的幂律分布，由于 a>0，b>0，故指数范围在区间 (1，∞) 内。

$f_{T_{n+1}}(t)$ 为创新空间分布动力学模型。当 a=0 时，服从参数为 b 的指数分布，当 a>0 时，服从幂律分布，幂律指数可以是大于 1 的实数；若 b≤a 时，即创新能力衰退系数 $\frac{b}{a}$≤1 时，则 1≤γ≤2。

假设衰减函数为 $\frac{1}{1+ai}$，i=1，2，…，若事件在时刻 t 发生，则在时刻 t+1 发生时间的概率为 $\frac{1}{a+1}$，则

P{在时刻 t+1 事件发生}
= P{在时刻 t + $\frac{1事件发生}{在时刻 t 事件发生}$} + P{在时刻 t + $\frac{1事件发生}{在时刻 t 事件不发生}$}

2.5.3 技术创新、专利、标准的空间网络化关系

熊彼特创新理论认为，技术的变革与创新是通过社会关系网络实现的，即技术创新、专利、标准协同转化是基于创新网络实现的。许多学者主要围绕如何给构建的创新网络下定义，如 Imai 等（1991）认为创新网络是通过安排某些基本的机构部门以适应创新；孙耀吾（2007）认为技术创新网络能够实现技术资源的互补，是基于技术创新和共同进步为目的各种创新协作关系与制度的安排。关于创新网络的主体，不同学者也见仁见智，Freeman（1991）认为创新网络的主体包括企业间的创新协作关系的相关者；Rolf Sternberg 和 Olaf Arndt（2000）则认

为创新网络的主体包括企业、机构和创新导向服务供应者的协同群体，他们在科学、技术、市场之间建立了直接或间接的关系，并形成互惠和灵活适应的关系。

从组织行为学的角度出发，技术创新、专利、标准协同转化网络已经突破传统的创新网络的意义，不仅是指技术创新者（一般为企业）在技术创新、专利、标准协同转化过程中形成的内部网络和通过社会关系进行空间扩散的外部网络，而且也是技术创新者（一般为企业）与其外部力量如政府、国际组织、大学科研机构、社会中介组织、企业等进行博弈的网络化关系，都具有空间性的特征。

技术创新者内部实现技术创新、专利、标准协同转化网络主要由管理相关的人、财、物等职能部门组成。各个职能部门在实现技术创新、专利、标准协同转化过程中，相互交集、共同努力，相互的交集越多，这个网络就越紧密，就越能拧成一股绳，集中力量进行更高层级的技术创新、专利、标准的协同转化。同时，技术创新者要实现技术创新、专利、标准的协同转化，必然要求技术创新者与外部力量如政府、国际组织、大学科研机构、社会中介组织、企业等进行竞争合作，构建技术创新、专利、标准协同转化的外部网络。因此，技术创新、专利、标准的协同转化网络是指某些基本的机构围绕着技术创新成果成功转化为专利、标准所形成的内外部紧密结合的空间网络，如由于专利保护的空间有效性，必然要求技术创新、专利、标准协同转化的主体包含在专利所保护的空间网络内；标准的形成目的是促进技术创新成果的扩散，希望促进技术创新成果能够推广到更广泛的范围，当标准的层级越高，技术创新成果能够扩散的范围越广，也就意味技术创新成果需要更多的保护，专利申请的范围则越广，专利与标准形成正反馈关系，等等。

在外部网络建设方面，技术创新者与外部力量进一步加强合作，拓展技术创新、专利、标准协同转化的外部网络，主要是为了使技术创新成果顺利转化为专利和标准，协调技术创新成果专利制定与标准制定的先后关系，使它们能够达到协同转化的最佳状态，并产生实际效果。由于专利与标准的制定都需要一定的条件，技术创新成果的成熟度、市场的成熟度、政府的支持度等多方面的因素都可能会影响技术创新、专利、标准协同转化的过程，因此，技术创新、专利、标准协同转化的网络较为复杂，主要有以下四种情况。

第一种情况是指某种产业还处于市场发展初级阶段，各个生产者的产品良莠不齐，质量普遍较差。为了统一技术规范，提高行业发展潜力，提高行业产品的质量，让行业呈现良性发展，某些具有较高技术水平、拥有自主技术创新成果的生产者，通过行业协会和政府的支持，成立技术联盟。技术创新者利用技术联盟话语权的优势，强行将专利技术创新成果在技术联盟内部推广，提高整个行业产品的质量水平，进而扩大技术创新成果在市场中的份额，成为事实标准并进而确定为法定标准。这种技术创新、专利、标准协同转化的网络在运作的过程中，掌握核心专利技术的技术创新者要特别关注技术联盟内各成员共同的核心利益，从行业发展的大局出发，收取低微的专利许可费甚至不收取专利许可费。

第二种情况是指某种产业已经发展到一定阶段，但市场还不完全成熟，几个技术创新者研发出的技术创新成果分别申请为专利、标准，并最终同时成为标准的核心专利技术。由于这些核心专利技术并不是集中于某个技术创新者，而是分别掌握在几个不同的技术创新者手上，某一位技术创新者想要利用自身专利在已有的技术标准框架下进行行业垄断，可能性不大。因此，这几个技术创新者通过协商，共同签订专利许可模式、回授许可政策、许可费分配原则等协议，建立以某一个技术创新者为核心的专利联盟，共同推广技术标准，从而占据市场的绝大部分份额。如 DVD、MPEG 标准的推广就是建立在共建标准的基础上成立专利联盟推广标准，实现技术创新、专利、标准协同转化的。

第三种情况是在两个互补性行业内，两个或几个不同的技术创新者自主研发的技术创新成果在各自行业分别申请专利并转化为标准，由于这两个或几个不同的专利标准技术在技术上具有互补性，如果采取强强联合的方式将产生巨大的市场效应。因此，这些拥有不同专利标准技术的技术创新者成立标准联盟，有利于在短期内实现用户安装基础的积累，扩大产品的网络效应，加速标准市场主导地位的确立，共同推进技术创新、专利、标准协同转化的推广应用。非常著名的例子就是 Wintel 联盟标准，20 世纪 80 年代，PC 产业风起云涌，竞争激烈，微软和英特尔两家公司为应对激烈的竞争环境，维护各自利益，在 PC 产业内密切合作，微软公司将其 Windows 操作系统安装在英特尔 CPU 的 PC 机上运行，实现 PC 机上的软硬件搭配，两者建立 Wintel 标准联盟，共同制定的一些技术规范。由于 Windows 操作系统和英特尔 CPU 是 PC 产业最为基础的技术，每一位生产 PC 机的厂商都必须使用两种基本的专利技术，这些 PC 机生产厂商不得不向 Wintel 标准联盟支付巨额的专利许可费，微软和英特尔的 Wintel 联盟标准中的核心专利技术实现了技术创新、专利、标准协同转化的目标。

第四种情况是由于技术更新换代快，周期短，一些正式的标准组织为了能够跟上技术的快速变化，预测未来使用者的需求，通过采用预先制定标准的方式，即事先在新技术出来之前就制定标准的方式，引导技术和市场发展的方向，鼓励研发设计者在预制标准的框架内设计出最佳的技术创新成果，形成预知性专利标准网络。当技术创新成果研发成功后，技术创新者为了维护自身的利益和知识产权，将技术创新成果转化为专利后推向市场。由于市场的瞬息万变，产品更新换代迅速，技术创新者希望自身技术能够引领技术发展潮流，在已有技术创新、专利、标准协同转化网络上进一步吸引更多的创新者、专利使用者和标准使用者，最为重要的是吸引市场消费者，满足消费者的市场预期，使该技术创新、专利、标准协同转化网络进一步扩大。但是，由于这项标准是在技术创新之前就界定的，市场上可能存在一些过度的中间产品，如某些转换器可以兼容不同的产品以实现产品功能集成的效果，如果这类中间产品过早进入市场，被消费者广泛接受，就有可能会严重影响在预制标准框架下新的技术创新成果的市场安装基数，影响这类技术创新成果的推广。此时，预制标准的标准制定组织不仅要有前瞻性，而且要利用其法定标准制定人的合法地位，与各个利益相关方进行协调，促进真正具有创新意义的商品被市场接受。因此，技术创新、专利、标准协同转化的网络构建最为关键的是要求技术创新者要处理和协调好与政府、大学科研机构、行业协会、不同企业间的利益关系，逐渐掌握行业话语权与主动权。

综上所述，在技术创新成果专利化协同转化进程中，技术创新成果和专利形成了以国别为主要地域性特征的专利保护网络关系；在专利标准化进程中，专利和标准形成的以级别（国际、国内等）为主要地域性特征的标准适用范围的网络关系；在标准垄断化过程中，技术创新、专利、标准在国与国之间错综复杂的竞争中形成了以国际适用强度为主要地域特征的垄断标准执行（保护）力度的关系。

第3章
技术创新、专利、标准协同转化的影响因素分析

技术创新、专利、标准的协同转化是"技术创新成果专利化→专利标准化→标准垄断化"的循序渐进的演化过程。从创新的时间维度看,在演进的过程中必然受到技术创新成果的生命周期、专利寿命、标准的生命周期和战略契机把握等的影响;从创新的空间维度看,在演进的过程中也会受到市场环境、法制环境、技术的代继等方面的影响。因此,有必要探讨分析技术创新、专利、标准协同转化进程中三阶段的影响因素,促进技术创新、专利、标准协同转化顺利实现。

3.1 影响因素系统模型的构建

技术创新、专利、标准的协同转化不仅是"技术创新成果专利化→专利标准化→标准垄断化"的市场化过程,也是技术创新成果标准化的过程,其终极目标是取得市场竞争优势,获取超额垄断价值。因此,本书选取波特钻石模型为原型工具,以探讨影响技术创新、专利、标准协同转化的影响因素进行模型构造和验证分析提供支持。

3.1.1 波特钻石模型简介

波特钻石模型是由美国哈佛商学院著名的战略管理学家迈克尔·波特提出的,用于分析一个国家某种产业为什么会在国际上有较强的竞争力。

在该模型中,一个国家的某种产业竞争力取决于以下四个具有双向作用的决定因素,而政府、机遇则起辅助作用。

(1) 生产要素——人力资源、天然资源、知识资源、资本资源、基础设施。

(2) 需求条件——主要是本国市场的需求。

(3) 相关产业和支持产业的表现——相关产业和上游产业的国际竞争力。

(4) 企业的战略、结构、竞争对手等的表现。

波特认为，除了以上四个决定因素，还存在政府和机会两大变数：政府政策的影响是比较重要的，而机会是无法控制的。

3.1.2 基于波特钻石模型的影响因素系统模型的构建

波特钻石模型虽然给技术创新、专利、标准协同转化的主要影响因素分析提供了范式，但其所适用的是国家产业竞争能力，与本书所研究的内容和对象存在差异。因此，我们客观地对波特钻石模型的具体决定因素及其辅助因素进行对比分析和重新匹配，为构建技术创新、专利、标准协同转化钻石模型提供条件。

(1) 要素条件→技术因素。

波特认为，要素指一个国家的生产要素状况，分为初级要素和高级要素，在竞争中起决定性作用。技术属于高级要素。我们认为，技术因素是指包括科学技术发展水平、技术创新能力在内的技术水平、技术要求、技术条件等。参照波特钻石模型理论，在技术方面虽然缩小了原模型的要素条件所包括的范围，但更切合技术创新、专利、标准协同转化的实际。

(2) 需求+相关产业和辅助产业→市场因素。

波特认为，需求条件指对某个行业产品或服务的国内需求性质；相关产业和辅助产业是指国内是否存在具有国际竞争力的供应商和关联辅助行业，这两个因素在竞争中起决定性作用。我们认为，市场因素指一国的市场开放程度、发展潜力、结构、市场容量、前景等。参照波特钻石模型理论，我们把需求的外延扩大成为市场，把相关产业和辅助产业作为影响市场的一个子因素，用市场整合原模型的需求、相关产业和辅助产业两个决定性因素成为市场因素，使之更能体现技术创新、专利、标准协同转化的空间形式和市场化过程。

(3) 企业战略、结构与竞争→企业因素。

波特认为，一个国家的产业竞争力是这个国家竞争力的集中体现，而产业是由企业构成的，企业是产业的基本组织形式，不同的企业有着不同目标、战略和组织形式，而国家竞争力就是要在不同企业的目标、战略、组织形式方面找到一些平衡点。一家企业的管理受到该国环境的制约，能够适应本国环境的企业有利于增强本国的竞争力。国内竞争对企业产生压力，适度的压力能转变为企业发展的动力，迫使企业改进技术，不断创新。那些能够在国内竞争中获得竞争优势的企业，通常都能取得较强的国际竞争力。我们则认为，在技术创新、专利、标准协同转化的过程中，企业因素是指企业作为技术创新空间的核心主体在技术创新、专利、标准协同转化过程中所起的作用，不仅包括企业战略、结构与竞争等战略资源和能力在技术发展方面的体现，也包括企业的人力资源、物力资源、信息资源等一般资源的有效整合与利用。用"企业"替代原模型中"企业战略、结构与竞争"更能体现企业在技术创新、专利、标准协同转化中的主体地位。

（4）政府的作用→政府。

波特认为，政府通过制定和实施政策来增强竞争优势，政府常用的政策措施如补贴、教育、投资、标准、规制等会对除机遇之外的其余四大因素产生影响。反过来，上述四大因素也会对政府的作用产生影响。但波特认为政府的作用也是一个辅助因素。我们认为，政府因素是指政府作为技术创新空间的重要主体在技术创新、专利、标准协同转化过程中所起的作用，包括行政能力、法制水平、民主责任制程度和国家发展战略制定和执行状况等；考虑到我国的基本国情，政府扮演着不可或缺的重要角色，政府的作用因素不仅绝对不能弱化为辅助因素，而且还应该强化为主要影响因素。因此，我们调整了原模型中"政府的作用"的主要影响因素地位，体现政府作为重要主体在技术创新、专利、标准协同转化过程中的主导作用。

（5）机遇的作用→战略契机。

波特认为，一些偶发事件和机会有时也会对国家竞争力产生不可忽略的重大影响。例如，发明、技术等的重大突破，成本、市场、汇率等的突然变化，都可能使某些国家获得或失去竞争优势。机遇的作用是一个辅助因素。

机遇的作用是一个辅助因素的观点是正确的，但波特所描述机遇的作用的适用范围过于宽泛、抽象，有时甚至把它当作小概率事件来处理，显然会对技术创新、专利、标准协同转化过程中机遇的作用产生误导，操作时也难以把握。因此，在对创新的战略契机的先机、生机和危机三层次论述的基础上，将原模型中机遇的作用缩小范围为"战略契机"，以便在技术创新、专利、标准协同转化过程中更容易识别和把握，更好地发挥潜移默化的辅助作用，如与政府影响因素结合后形成关键评价指标——战略眼光和标准化导向能力。

(6) 商业文化。

商业文化不仅影响人的商业行为、消费习惯,而且能改变人们的思维方式和创新模式。在技术创新、专利、标准协同转化过程中,商业文化对技术、市场、政府、企业等主要影响因素产生潜移默化的辅助作用,如与企业影响因素结合形成关键评价指标——现代化管理水平。因此,我们将商业文化引入本书的模型,将政府上调至主要影响因素的位置。

基于以上重新匹配和组合的六个要素,我们构建出技术创新、专利、标准协同转化影响因素的系统模型,如图3-1所示。

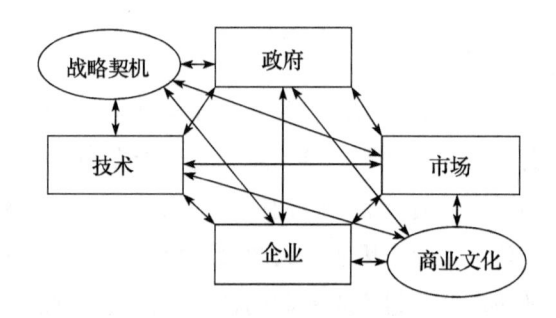

图3-1 技术创新、专利、标准协同转化影响因素的系统模型

在此模型中,政府、企业是主体因素,市场是外部环境因素,技术是内部条件因素,四者之间相互作用,共同构成技术创新、专利、标准协同转化的主要影响因素;战略契机、商业文化具有无形特征的因素,对四个主要影响因素产生潜移默化的辅助作用。这六个因素相互作用,共同构成技术创新、专利、标准协同转化的影响因素钻石模型。本书将以此模型所演示的四个主要影响因素、两个辅助因素相互关系为基础,构建技术创新、专利、标准协同转化的影响因素指标体系。

3.2 影响因素与关键指标的分析

3.2.1 基于理论推导的影响因素与关键指标分析

依据系统的思想和分析方法,技术创新、专利、标准协同转化作为一个系统,具有要素、结构和功能的属性和逻辑结构。技术创新、专利、标准协同转化是企业、政府等主体在具体外部环境和内部条件下,以取得市场竞争优势为目的，将"技术创新成果→专利→标准"进行市场化、标准化的活动。依据系统所包含的主体及其外部环境和内部条件为划分标准，我们将影响因素分为主体因素、外部环境因素和内部条件因素进行分析。

3.2.1.1 主体因素分析

技术创新成果、专利和标准的协同转化主体因素主要包括企业、政府。在技术创新成果市场化和标准化的过程中，企业扮演着"主演"的角色，不仅是原始创新或突破性技术创新成果的创造者和所有人，也是技术创新成果转化为专利的申请人、专利权人，还是企业标准、行业标准、国家标准、国际标准的制定或参与人。企业是推动技术创新、专利和标准协同转化的主要力量，企业的技术研发实力、创新能力、专利和标准化管理水平、资源禀赋（人力资源、资本实力、信息化水平等）、市场地位、与其他主体良好关系的维系能力等因素直接关系到技术创新成果、专利和标准协同转化的效率和效用。因此，企业是最重要的主体因素之一。

政府在技术创新、专利和标准的协同转化过程中扮演着"导演"的角色，政府是技术创新成果市场化和标准化游戏规则的制定者，也是国家标准的批准人、国际标准的许可人、专利的授权人，还是知识产权保护的执法人，政府的行政能力、公共服务和管理水平、战略眼光和导向能力、法制水平等因素决定技术创新、专利、标准的协同转化的进程和实质。因此，政府是最重要的主体因素之一。

消费者是市场最主要的主体因素之一。技术创新成果、专利、标准能不能被消费者接受，直接关系到其市场化的最终命运。但消费者是通过市场实现其决定权和使用价值的，为此，我们把消费者作为市场因素的一个组成部分。

3.2.1.2 外部环境因素分析

外部环境中的市场环境和法制环境对技术创新、专利、标准的协同转化过程的影响和制约作用最为突出。法制环境主要是通过政府的职能实现，我们认为它是政府因素的组成部分。市场环境是各主体相互联系、相互制约的主战场，政治、经济、法律、文化、技术、地理等因素相互交织，为此，我们认为市场是技术创新、专利、标准协同转化最主要的显性外部因素。

市场的主题是竞争，竞争壁垒的设置是主要手段，把握战略契机是关键。技术创新、专利、标准的协同转化不仅是技术创新成果标准化和市场化的过程，也是各种技术创新成果、专利（具有国别的地域性）、标准（行业、国家、国际等)的相互竞争过程。因此,在技术创新、专利、标准协同转化的过程中,企业、政府等主体必须把握战略契机和商业文化积淀等问题,营造良好的市场氛围,做正确的事情。我们认为战略契机和商业文化积淀是外部环境的隐性因素,如图 3-2 所示。

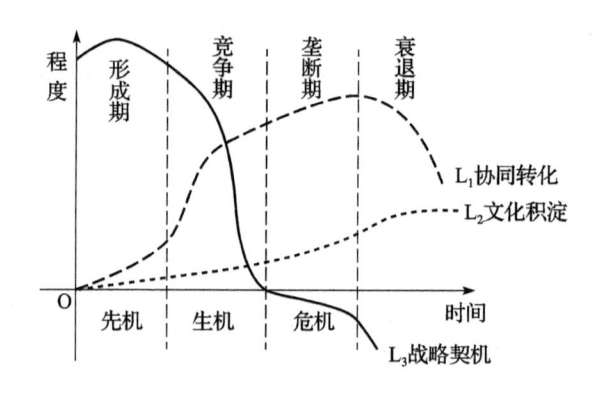

图 3-2 标准生命周期

一是战略契机。市场的竞争导致企业战略总处在不断调整、修改、颠覆当中,是"肯定→否定→否定之否定"的过程,但万变不离其宗,关键在于把握好什么时候(When)、什么地点(Where)、什么人(Who)、用什么方式(How)、做什么事(What),即把握好企业战略契机的问题。按照机会、风险与收益的关系划分,战略契机可以分为先机、生机和危机三种情况,并在技术创新、专利、标准协同转化的不同跃迁阶段有着不同的体现。如图 3-2 所示,在技术创新成果专利化跃迁进程中,新技术或新专利还是一项新生事物,这一阶段的战略契机主要以先机的形式出现,谁占先就很可能成为该行业的龙头,获取超额利润,但由于该项技术创新成果或专利仍处在不成熟、不稳定阶段,风险大,成功的企业毕竟少数;在专利标准化进程中,专利不断市场化、标准化,这个阶段是专利向标准转化的春天,给相关行业的发展带来勃勃生机,企业战略契机主要以生机的形式出现,大量的相关企业作为跟随者不断地改变商业模式,以获取平均利润;在标准垄断化直至衰退的演进过程中,各行各业、各国之间的内外部在标准竞争实现垄断化后逐渐成熟和稳定,但各级市场的竞争压力越来越大,战略契机主要以危机的形式出现,企业、国家等主体的竞争发展战略由"蓝海"战略变成了"红海"战略,大量的相关企业只能不断地控制成本,以获取保本收益,甚至破产、转型。在现实中存在着众多案例,如表 3-1 所示。

表 3-1　基于标准生命周期的企业战略契机

战略契机类型	概念	代表企业
先机	当标准作为一个新生事物出现的时候，大约只有5%的企业能够把握，占得先机。但一旦成功，企业就成该领域的龙头老大	互联网企业如微软、IBM、苹果、亚马逊、BAT（百度、阿里巴巴、腾讯）、新浪、搜狐、网易等
生机	标准发展阶段给企业带来了生存和发展的机会，带来了创新和变革。此时，企业充满活力，各种商业模式的创新层出不穷	互联网时代的中小企业如畅游、中华网、凡客诚品、搜房网等
危机	当标准成熟时，企业的机会少了，竞争压力加大，是企业危险和机会并存的时刻，也是企业发展的转折点	互联网时代的传统企业如格力空调、万科、新奥燃气、优衣库、李宁等

二是商业文化积淀。技术创新、专利、标准协同转化同时也促进科学技术和管理思维的不断进步，引发市场机制和商业模式不断变革创新。因此，从商业文明的视角出发，技术创新、专利、标准的协同转化也是一种文化积淀过程，是商业模式和商业文化不断创新、传承和扬弃的过程。这个过程并不是完全遵循生命周期规律发生、发展的，其发展轨迹是一条有起点但没有终点的单调递增曲线。

3.2.1.3　内部条件因素分析

内部条件因素主要是保持企业主体市场竞争优势的资源和能力，包括技术、资本、文化等因素。技术创新、专利、标准的协同转化是以原始创新或突破性创新技术成果为前提条件，技术是内部因素中最主要的影响因素，集中体现在技术创新、专利、标准各自的代继功能上。

所谓代继是指企业等主体对原有技术创新、专利、标准进行更新换代式的持续创新，以保证技术创新成果具备更强的创新性，专利保持更强的竞争性，标准具备更强的垄断性。但代继的持续创新能力自技术创新成果诞生之日起是递减的，如 Utterback（1975，1994）等。因此，国家、企业等主体要保持竞争优势必须持续不断地进行突破性创新或原始创新，而不是原有技术创新成果、专利、标准的代继。

第一，技术创新成果的代继。技术创新成果的代继方式主要有两种：一种是连续型代继方式，即技术创新成果并未发生根本变革或者突破性创新，而是在已有技术的基础上推陈出新，并按照路径依赖规律循序渐进地推动技术向前发展，其发展轨迹是连续的S形曲线。例如，码分多址（CDMA）技术从"1G→2G→3G→4G→5G"的发展过程，如图3-3（a）所示。另外一种方式是间断性代继方式，即技术创新成果并不是在已有技术的运行轨迹上运行的，而是在已有技术的生命周期消亡阶段的上方开启一条新的曲线，开启新技术的生命周期，新技术是在旧技术基础上的一种跃迁，其轨迹是一条间断S形曲线，如太阳能电池技术的发展也经历了"氟利昂→光通量→EVA"基础研究阶段、"腐蚀剂→感应炉→编码器"组成构件研究阶段、"半导体→发光二极管→太阳能电池"太阳能产品化研究阶段三个跳跃性发展阶段才逐渐成熟，如图3-3（b）所示。

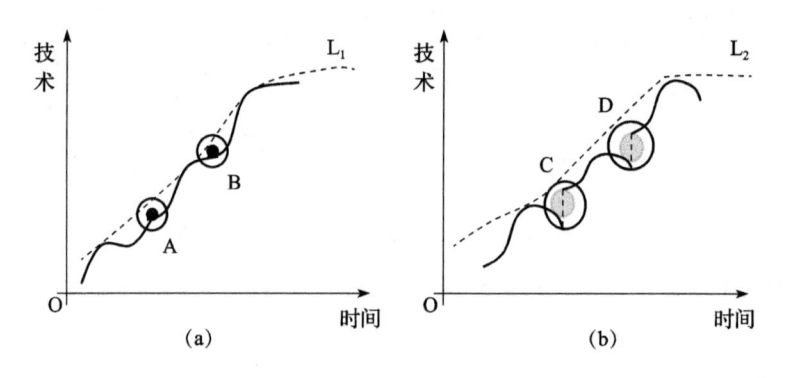

图 3-3 技术创新成果的代继性

第二，专利的代继。专利的代继性是指在《中华人民共和国专利法》适用的范围内，专利申请人可在第一代专利的基础上提出第二代、第三代……以此类推的专利申请，不断地把上一代专利转化为普通技术或标准内容，形成了一套循序更迭的父系专利体系，保障原始创新或突破性创新成果超越专利寿命的限制在法理框架下最大限度（或宽度）地发展，并在市场化过程中不断变革商业模式，为专利权人带来持续的合法收益，如图3-4所示。L_1、L_2、L_3分别代表第一、第二、第三代专利的发展轨迹，A点、B点分别是第二代专利继代第一代专利、第三代专利继代第二代专利的时点，代继性依次类推。

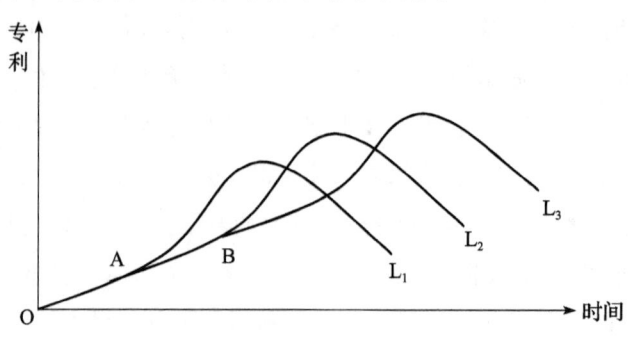

图 3-4 专利的代继性

第三，标准的代继。标准是一种市场行为和商业行为的规范，其衰退或消亡的根本原因主要是标准已不适合市场发展的需要且有新的可代继的标准产生。标准的代继一般采取修改或替代的方式，如图 3-5 所示。标准生命周期的主体部分是标准化的过程，也是标准通过技术规范等不断修改实现自我完善的过程，以修改方式体现标准的代继性特征的发生时段一般发生在标准生命周期的竞争阶段和垄断阶段，修改方式并不是消灭标准而是完善标准，是推动标准垄断化的动力，如图 3-5（a）所示的 AB 曲线上。然而，标准的另一个发展趋势是垄断，包括单一标准的垄断和标准群落的垄断，处于垄断地位的标准（或是标准群落）只能有一个，适用"优胜劣汰，适者生存"和"成王败寇"的商业生态法则，导致标准之争水深火热，标准间的替代周期越来越短，如图 3-5（b）所示的 L_1、L_2、L_3 之间的替代关系。

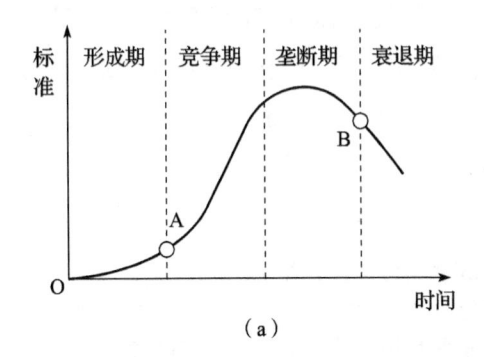

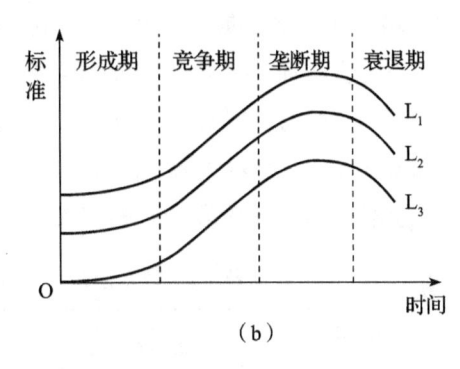

图 3-5 标准的代继性

3.2.1.4 主要影响因素指标总结

技术创新、专利、标准协同转化的因素分为主体因素、外部环境因素和内部条件因素。

主体因素包括政府、企业。政府因素可由法制体系和法治环境、政府知识产权保护力度、公共服务和管理水平、战略眼光和标准化导向能力等指标来评价；企业因素可以由企业的技术研发创新能力、企业现代化管理水平、专利和标准化管理水平等指标来评价。

外部环境因素包括市场、战略契机、商业文化。市场因素是显性因素，可由安装基数、消费者预期等指标来评价；战略契机和商业文化等因素是隐性因素，对技术创新、专利、标准协同转化潜移默化地发生作用，很难用指标定性和定量进行评价。

内部条件最主要的影响因素是技术。它不单单是指企业的技术创新能力，而是指在技术创新、专利、标准协同转化过程中技术创新、专利、标准的持续创新能力（技术代继），可由技术突破性和技术代继性来评价。

结合技术创新、专利、标准协同转化的时间和空间两个维度的分析情况，进一步从技术、市场、政府、企业四个层面分析和归纳技术创新、专利、标准协同转化三个阶段的影响因素。

在技术层面，技术的突破性、新颖性、创造性、实用性、兼容性等因素在协同转化三个阶段有着不同的影响。

在市场层面，竞争者、替代者、模仿者、市场安装基数、客户价值的实现程度在协同转化三个阶段有着不同的影响。

在政府层面，政策引导、市场引导、创新战略、知识产权保护力度、政府技术战略、标准化导向能力等因素在协同转化三个阶段有着不同的影响。

在企业层面，技术研发创新能力、现代化管理水平、专利和标准化管理水平、企业知识产权防御体系、市场机会识别能力、自主研发创新能力、市场导向能力、产权保护意识、技术联盟、标准战略等因素在协同转化三个阶段有着不同的影响。

具体在各转化阶段的影响因素见表3-2。

表3-2 技术创新、专利、标准协同转化的影响因素

影响层面 \ 转化阶段	创新成果专利化	专利标准化	标准垄断化
技术	①突破性 ②新颖性 ③创造性 ④实用性	①兼容性 ②突破性	①兼容性 ②突破性 ③代继性
市场	①竞争者、替代者、模仿者的影响 ②客户价值的实现程度	①消费者预期 ②市场安装基数 ③客户价值的实现程度	①消费者预期 ②市场安装基数 ③客户价值的实现程度
政府	①政策引导 ②市场引导 ③创新战略 ④知识产权保护力度	①知识产权保护力度 ②战略眼光 ③标准化导向能力	①知识产权保护力度 ②标准化导向能力 ③公共服务和管理水平
企业	①自主研发创新能力 ②现代化管理水平 ③技术发展战略 ④市场机会识别能力	①专利和标准化管理水平 ②现代化管理水平 ③技术市场推广能力 ④市场导向能力 ⑤产权保护意识	①知识产权防御体系 ②市场领导力 ③技术联盟 ④标准战略

3.2.2 基于文献回顾的影响因素与关键指标分析

从以上分析可知，技术、市场、政府、企业是技术创新成果、专利、标准协同转化的主要影响因素，为能够进一步巩固对该研究结果的认识，以下通过对相关文献的回顾，从技术、市场、政府、企业四个层面，进一步整理、归纳出"技术创新成果专利化""专利标准化""标准垄断化"三个阶段的影响因素指标。

3.2.2.1 技术创新成果专利化文献回顾

（1）相关文献回顾。

关于技术创新成果专利化的研究，从 20 世纪 90 年代起就已经有学者关注这个问题。舒万淑（1994）对专利申请情况进行分析评述，现在仍然有借鉴意义。她认为影响专利申请的因素可以从市场层面、法律层面和企业层面展开，市场层面主要聚焦于市场的竞争机制未成熟；法律层面在于大众的法律意识淡薄，专利法宣传的广度与深度不足，对专利的保护力度严重不足；企业层面在于申请专利的资金和奖励没有配置到位，严重影响了专利的申请积极性。此外，技术创新者自身的激励措施、组织行为同样也会影响创新成果转化为专利。

在技术层面，张跃东等（2019）分析了影响企业专利申请的因素包括企业的专利意识和专利策略，最为关键的是技术水平要达到一定高度，具有突破性。《中华人民共和国专利法》明确规定成为专利的技术需要满足技术新颖性、技术创造性和技术实用性三个特性。

在市场层面，胡波（2019）分析市场上如果存在潜在的技术替代者，这些替代技术如果被授予专利，对在位创新者的威胁是明显的，在位创新者应该积极将创新产品转化为专利。陈迎新等（2017）认为当发现市场上存在较多的竞争模仿者，技术发明人宜将创新成果转化为专利，以对技术权益进行保护。储节旺等（2019）则从企业对市场预测的角度分析企业进行专利申请的时机；专利作为知识产权法的重要组成部分，它的内涵、外延同样对创新成果专利化产生影响。郑博雅（2019）认为市场上创新成果已有市场份额会影响决策者是否愿意将创新成果转化为专利。

在政府层面，Jaffe（2000）和 Fontana R 等（2013）认为创新成果转化为专利时，政府支持也至关重要。从 20 世纪 80 年代开始，美国发明专利的数量激增与美国政府一系列的专利政策变革有关，专利政策是由政府制定的，政府构建公平、有序的专利法律环境，激发了发明人的积极性，促进了社会的创新和进步。

随着社会与科技的发展，公民对专利的知识产权法律意识逐渐觉醒，但还需要进一步增强。林洲钰等（2015）考察了政府补贴与企业专利产出的关系，当政府补贴低于某一临界值时，政府补贴显著促进了企业专利的产出，当政府补贴超过临界值时，政府补贴对企业专利产出的抑制效应开始显现。在关于专利权的属性研究方面，易继明等（2019）认为专利权的私权性、保护力度及救济力度的加强会促进技术创新成果专利化。芦加人（2017）分析了专利等相关法律对高科技技术的保护力度是必要的，强调《中华人民共和国专利法》保护的重要性，它能调动发明人参与专利申请的积极性。

在企业层面，陈青蓝（2013）在研究浙江企业技术创新成果专利化的影响因素时，发现主要存在外部影响因素、企业自身因素和研发创新因素三个方面。外部影响因素包括区域经济的技术水平、专利制度、专利申请意识等；企业自身因素包括企业的专利战略、专利管理、规模与市场力量等；研发创新因素则包括研发投入、研发模式及创新障碍等。江诗松等（2019）认为企业的规模、市场力量、市场和技术机会等传统因素，专利制度因素，企业内外部、项目本身的创新障碍因素，与 R&D 活动有关的创新战略因素及与企业家创新、市场导向有关的企业战略导向等影响因素都会影响技术创新成果专利化。马晓雅等（2019）认为高校在创新成果转化为专利的影响因素时，无论是高校领导层还是普通教师都缺乏对相关专利政策的认识，教师发明只注重职称，缺乏相应的激励机制和发明导向，申请和管理专利的经费较高，没有相应的专项经费，缺乏专利实施管理。赵黎明等（2019），陈朝晖、谢薇（2017）也认为企业的专利管理能力对能否顺利实现专利申请有重要影响。段海艳（2017）强调技术信息管理有助于专利技术的研发和专利技术的组合推广，市场需求也是促进创新技术转化为专利的重要因素。

也有专家研究具体行业的技术创新成果转化为专利的影响因素。王鑫（2019）认为我国制药企业面临的专利问题相当严峻，研发投入有限，药品专利保护力度差，应加强信息的搜索，避免失效专利的使用，重视专利战略的制定和专利人才的培养。

通过对已有文献的梳理，发现技术创新成果是否能够成功转化为专利，与该项技术的技术水平，技术创新者对技术与专利的管理能力，市场对该项技术需求的制约，以及政府出台的政策、相关法律的完善和执行程度有关。

（2）技术创新成果专利化评价指标的文献汇总。

将"技术创新成果专利化"阶段的影响因素评价体系分为目标层、准则层、要素层三个层次。目标层是技术创新成果专利化；准则层包括技术层面、市场层面、政府层面和企业层面；要素层将准则层的指标进一步细化，具体描述每个准则层的指标。在总结和梳理已有文献的基础上，汇总出如表 3-3 所示的"技术创新成果专利化"指标体系。

表 3-3 "技术创新成果专利化"指标体系的文献汇总

目标层	准则层	要素层	作者
技术创新成果专利化	技术	技术新颖性、技术创造性、技术实用性	《中华人民共和国专利法》
		技术突破性	李国红等（2017），张跃东等（2019）
	市场	市场的竞争机制	舒万淑（1994）
		市场存在潜在的技术替代者会影响在位创新者的技术转化为专利	胡波（2019）
		市场对专利技术的需求程度 客户价值的实现程度	储节旺等（2019）
		市场上创新成果已有市场份额会影响决策者是否愿意将创新成果转化为专利	郑博雅（2019）
		市场上有较多的竞争模仿者模仿创新产品	陈迎新等（2017）
		大众的专利法律意识	祝建辉（2013）
	政府	政府完善《中华人民共和国专利法》等相关立法，政府加大对专利的保护力度	芦加人（2017）
		政府对专利法的宣传广度与深度	舒万淑（1994）
		构建公平交易的法律环境，政府加强创新成果专利转化的市场引导	易继明等（2019）
		国家制定的专利战略、创新战略	李琰等（2015）
		政府制定的专利政策、政府补贴	Jaffe（2000），Fontana R 等（2013），董贺迪（2018），林洲钰等（2015）
	企业	企业领导层的专利意识、领导思想	江诗松等（2019）
		企业的专利战略、技术发展战略	陈青蓝（2013）
		专利管理能力	赵黎明等（2019），陈朝晖、谢薇（2017）
		开展专利研究的资金支持	王鑫（2019）
		预测市场对该创新成果有较大的需求，积极将该项创新成果转化为专利	邱洪华等（2016）
		企业的自主研发创新能力	陈青蓝（2013）
		企业搜集和处理专利信息的能力	段海艳（2017）

3.2.2.2 专利标准化文献回顾

(1) 相关文献回顾。

随着科技的迅猛发展，一些专利技术已成为技术标准所不可或缺的技术，如果缺少这些核心专利技术，技术标准则不能完善，无法满足客观要求。此外，专利进入标准能够有效加速技术的扩散，获取更大的经济效益，排斥竞争对手，占领市场。标准已然成为专利追求的方向。由于专利转化为标准的影响因素是多方面的，一些学者分别从不同的角度分析专利标准化的影响因素。

在技术层面，Katz 和 Shapiro（1985）、MacCord Art（2018）认为专利技术进入标准时，如果该专利技术的对外接口能够与其他产品兼容，将有助于专利技术在标准中的推广。高俊光等（2012）也提出要实现专利标准化，在技术方面要注重技术的兼容性等。李海涛（2013）研究发现专利转化为标准时，专利的内在价值、专利技术的新颖性和技术影响程度都会对专利转化标准产生影响。泮通天（2016）、陈璐等（2018）认为不是所有的专利都能转化为标准，只有必要专利才有可能转化为标准，此外，适当的技术兼容性有助于形成正反馈网络效应，获取技术较大的安装基数，从而维护标准的稳定性。

在市场层面，Scott Gallagher 和 Seung Ho Park（2002）认为促进美国家庭视频游戏市场的标准形成的关键因素包括产品的安装基数、主导产品的互补品数量及行业的网络基础等。在专利转化为标准的过程中，行业协会上连政府下连企业，是重要的连接纽带。仲春（2017）发现由于忽视市场的属性，对市场关注度不够，严重影响了专利标准化的国际标准采标率。钱越等（2016）认为消费者在使用该标准产品时有较好的消费体验，客户价值能够实现，专利较大的商业潜力或产业应用前景有助于专利标准化。李明星（2009）、魏国庆等（2018）认为市场预期、市场需求、网络效应也会促进标准化形成。

在政府层面，政府应注重标准化战略，充分认识到标准化在支撑国家社会经济发展中发挥着重要作用，提出标准化的发展必须规范强制性标准、推荐性标准和社会组织制定标准。此外，政府制定《中华人民共和国专利法》《中华人民共和国标准化法》等法律，从法律的高度维护专利活动和标准化活动。我国在2014年1月发布的《国家标准涉及专利的管理规定（暂行）》对标准中必须使用专利的条件进行了规定，第一种情况是从技术角度不得不使用的必要专利，第二种是专利持有人自愿向标准制定机构提交专利进入标准的书面申请，或者同意将自己的专利免费供行业内其他企业使用，或者在 FRAND 的规则下（合理无歧视）的条款和条件下和其他企业谈判该专利的使用权限。由此可见，专利进入标准首先考虑的是专利技术的不可或缺性，其次是专利持有人申请将专利纳入标准，专利一般是供其他企业免费使用的，但在某些特殊的情况下可以收取适当的专利许可费，这就要求专利许可人在标准制定时有较强的谈判能力。标准作为一种公开发布的规范性文件，标准中的专利技术自然需要公开，为达到标准所规定的基本要求，其他企业不得不使用标准中的专利技术。如某些企业因使用专利技术而没有缴纳专利许可费，很可能导致专利被侵权，这就要求政府建立公平交易的法律环境，对专利侵权行为进行认定和惩罚。政府除在法律层面制定维护专利进入标准的相关法律条款，还应该从政策和资金方面给予支持，孙捷等（2016）认为国家与地方政府对专利标准化的引导程度会影响专利标准化的进程。孙捷等（2017）在探讨浙江省地方专利标准化时，认为政府要主动与企业沟通，引导专利标准化活动。政府要建设高效、实用的专利和标准的信息网站，为相关人员参与标准的制定提供信息服务。王鹏等（2017）认为技术、政治和经济因素都起到关键的作用，特别是相关的标准化政策、知识产权规则的制定和引导对技术标准的形成产生重要影响。向宝琦（2018）认为专利标准化活动是技术性较强的工作，要求有一大批综合性人才，国家应该引导并加强对这类人才的培养，以提高我国标准制定工作人员的标准申请能力和推广能力。

在企业层面，作为标准形成的重要主体，企业应积极推进自有专利转化为标准，积极参与标准化组织，谋求相关标准化组织的领导权，承担标准制定的会议承办权，重视专利确权，制定合理的专利标准化战略，促进企业专利向标准转化。王美莉（2017）认为企业的专利和标准的管理能力越强越有利于专利标准化。杨家玮（2016）、龚茂华（2017）在对ISO、IEC、ITU等国际组织所制定专利政策分析的基础上，强调涉及专利的标准制定，应该对纳入标准的专利制定适宜的专利许可费用，并对专利信息披露和专利许可声明给予明确确定。刘芳宇等（2017）强调企业在参与标准制定时，争夺制定标准话语权是很有必要的，这将使企业获得更多的竞争优势。专利纳入标准，对专利的披露、相关许可规则和许可费用等都有更为严格的要求。黄陈钢（2017）、杨德桥（2019）发现在专利标准化过程中，专利的信息披露制度，明确信息披露的范围、规则和专利许可费，会对企业顺利实现专利标准化产生影响。刘仲（2017）分析总结了知识产权的获得、管理和运营能力，对其参与专利标准化活动有非常大的帮助。尤阳立军等（2016）则强调企业内部的标准化人员与技术人员要形成较好的合作关系，才能共同促进企业技术转化为标准；作为企业，除了从政府等相关机构搜集专利、标准等相关信息，自身也要具备基本的专利、标准信息搜索和处理能力。姜红等（2018）认为企业为获取较大安装基数，应具备较强的技术推广能力。

总之，专利标准化是个复杂的转化过程，不是仅靠技术的支持就能实现的，还需要政府的财政政策和科技政策的支持，市场环境、市场需求预期等多方面的因素支持，以及企业等各方面的努力才能实现的。

（2）专利标准化评价指标的文献汇总。

按照层次分析法的思想，将专利标准化阶段的影响因素评价体系分为目标层、准则层、要素层三个层次。目标层表示实现专利标准化；准则层用来表述专利标准化的四个方面，分别是技术层面、市场层面、政府层面和企业层面；要素层将准则层的指标进一步细化。在总结和梳理已有文献的基础上，形成表3-4所示的专利标准化指标体系汇总表。

表3-4 专利标准化指标体系的文献汇总

目标层	准则层	要素层	作者
专利标准化	技术	技术兼容性	高俊光（2008），Katz 和 Shapiro（1985），MacCord Art（2018）
		专利的内在价值，专利技术突破性	李海滔（2013）
		必要专利	张平（2005），泮通天（2016），陈璐等（2018）
	市场	市场对该专利技术的需求，市场上消费者的预期	李明星（2009），魏国庆等（2018），仲春（2017）
		市场上专利技术的安装基数与预期可带来市场网络化 主导产品有互补品	Gallagher 和 Seung Ho Park（2002）
		有较好消费体验，客户价值的实现程度	钱越等（2016）
	政府	政府建立公平交易的法律环境，加强对知识产权的保护，协调利益相关者的关系	邹亚（2017）和祝建军（2017）
		标准战略	支树平（2014）
		标准公共服务与管理水平，政府提供专利和标准信息化水平建设	张育润等（2016）
		政府标准化导向能力，包括政府从政策和资金上引导、支持技术标准的形成，政府引导专利与标准人才的培养	孙捷等（2016），孙捷等（2017），王鹏等（2017），向宝琦（2018）

续表

目标层	准则层	要素层	作者
专利标准化	企业	企业标准化战略	方婷（2017）
		技术市场的推广能力	姜红等（2018）
		企业知识产权保护能力，对专利的披露程度、相关许可规则和专利许可费的确定，与其他企业谈判，收取专利许可费	杨家玮（2016），龚茂华（2017），黄陈钢（2017），杨德桥（2019）
		专利与标准的管理能力，顺利开展专利或标准申请和管理工作，搜集和处理专利、标准信息	王美莉（2017），尤阳立军等（2016）
		市场导向能力，争取标准话语权的能力	刘芳宇等（2017）

3.2.2.3 标准垄断化文献回顾

（1）相关文献回顾。

西方发达国家早就认识到标准垄断能够带来巨额的效益，并在实践中积极推进本国核心技术专利和标准合法化，从而实现标准的垄断。为此，国内外学者从不同的层次、视角对影响标准垄断化的因素进行了大量研究。

一是技术层面。李婉贞等（2017）认为跨国公司的技术标准是以必要专利为核心，从而迫使其他用户必须使用这些专利，并通过设置技术性贸易壁垒防止发展中国家使用该项技术，以达到垄断市场的目的。马键（2018）、王宇等（2017）认为具有兼容性的专利技术，更容易实现标准垄断，特别是通信行业的标准专利。张元梁等（2019）认为突破性专利技术在标准专利布局时更具优势。姜红等（2018）则认为技术标准的迭代能够维护标准在竞争中获取优势，实现同一标准体系技术的垄断。

二是市场层面。许爱萍（2016）、严文杰（2017）认为在已有标准体系下产品的安装基数是影响标准形成垄断的重要因素；标准网络效应的互联互通、正反馈机制和锁定效应，知识产权的保护作用和保护范围都会促进专利标准垄断。为加快标准的推广，马辉（2017）认为消费者选择什么样的标准与消费者的预期密切相关，消费者锁定在某一标准内，成为忠实消费群体，会影响标准垄断。张泳（2016）认为在不同标准竞争体系下，消费者的感知、沟通策略等都会影响相关标准客户价值的实现程度。

三是政府层面。林欧（2014）认为现行的《中华人民共和国专利法》和《中华人民共和国合同法》规制标准垄断的力量有限。从功能角度看，政府应该积极提供资金、支持并与相关部门合作，加强对知识产权的保护，提供专利信息、标准信息等服务，提升专利标准的公共服务和管理水平，构建公平交易的法律环境，促进标准的形成与推广，实现标准垄断。袁方园（2018）认为在制定标准战略时，应重视将专利融入标准，注重标准化的导向能力；当标准形成后，实现专利技术的标准垄断。

四是企业层面。要实现标准垄断市场，企业必然制订长远且具有竞争性的标准战略，具备强有力的市场运作能力，成为市场的执牛耳者，支配市场。微软操作系统能够战胜Linux就是因为微软能够根据自身特色，采取有效的市场运作策略，从而扩大安装基数，占据市场垄断地位。唐要家等（2019）认为取得标准的企业采用专利交叉许可和专利联营的方式会导致标准垄断。刘沐霖（2016）认为专利权所有人通过与被授权方签订不竞争条款、回授条款、不质疑条款，也会限制竞争形成垄断。姚星宇（2016）认为在专利池建立过程中，专利权所有者不披露相关专利权信息，滥用专利权及不合理的专利定价和专利搭售行为，也会引发专利标准垄断。宁立志（2018）认为已处于垄断地位的企业掌握着标准核心专利技术，这将更加有利于这类企业实现标准垄断。此外，消费者选择标准核心专利技术产品的意愿及产品的质量和技术的成熟度，同样也有助于标准技术实现垄断。张振宇（2016）认为拒绝许可、歧视性许可、搭售与专利联合许可都可能产生标准垄断。张武军等（2019）指出除了专利搭售等行为，专利所有者采取低价销售和预告的市场行为，能进一步促进标准的垄断。李庆满等（2018）则建议标准的相关利益主体应建立技术联盟，在联盟内部进行专利技术授权许可，提高标准推广的效率，降低标准推广的交易成本。

标准垄断化是技术创新、专利、标准协同转化的最终目的，也是最高形式要求，标准垄断化可以让技术创新者获取巨大的经济效益，掌握行业话语权，把脉行业发展的方向。标准垄断化体现的是一种强权的推行，这种强权的推行是建立在对核心技术的垄断基础上的，与传统的市场垄断不同，这种垄断是一种无形资产的垄断，更是一种知识的垄断，它同样需要技术创新者拥有强大的技术创新能力和专利、标准等技术管理能力，需要技术创新者有维护市场、开拓市场能力、需要政府相关政策与法律支持。

（2）标准垄断化评价指标的文献汇总。

按照层次分析法的思想，将标准垄断化阶段的影响因素评价体系分为目标层、准则层、要素层三个层次。在总结和梳理已有文献的基础上，形成表3-5所示的标准垄断化指标体系汇总表。

表 3-5 标准垄断化指标体系的文献汇总

目标层	准则层	要素层	作者
标准垄断化	技术	原创性基础专利	李婉贞等（2017）
		兼容性	马键（2018）和王宇等（2017）
		突破性	张元梁等（2019）
		代继性	姜红等（2018）
	市场	较大的安装基数，形成网络效应	许爱萍（2016）
		消费者预期	马辉（2017）
		客户价值的实现程度	张泳（2016）
	政府	公共服务和管理水平，提供专利信息、标准信息等服务，提供专利申请、标准制定及管理等	蒋明琳等（2016）
		政府的支持力度主要包括资金、政策等方面	严文杰（2017）
		加强对知识产权的保护力度	林欧（2014）和孙南申（2016）
	企业	构建知识产权防御体系、灵活的专利标准策略、专利交叉许可和专利联营，不披露相关专利权信息，采取低价销售和预告的市场行为，签订不竞争条款、回授条款、不质疑条款	唐要家等（2019），姚星宇（2016），刘沐霖（2016）
		标准战略	孙永杰（2018）
		形成技术联盟	宁立志（2018）和李庆满（2018）
		市场领导力，拥有标准话语权	陈兵（2019）

3.2.2.4 基于文献的协同转化影响因素汇总

从以上文献分析可知，在技术创新、专利、标准协同转化的不同阶段，相关影响因素在技术、市场、政府和企业层面的侧重点各不相同，如表 3-6 所示。

表 3-6 基于文献技术创新、专利、标准协同转化的影响因素汇总

影响层面 \ 转化阶段	创新成果专利化	专利标准化	标准垄断化
技术	①突破性 ②新颖性 ③创造性 ④实用性	①兼容性 ②专利的内在价值 ③突破性 ④必要专利	①必要专利 ②兼容性 ③突破性 ④代继性

- 89 -

续表

转化阶段 影响层面	创新成果专利化	专利标准化	标准垄断化
市场	①市场的竞争机制 ②市场技术替代者的影响 ③消费者预期 ④客户价值的实现程度 ⑤市场竞争者的影响 ⑥市场模仿者的影响	①消费者的预期 ②市场的安装基数 ③客户价值的实现程度	①较大的安装基数 ②形成网络效应 ③消费者预期 ④客户价值的实现程度
政府	①政府对知识产权的保护力度 ②政府对市场的引导 ③国家创新战略 ④政府政策引导	①知识产权的保护力度 ②标准战略 ③标准化导向能力 ④标准公共服务和管理水平	①标准公共服务和管理水平 ②政府的政策和资金支持 ③标准化的导向能力 ④对知识产权的保护力度
企业	①企业领导层的专利意识 ②企业的专利战略 ③开展专利研究的资金支持 ④市场识别机会 ⑤企业的自主研发创新能力 ⑥企业专利管理水平	①企业标准战略 ②专利技术的市场推广能力 ③知识产权的防御程度 ④专利与标准的管理水平 ⑤市场领导力	①知识产权的防御体系 ②标准战略 ③形成技术联盟 ④市场领导力

（1）技术创新成果专利化影响因素诠释。

根据《中华人民共和国专利法》的要求，创新成果转化成专利需要满足新颖性、创造性、实用性的要求。此外，创新成果能够转化为专利，特别是高质量专利的创新成果应具备突破性的特点。所以，创新成果转化成专利在技术层面的指标包括突破性、新颖性、创造性和实用性。

一是市场层面。市场存在潜在的技术替代者会影响在位创新者的技术转化为专利，可简化为市场替代者的影响；市场上创新成果已有市场份额会影响决策者是否愿意将创新成果转化为专利，可简化为市场竞争者的影响；市场上有较多的竞争模仿者模仿创新产品，可简化为市场模仿者的影响；市场对专利技术的需求程度，消费者对该类专利技术的预期需求，可简化为消费者预期。因此，市场层面的影响因素可简化为市场的竞争机制、消费者预期、市场技术替代者的影响、客户价值的实现程度、市场竞争者的影响和市场模仿者的影响。

二是政府层面。政府完善《中华人民共和国专利法》等相关立法，政府对专利的保护力度，政府对专利法的宣传广度与深度，实质是指政府对知识产权的保护力度；政府构建公平交易的法律环境，政府加强创新成果专利转化的市场引导，大众有较强的专利法律意识，反映的是政府对市场的引导；国家制定知识产权战略、创新战略，可以统一为政府创新战略。因此，政府层面的影响因素可简化为政府对知识产权的保护力度、政府市场引导、国家创新战略和政府政策引导。

三是企业层面。企业领导层的专利意识，领导是否积极推动创新成果转化为专利，用企业领导层的专利意识表示；企业制定适应企业发展，推动专利发展的专利战略，可用企业专利战略表示；企业开展专利研究有较多的资金支持，有较好的政策，用企业政策资金支持表示；企业预测市场对该创新成果有较大的需求，积极将该项创新成果转化为专利，用企业市场识别机会表示；企业自主研发新产品，创新能力强，创新出较好的新成果，简化为企业的自主研发创新能力；企业的专利管理能力，搜集和处理专利信息的能力，简化为企业专利管理水平。因此，企业层面的影响因素可简化为企业领导层的专利意识、企业的专利战略、开展专利研究的资金支持、市场识别机会、企业的自主研发创新能力和企业专利管理水平。

（2）专利标准化影响因素诠释。

一是技术层面。专利标准化是要实现专利技术的广泛应用，说明技术具有兼容性特性，用兼容性表示。该专利还具备专利技术突破性的特性，且具有较好的内在价值。因此，技术层面的影响因素有兼容性、专利的内在价值、突破性、必要专利。

二是市场层面。市场对专利技术的需求，消费者的预期可用消费者预期表示；市场上专利技术的安装基数与预期可带来市场网络化，用市场安装基数表示；主导产品有互补品，有较好的消费体验，体现的是客户价值实现程度。因此，市场层面的影响因素包括消费者的预期、市场安装基数和客户价值的实现程度。

三是政府层面。政府加强对知识产权相关法律的修订，建立公平交易的法律环境，加强对知识产权的保护，协调利益相关者的关系，可用知识产权保护力度表示；政府制定适合标准的战略，促进标准化活动开展，维护国家标准利益等，用标准战略表示；政府标准化导向能力，包括政府从政策和资金上引导、支持技术标准的形成，用标准化导向能力表示；政府引导专利与标准人才的培养，政府引导专利和标准信息化水平建设，政府加强专利申请和标准制定的服务与管理等，用标准公共服务和管理水平表示。

四是企业层面。企业对知识产权的保护能力，对专利的披露程度、相关许可规则和专利许可费的确定,与其他企业谈判,收取专利许可费,用知识产权防御程度表示;开展专利或标准申请和管理工作,搜集和处理专利、标准信息,推进专利进入标准,用专利与标准的管理水平表示;市场导向能力,争取标准话语权的能力,用市场领导力表示。因此,企业层面的影响因素有企业标准战略、专利技术市场推广能力、知识产权防御程度、专利与标准的管理水平和市场领导力。

(3) 标准垄断化影响因素诠释。

一是技术层面。根据文献论述,进入标准的专利是必要专利,为获得更多的市场份额,一般应具备兼容性,由于不可替代,因此是基础专利,技术具有突破性,且该技术能够随技术更新换代,随着标准的迭代而具有代继性的特点。因此,技术层面的影响因素可归纳为必要专利、兼容性、突破性和代继性。

二是市场层面。实现标准垄断的技术具备较大的安装基数,且相关文献强调标准垄断需要在一定安装基数基础上形成网络效应,因此要重视网络效应的影响。此外,特别是一些通信产品,如苹果手机等产品的预发售,会提升消费者购买该类产品的消费数量,要锁定标准使用者使用该类产品,需要注重消费者预期。客户价值得以实现,会进一步锁定消费者使用该类产品,也要重视客户价值的实现程度。因此,市场层面的影响因素可归纳为安装基数、网络效应、消费者预期和客户价值的实现程度。

三是政府层面。政府提供专利、标准等信息服务,提供专利申请、标准制定及管理等服务,可归纳为标准公共服务和管理水平;政府的支持力度主要包括资金、政策等支持,可归纳为政府的政策和资金支持;政府从实现标准垄断化的高度制定标准战略,加强标准化的导向能力,可归纳为标准化导向能力;政府营造知识产权保护环境,加强对知识产权的保护力度,可归纳为知识产权保护力度。因此,政府层面的影响因素可概括为标准公共服务和管理水平、政府的政策和资金支持、标准化导向能力、加强对知识产权的保护力度。

四是企业层面。企业构建知识产权防御体系,灵活的专利标准策略,专利"交叉许可"和专利联营,不披露相关专利权信息,可归纳为知识产权防御体系;企业加强市场领导力,拥有标准话语权,采取低价销售和预告的市场行为,签订不竞争条款、回授条款、不质疑条款,可归纳为市场领导力;企业进入并形成相关技术联盟、专利联盟、标准联盟等,可归纳为技术联盟。因此,企业层面的相关影响因素可概括为知识产权防御体系、标准战略、形成技术联盟和市场领导力。

3.3 影响因素的确定

3.3.1 初步影响因素指标体系的确立

通过理论和文献分析，我们发现技术创新、专利、标准协同转化的影响因素相关指标中存在着诸多相同的指标，为此有必要对具有相同内涵指标进行统一归并，以期初步建立一个理论与文献相结合的、完整的技术创新、专利、标准协同转化影响因素量表（见表3-7），从而为进一步精准确立影响因素提供基准。

表3-7 技术创新、专利、标准协同转化影响因素指标体系的初步汇总

转化阶段 影响层面	创新成果专利化	专利标准化	标准垄断化
技术	①突破性 ②新颖性 ③创造性 ④实用性	①兼容性 ②专利的内在价值 ③突破性 ④必要专利	①必要专利 ②兼容性 ③突破性 ④代继性
市场	①市场的竞争机制 ②市场技术替代者的影响 ③消费者的预期 ④客户价值的实现程度 ⑤市场竞争者的影响 ⑥市场模仿者的影响	①消费者的预期 ②市场安装基数 ③客户价值的实现程度	①较大的安装基数 ②形成网络效应 ③消费者的预期 ④客户价值的实现程度
政府	①知识产权保护力度 ②政府市场引导 ③国家创新战略 ④知识产权战略 ⑤政府政策引导	①知识产权保护力度 ②标准战略 ③标准化导向能力 ④标准公共服务和管理水平 ⑤战略眼光	①标准公共服务和管理水平 ②政府的政策和资金支持 ③标准化的导向能力 ④知识产权保护力度
企业	①企业领导层的专利意识 ②企业的专利战略 ③开展专利研究的资金支持 ④市场识别机会 ⑤企业的自主研发创新能力 ⑥企业专利管理水平 ⑦现代化管理水平 ⑧技术发展战略	①企业标准战略 ②专利技术市场推广能力 ③知识产权防御强度 ④专利与标准的管理水平 ⑤市场领导力 ⑥现代化管理水平 ⑦市场导向能力	①知识产权防御体系 ②标准战略 ③技术联盟 ④市场领导力

3.3.2 最终影响因素指标体系的确立

表 3-7 是综合了理论推导和文献回顾得到的影响因素汇总表，为精准反映技术创新、专利、标准协同转化影响因素的实际情况，特采用专家打分法来进一步筛选、确立最终的影响因素。为此，邀请相关从事专利研发、专利与标准申请、标准制定、标准推广等方面的专家与企业管理者对这些影响因素进行进一步的筛选、补充及归类，并计算专家对影响因素的认可度。选择原则是专家认可度在 75%（含）[①] 以上的因素保留，其余的直接剔除。

$$专家认可度 = \frac{认同该指标能够作为协同转化影响因素的专家数}{访谈的专家总人数} \times 100\%$$

为确保所筛选的指标能够切实地反映现实运用状况，我们有针对性地选择了 20 名从事专利研发、专利与标准申请、标准制定、标准推广等方面的研究型专家学者和企业管理者，通过问卷调查的方式，邀请他们对所选取的技术创新、专利、标准协同转化影响因素进行评价和打分。影响因素筛选问卷调查表采用简洁结构的问卷方式，即在所提供的"认可、不认可、不确定"三种答案中选择其一即可（见附录 1）。

在 20 名评价人员中，有 7 名研究型专家学者属于教授级学者且都具有至少从事专利与标准管理方面科研与教学工作 15 年以上的经验；13 名学者为企业中高层管理者，他们都具有至少从事企业相关专利与标准申请、管理方面 7 年以上的工作经历。

在经历一周的问卷调查表发放与回收中，所有 20 名评价专家都能及时、有效地返回问卷结果。表 3-8 是由 20 名相关专家与企业管理者对技术创新、专利、标准协同转化影响因素打分评价结果的统计汇总。

[①] 参照一项标准要正式成为国家标准需要不少于 3/4 成员代表的同意（GB/T 16733—1997《国家标准制定程序的阶段划分及代码》）所确定的参量保留原则。

表 3-8 技术创新、专利、标准协同转化影响因素的专家认可度

序号	技术创新成果专利化 影响因素	专家认可度（%）	专利标准化 影响因素	专家认可度（%）	标准垄断化 影响因素	专家认可度（%）
1	突破性	90	兼容性	95	必要专利	100
2	新颖性	100	专利的内在价值	50	兼容性	80
3	创造性	100	突破性	80	突破性	85
4	实用性	100	必要专利	100	代继性	90
5	市场的竞争机制	55	消费者的预期	80	较大的安装基数	90
6	市场技术替代者的影响	80	市场安装基数	90	网络效应	95
7	消费者预期	75	客户价值的实现程度	85	消费者预期	85
8	客户价值的实现程度	75	知识产权保护力度	100	客户价值的实现程度	90
9	市场竞争者的影响	80	国家标准战略	80	标准公共服务和管理水平	90
10	市场模仿者的影响	85	标准化导向能力	85	政府的政策和资金支持	60
11	政府对知识产权的保护力度	95	标准公共服务和管理水平	90	标准化的导向能力	85
12	政府市场引导	90	政府战略眼光	55	知识产权保护力度	90
13	国家创新战略	55	企业标准战略	90	国家标准战略	90
14	国家知识产权战略	80	技术市场推广能力	85	企业知识产权防御体系	90
15	政府政策引导	80	企业知识产权防御强度	100	企业标准战略	85
16	企业领导层的专利意识	95	专利与标准的管理水平	90	技术联盟	90
17	企业专利战略	90	市场领导力	95	市场领导力	95
18	企业开展专利研究的资金支持	60	现代化管理水平	80		
19	市场机会识别能力	85	市场导向能力	60		
20	企业的自主研发创新能力	90				
21	企业专利管理水平	85				
22	现代化管理水平	55				
23	技术发展战略	60				

从对表 3-8 的相关影响因素分析可得，技术创新、专利、标准协同转化三阶

段初步汇总的影响因素没有得到所有专家的认可,其中,在技术创新成果专利化阶段,"市场的竞争机制、国家创新战略、企业开展专利研究的资金支持、现代化管理水平、技术发展战略"这几个影响因素,专家的认可度低于75%,采取直接剔除的方式。另外,部分专家认为可以将"市场技术替代者的影响、竞争者的影响、市场模仿者的影响"等几个影响因素进行融合,建议改为"市场竞争者、替代者、模仿者的影响",这里接受专家意见,进行修正。在专利标准化阶段,"专利的内在价值、政府的战略眼光、市场导向能力"这几个影响因素,专家的认可度低于75%,给予剔除。部分专家认为政府的战略眼光和标准战略重复,专利进入标准应该强调企业的市场领导力,市场导向能力不能够说明企业在行业的话语权的重要性。在标准垄断化阶段,"政府的政策和资金支持"低于75%,被剔除,部分专家认为政府标准化导向能力强,必然会从政策、资金方面给予支持,因此,这两个指标含义部分重复;"较大的安装基数"这个指标建议改为"市场安装基数",所以,采纳专家意见。调整后最终确立了技术创新、专利、标准协同转化的影响因素(见表3-9)。

表 3-9 技术创新、专利、标准协同转化的影响因素

影响层面 \ 转化阶段	创新成果专利化	专利标准化	标准垄断化
技术	①突破性 ②新颖性 ③创造性 ④实用性	①兼容性 ②突破性 ③必要专利	①必要专利 ②兼容性 ③突破性 ④代继性
市场	①竞争者、替代者、模仿者的影响 ②消费者预期 ③客户价值的实现程度	①消费者预期 ②市场安装基数 ③客户价值的实现程度	①消费者预期 ②市场安装基数 ③网络效应 ④客户价值的实现程度
政府	①政策引导 ②市场引导 ③知识产权战略 ④知识产权保护力度	①知识产权保护力度 ②国家标准战略 ③标准化导向能力 ④标准公共服务和管理水平	①标准战略 ②知识产权保护力度 ③标准化导向能力 ④公共服务和管理水平
企业	①企业专利战略 ②领导层的专利意识 ③自主研发创新能力 ④专利管理水平 ⑤市场机会识别能力	①企业标准战略 ②专利和标准化管理水平 ③现代化管理水平 ④技术市场推广能力 ⑤市场领导力 ⑥企业知识产权防御程度	①企业标准战略 ②企业知识产权防御体系 ③市场领导力 ④技术联盟

3.3.3 影响因素指标的内涵定义

为避免对影响因素指标内涵产生歧义，进而影响后续问卷调查对各指标权重的确定，特针对表3-10中所列的指标进行内涵定义。

表 3-10 技术创新、专利、标准协同转化评价指标的内涵定义

目标层	准则层	要素层	指标解释
技术创新、专利、标准协同转化	技术	新颖性	指该技术不属于现有技术，也没有任何单位或者个人有同样的技术；专利的新颖性在申请日以前向专利局提出过申请，并记载在申请日以后公布的专利申请文件或者公告的专利文件中
		创造性	指与现有技术相比，该发明具有突出的实质性特点和显著的进步
		实用性	指该技术能够制造或者使用，并且能够产生积极效果
		代继性	指技术、专利、标准在已有技术的基础上的继承和再创新
		兼容性	指不同厂商所生产的产品或服务在技术上的相互融合的程度，包括单向兼容和双向兼容
		必要专利	标准形成不可缺少的、必须需要的专利技术
		突破性	通过创新使技术的经济价值得以提升的内在含义，包括原始创新和突破性创新，原始创新是指前所未有的重大科学发现、技术发明、原理性主导技术等创新成果。突破性创新是导致产品性能主要指标发生巨大跃迁，对市场规则、竞争态势、产业版图具有决定性影响，甚至导致产业重新洗牌的一类技术创新成果
	市场	市场安装基数（含潜在）	指某一技术或专利在某一地区和某一时期内，在一定的营销环境和营销方案的作用下，愿意购买（潜在）或已购买该产品的顾客群体的总数
		竞争者、替代者和模仿者的影响	指与该技术功能相似或者更为先进的其他创新技术对该技术专有权所构成的威胁程度
		消费者预期	消费预期是消费主体在对市场和经济状况做出判断情况下的消费倾向，当消费主体在预期市场活跃、收入增长、价格上扬等情况下，其消费具有冲动倾向
		网络效应	消费者购买某种标准下的产品，形成该种产品需求方面的规模经济
		客户价值的实现程度	企业从与其具有长期稳定关系并愿意为企业提供的产品和服务承担合适价格的客户中获得的利润，即顾客为企业的利润贡献。客户价值分为四类：战略客户、利润客户、潜力客户及普通客户。程度是指利润贡献的绝对值（总额）和相对值（比率）

续表

目标层	准则层	要素层	指标解释
技术创新、专利、标准协同转化	政府	政策引导	政府加强立法、执法的水平，制定相关政策引导企业开展技术创新、专利、标准协同转化活动
		市场引导	政府制定开放的市场环境，引导企业实施技术专利化
		知识产权的保护力度	政府对侵犯专利知识产权行为的打击力度
		标准化导向能力	国家从资金、政策等方面积极鼓励与引导一些关系到国计民生的重要创新成果转化为专利的能力，促进专利标准化、标准的推广等
		知识产权战略	从国家层面提升我国知识产权创造、运用、保护和管理能力的战略
		标准战略	从国家层面制定相关标准体系、标准化体系，提升我国标准化水平，推动实施标准化战略
		标准公共服务和管理水平	以创造良好发展环境和提供优质公共服务为重点，完善知识产权、标准管理和公共服务，还包括财政拨款、科技投入、政府采购政策、财税金融政策等
	企业	企业现代化管理水平	指企业在现代企业管理制度基础上建立的管理思想、组织、控制、手段的现代化程度
		企业专利战略	是对企业专利技术发展的谋划，是对企业在专利技术未来发展的全局性、长期性的筹划和安排
		企业标准战略	企业引导专利进入标准，基于标准维护企业更大的利益
		专利和标准管理水平	开展协同转化活动，特别要求企业具备企业申请专利、管理和运营专利、申请标准、管理和运营标准的能力
		技术市场推广能力	企业对创新技术、专利等市场的推广能力
		技术联盟	多个企业联合致力于某一标准技术或产品的研发和市场推广的行为
		领导层的专利意识	企业领导层积极推进创新成果专利化
		市场机会识别	企业能够识别市场对技术的需求，在适当的时机将创新成果转化为专利
		知识产权防御体系的强度	知识产权保护意识、机制、模式、策略等构成防御系统，其强度是指维权力度
		自主研发创新能力	企业原始创新能力，集成创新能力及消化吸收再创新的能力
		市场领导力	指企业在行业、国内市场、国际市场的领导力或影响力

3.4 影响因素的权重

技术创新、专利、标准协同转化的影响因素存在结构较为复杂、决策准则较多且不易量化的特点，采用层次分析法，能够紧密地和决策者的主观判断和推理联系起来，对决策者的推理过程能够进行量化描述，可避免当结构复杂和方案较多时决策者在逻辑推理上的失误。

3.4.1 影响因素指标的 AHP 分析

层次分析法也称 AHP 法，由美国运筹学家托马斯·塞蒂（A. L. Saaty）提出，将定性分析与定量分析相结合，实现多目标、多准则的系统分析。其理论成熟，运用简单，适用面广，系统性强，能较好解决某些定性指标不可度量的特性。本次调研将邀请来自政府相关机构、企业的专业人士，对评判的数据进行分析，获取关键性指标。

3.4.1.1 AHP 法的总体思路

（1）指导思想。

在技术创新、专利、标准协同转化理论研究的基础上，构建技术创新、专利、标准协同转化的影响因素指标体系，探寻关键影响因素及相应指标的作用。

（2）基本原则。

一是科学性与可操作性原则。科学性就是要求构建的评价指标体系能够客观、真实地反映影响"技术创新、专利、标准协同转化"的真实状况。可操作性指通过访谈、问卷等实务操作模式，确保所遴选的影响因素具有可操作性。

二是系统性与完整性原则。系统地设计技术创新、专利、标准协同转化的影响因素指标体系，通过实证调研和分析，探析技术、市场、政府、企业在技术创新成果专利化阶段、专利标准化阶段、标准垄断化阶段的影响因素，确保所探寻出的指标体系的完整性，并利用 AHP 层次分析法，对三个具体转化进程的指标权重赋值，找出三个具体转化进程的关键影响因素。

（3）问卷的基本内容和过程设计。

①问卷的基本内容。

本书的问卷设计内容，主要是探讨研究技术创新、专利、标准协同转化过程中技术创新成果专利化阶段、专利标准化阶段和标准垄断化阶段三个阶段的关键

影响因素。(具体量表见附录2)

②问卷设计过程。

本书参考一些著名的专家、学者〔如 Churchill (1979)、Seaker&Waller (1994)〕开发量表的建议与经验,结合实际,通过以下步骤和方法开展问卷调查,如图3-6所示。

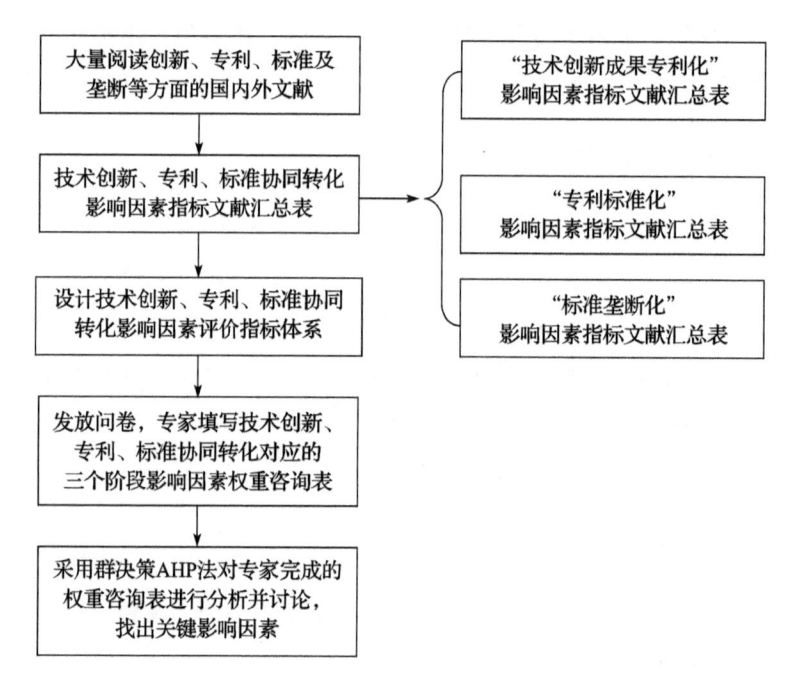

```
大量阅读创新、专利、标准及           "技术创新成果专利化"
垄断等方面的国内外文献          影响因素指标文献汇总表
         ↓
技术创新、专利、标准协同转化           "专利标准化"
影响因素指标文献汇总表    →    影响因素指标文献汇总表
         ↓
设计技术创新、专利、标准协同           "标准垄断化"
转化影响因素评价指标体系          影响因素指标文献汇总表
         ↓
发放问卷,专家填写技术创新、
专利、标准协同转化对应的
三个阶段影响因素权重咨询表
         ↓
采用群决策AHP法对专家完成的
权重咨询表进行分析并讨论,
找出关键影响因素
```

图3-6 技术创新、专利、标准协同转化影响因素的分析方法和步骤

第一,查阅大量文献,初步设计问卷。技术创新、专利、标准协同转化经历了创新成果专利化、专利标准化和标准垄断化三个重要的演化进程,通过查阅大量的国内外文献,初步剖析出影响创新成果专利化、专利标准化、标准垄断化三个重要演化进程的影响因素。

第二,由于本书涉及创新成果专利化、专利标准化和标准垄断化三个阶段,每个阶段的影响因素有所不同。因此,本部分将三阶段的影响因素指标提炼到一个量表。

第三,确定调查问卷终稿,大范围发放问卷。将已设计完整的量表设计成调查问卷的形式,发放给从事专利、标准相关研究领域的专家,政府相关部门的工作人员,企业内从事专利或标准申请、管理工作人员进行调查。

第四，回收问卷并分析。将有效问卷回收后，采用群决策 AHP 的方法，根据每位专家从事创新成果专利化、专利标准化和标准垄断化工作的职称、经验情况及在行业内的声望等因素，对专家的权重进行赋值，最后进行群决策 AHP 分析，得到每项指标的权重。采用群决策 AHP 方法，避免了某些专家因个人偏见而产生的判断偏重，能够综合各位专家的意见，得到较为客观的指标权值。

③提高问卷可靠性的措施。

马庆国（2002）指出要提高问卷设计的可靠性，需要明确研究目标，对调查对象的特点进行深入剖析，表述问题或提法需要精确，尽可能获得受调查者的准确数据。王重鸣（1990）也提出调查问卷的目的、格式和语言表述都要尽可能简洁、明确。此外，由于这个调查问卷涉及专利、标准等专业化的知识，需要被调查者有相关的知识背景，否则，被调查者很可能由于对相关概念的不理解，降低了问卷调查量表的信度和效度。由于专利、标准是企业无形资产，往往是企业核心技术竞争力所在，有些企业担心参与调查会在无形中泄露本企业的商业秘密，基于这些原因，为了最大程度提高调查问卷的可靠性、降低数据的负面影响，对采取的相关措施进行如下说明。

第一，为避免由于不理解专利、标准等专业化知识所导致的偏差，在选择调查对象时有意识地选择有专利、标准申请或管理经验的人士填写调查问卷，由于调查问卷涉及政府、市场及企业等层面的影响因素，还应注意调查对象应该包括相关的专家学者、政府工作人员、企业和社会中介组织等人士。

第二，基于专利、标准是企业的无形资产，有些企业担心参与调查会在无形中泄露企业的商业秘密而不愿意参与作答，因此，在项目设置说明时就明确强调该研究属于学术研究，不会将所得的信息使用到商业上，并且严格保护参与调查的企业的信息。

（4）层次分析法的原理分析。

层次分析法是采用定量分析与定性分析相结合的方式，根据人们对客观事物的认识及综合分析后，对所分析的对象按照目标层、准则层、指标层等方式建立层级递阶结构，并给出相关约束条件和评价方案，采用两两对比的方法，确定判断矩阵，并得出判断矩阵的最大特征根及其特征向量，确定每一个层次的各个要素的权重，进行一致性检验，通过一致性检验后，得到组合权重。采用这种方法，将复杂的问题分解成不同的分析层次，下一层次的有关元素以上一层次的相关元素为准则，是一种自上而下的逐层支配关系。

技术创新、专利、标准协同转化经历三个阶段,每个阶段的影响因素包括来自技术、市场、政府与企业等层面,这些影响因素难以通过定量评估,但适合定性评估和判断。因此,采用层次分析法,对技术创新、专利、标准协同转化经历的三个阶段的影响因素进行条理化、层次化,由专家按照设定的打分标准,根据构造的层次结构模型对每一层次的影响因素两两比较,从而构建重要性向量,判断各影响因素的权重,优点在于专家能够依据已有经验和事实进行理性判断和分析,提高评价的准确性和可靠性。当然,在评分过程中,很难避免由于专家的主观臆断而影响评分的客观性,因此,在选择专家时要尽量请从事过或正在从事技术创新、专利、标准协同转化的专家参与打分,降低误差。

(5)层次分析法的原理步骤。

①构建层次结构模型。

对技术创新、专利、标准协同转化经历的三个阶段,即创新成果专利化阶段、专利标准化阶段、标准垄断化阶段的影响因素进行条理化、层次化,分别构建有层次的结构模型。一般最高层是目标层,其次是准则层,最后是指标层,下一层次相关影响因素以上一层次影响因素为准则,它们形成自上而下的逐层支配关系。层次结构反映了不同影响因素之间的关系(见图3-7)。

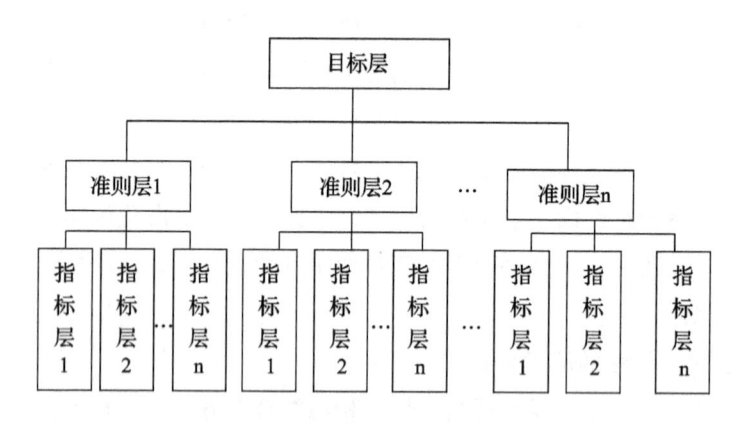

图3-7 指标体系递阶层次结构

②构造模型中各层次的判断矩阵。

判断矩阵主要表示相对上一层的某个因素,下一层与之有关的各因素之间的相对重要性。例如,假设存在A层中的因素与下一层次的因素B_1,B_2,…,B_n有联系,构造判断矩阵,如表3-11所示。

表 3-11 判断矩阵

A_k	B_1	B_2	...	B_n
B_1	1	b_{12}	...	b_{1n}
B_2	b_{21}	1	...	b_{2n}
...	...	...	...	...
B_n	b_{n1}	b_{n2}	...	1

注：如 $b_{1n}=B_1$ 因素/B_n 因素。

在判断矩阵中，$a_{ij}=\dfrac{B_i}{B_j}$，表示在以 A 为一个层级时，通过对比下一个层级的因素 B_i 与 B_j 的比值，判断 B_i、B_j 哪个更重要。在这个判断矩阵中，对角线的数字都为 1，表示每个元素与自身相比，重要性相同都为 1。一般采用 1~9 的数值及其倒数作为标度，如表 3-12 所示。

表 3-12 层次分析法两两比较的标度

标度	定义
1	i 因素与 j 因素相同重要
3	i 因素与 j 因素稍微重要
5	i 因素与 j 因素较为重要
7	i 因素与 j 因素非常重要
9	i 因素与 j 因素绝对重要
2、4、6、8	为两个判断之间的中间状态对应的标度值
倒数	若 i 因素与 j 因素比较，得到的判断值为 a_{ij}，则 $a_{ji}=1/a_{ij}$

③求解判断矩阵。

求出单一目标层下被比较元素的相对权重，进行层次单排序。

第一，将所得矩阵按行分别相加 $w_i = \sum\limits_{j=1}^{N} \dfrac{a_{ij}}{N}$，得到列向量如下所示：$\overline{w} = [w_1, w_2, \cdots, w_n]^T$，i=1, 2, 3, …, n。

第二，做归一化处理。

第三，一致性检验。由于进行技术创新、专利、标准协同转化过程经历三个阶段，每个阶段的影响因素较多，难以保证比较的前后一致性，并使不一致在一个允许的范围，需要进行一致性检验。

3.4.1.2 调查统计方案

本书以表3-8所示的技术创新、专利、标准协同转化评价指标体系为参照，设计《技术创新、专利、标准协同转化影响因素评价指标咨询表》（见附录2），邀请专家填写调查问卷，确定技术创新、专利、标准协同转化三个阶段的影响因素权重，找出各阶段的关键影响因素。

调查问卷的发放对象有来自部分省市质量技术监督局从事标准化服务的工作人员、部分省市知识产权局长期从事专利管理的工作人员，在中国标准化协会部分会员单位内长期从事专利或标准化管理的工作人员，部分省标准化研究院的研究学者，企业从事技术开发或标准化的工作人员，以及高校内从事标准化研究的专家、学者等，共计43人，回收问卷42人，去除专家判断矩阵不满足一致性检验的问卷5份，实际有效回收问卷37份，回收问卷率达到86.04%。

采用YAAHP软件（是一款层次分析法和模糊综合评价法辅助软件）对专家填写的权重咨询表的评分进行分析。在输入和汇总专家的评分记录后，既需要对专家的评分做群决策分析，也需要对每位专家的权重进行设计。因为参与本调研问卷的专家来自高校、政府机构、企业等，他们的知识结构不同，工作经验和工作内容也不同，引入专家权重分析，可减少专家因对技术创新、专利、标准协同转化过程的相关内容了解不一致所产生的评价误差。参考王硕等（2000）关于多位专家参与评价多项技术和指标的情况下，每个专家权重的取值计算方法，设计出表3-13所示的专家权重的打分标准。

计算专家的评价值 $X_i = a_i \times b_i \times c_i$，求得每位专家的权重 $\delta_i = \dfrac{X_i}{\sum\limits_{i=1}^{n} X_i}$，$\sum\limits_{i=1}^{n} \delta_i = 1$。

表3-13 专家权重的打分标准

评分 专家信息	10分	5分	3分	1分
职称 a_i	高级	副高级	中级	初级
从事专利和标准管理工作年限 b_i	10年以上	7~10年	4~6年	0~3年
对指标的熟悉程度 c_i	符合本专业，熟悉	相关专业，较熟悉	相关专业，不熟悉	不同专业，不熟悉

通过对满足一致性检验要求的37份回收问卷的分析计算，可得到技术创新

成果专利化阶段、专利标准化阶段、标准垄断化阶段相关影响因素的权重，进而根据权重的大小排序，找出各阶段的关键影响因素。

3.4.2 技术创新成果专利化的指标权重

为找出技术创新成果专利化阶段的关键影响因素，本书利用 YAAHP 软件进行群决策选项分析。首先，对 37 份有效问卷的专家权重 δ_i 进行计算取值，并把计算出的专家权重系数依次填入 YAAHP 软件群决策功能的"权重"选项位置；其次，把这 37 位专家做的调查问卷评价结果填入对应的判断矩阵；最后，对专家的数据进一步检查，无误后，采用加权算术平均的方法，计算出各个指标的权重（见表 3-14）。

表 3-14 技术创新成果专利化的指标权重

目标层	准则层指标	准则层对目标层的权重	要素层指标	要素层对准则层指标的权重	排序	要素层对目标层指标的权重	排序
技术创新成果专利化 A_0	技术 A1	0.4695	突破性（B1）	0.4000	1	0.1878	1
			新颖性（B2）	0.2000	2	0.0939	3
			创造性（B3）	0.2000	2	0.0939	3
			实用性（B4）	0.2000	2	0.0939	3
	市场 A2	0.0907	竞争者、替代者、模仿者的影响（B5）	0.6232	1	0.0665	8
			消费者预期（B6）	0.1373	3	0.0110	15
			客户价值的实现程度（B7）	0.2395	2	0.0217	13
	政府 A3	0.2642	政策引导（B8）	0.2733	2	0.0722	6
			市场引导（B9）	0.0786	4	0.0133	14
			知识产权战略（B10）	0.1448	3	0.0383	10
			对知识产权的保护力度（B11）	0.5033	1	0.1330	2
	企业 A4	0.1756	企业专利战略（B12）	0.2287	2	0.0402	9
			领导层的专利意识（B13）	0.4037	1	0.0709	7
			自主研发创新能力（B14）	0.1302	4	0.0229	12
			专利管理水平（B15）	0.0600	5	0.0105	16
			市场机会识别能力（B16）	0.1773	3	0.0311	11

第一，从准则层对目标层的权重进行分析，技术要素层的权重显著较高，企业要素层次之，政府要素层的权重排第三，市场要素层的权重较小，说明创新成果专利化阶段主要还是取决于技术自身，特别是具有行业突破性、创造性的技术更容易转化为专利。创新成果转化为专利，离不开政府的有序领导，需要政府构建良好的知识产权保护环境，维护专利技术持有者的权益，才会吸引更多的创新技术积极转化为专利。企业是创新成果专利化的主体，企业积极参与创新成果专利化活动，也会对创新成果专利化产生重要影响。

第二，从技术要素层对准则层的权重进行分析，技术突破性的权重显著较高，说明原始创新或突破性创新的技术成果更容易转化为专利。技术新颖性、技术创造性和技术实用性三个指标的权重一样，这是因为《中华人民共和国专利法》明确规定授予专利的技术应该同时符合的技术条件，且专利包括发明专利、实用新型专利、外观设计专利，因此，企业开展技术创新成果专利化活动要注重对技术新颖性、创造性和实用性的事先审查，提供技术创新成果转化为专利的成功率。

第三，从市场要素层对准则层的权重进行分析，权重较高的关键影响因素是竞争者、替代者和模仿者的影响，这主要是因为市场上存在其他技术竞争者，创新研发了同样功能的技术或者替代性技术，使技术持有者的技术不能保持领先，或者市场上存在众多模仿者，使技术持有者不能保持技术秘密，技术持有者为了保持市场竞争优势，维护自身权益，将技术申请转化为专利。消费者预期排第二，说明消费者渴望获取相关的创新成果，为获得更多专利许可费，相关创新成果持有人就更有意愿将该创新成果转化为专利。客户价值的实现程度排第三，说明该创新成果能满足消费者的相关需求，但不是创新成果转化为专利的主要动力。

第四，从政府要素层对准则层的权重进行分析，知识产权保护力度的权重较高，这是由于专利是知识产权保护的重要内容，只有加强并实现知识产权保护，构建尊重知识产权、维护知识产权所有人权益的法制环境，更容易推进技术创新成果转化为专利。国家出台相关的知识产权政策，重视政策引导，从资金、技术等方面进行扶持，也会吸引更多的企业将知识产权转化为专利。国家知识产权战略排第三，说明国家重视知识产权，制定知识产权战略，维护并巩固知识产权成果，有益于促进创新成果转化为专利。政府的市场引导排第四，说明政府在市场上促进创新成果专利化有一定的作用，但不是主要原因。

第五，从企业要素层对准则层的权重进行分析，权重较大的指标是领导层的专利意识，说明决策层重视创新成果转化为专利，开展企业管理时，就会有意识地开展创新成果专利化活动。企业制定长远的适合实际的专利战略，将会有更多的创新成果转化为专利。企业对市场上已有技术产品的技术识别评估，也会根据已有产品的特点，有选择地进行专利化活动，提高创新成果转化为专利的成功率。自主研发创新能力排名第四，没有一定的创新成果作为技术基础，犹如无米之炊，但创新成果是否能转化为专利，是多方面评估的结果，部分创新成果基于市场原因，可能成为技术秘密，被隐藏了。所以，自主研发创新能力在创新成果专利化这个环节有一定作用，但不是主要作用。同样，企业有较高的专利管理水平，能够促进企业稳定、有序地开展工作，但创新成果专利化并不是最主要的原因。

3.4.3 专利标准化的指标权重

为找出专利标准化阶段的关键影响因素，本书利用 YAAHP 软件进行群决策选项分析。首先，对 37 份有效问卷的专家权重 δ_i 进行计算取值，并把计算出的专家权重系数依次填入 YAAHP 软件群决策功能的"权重"选项位置；其次，把这 37 位专家做的调查问卷评价结果填入对应的判断矩阵；最后，对专家数据进一步检查，无误后，采用加权算术平均的方法，计算出各个指标的权重（见表 3-15）。

表 3-15 专利标准化的指标权重

目标层	准则层指标	准则层对目标层的权重	要素层指标	要素层对准则层指标的权重	排序	要素层对目标层指标的权重	排序
专利标准化 C_0	技术 C1	0.1397	兼容性（D1）	0.1244	2	0.0174	14
			突破性（D2）	0.0753	3	0.0105	16
			必要专利（D3）	0.8004	1	0.1118	3
	市场 C2	0.2748	消费者预期（D4）	0.1638	3	0.0450	9
			市场安装基数（D5）	0.5390	1	0.1481	2
			客户价值的实现程度（D6）	0.2973	2	0.0817	5

续表

目标层	准则层指标	准则层对目标层的权重	要素层指标	要素层对准则层指标的权重	排序	要素层对目标层指标的权重	排序
专利标准化 C_0	政府 C3	0.3873	知识产权保护力度（D7）	0.4690	1	0.1817	1
			标准战略（D8）	0.1484	3	0.0475	8
			标准化导向能力（D9）	0.2786	2	0.1079	4
			公共服务和管理水平（D10）	0.1040	4	0.0383	11
	企业 C4	0.1981	企业标准战略（D11）	0.1048	5	0.0208	13
			专利和标准管理水平（D12）	0.1235	4	0.0245	12
			现代化管理水平（D13）	0.0631	6	0.0125	15
			技术市场推广能力（D14）	0.2429	2	0.0481	7
			市场领导力（D15）	0.2117	3	0.0409	10
			知识产权的防御强度（D16）	0.2541	1	0.0634	6

第一，从准则层对目标层的权重进行分析，政府的权重最高，说明当前我国开展专利标准化活动主要由政府主导。市场的地位较第一阶段得到显著提升，说明在专利标准化阶段，选择什么样的专利进入标准，与专利技术的市场化程度和市场化作用相关性大。在专利标准化过程中，企业作为重要主体，其是否积极参与，对推进自有专利进入标准有重要的推进作用。技术权重排在最后，与上个阶段相比，权重明显下降，说明在一个标准体系中，选择什么样的技术进入标准，一定是多方权衡的结果，不仅是技术本身的原因，技术的重要作用弱化，但技术创新成果本身的潜质仍然十分重要。

第二，从技术要素层对准则层的权重进行分析，技术层面的关键影响因素发生了显著变化，包括必要专利、技术兼容性和突破性。由于标准是公共品，标准中引入的专利一定是必要专利，也就是形成该项标准绕不过的专利技术，因此，专利标准化选择的专利必须是必要专利。兼容性比突破性更加显著，这说明原始创新或突破性技术是保持专利技术长青的根源，专利技术具备一定的兼容性更适合推广和扩散。

第三，从市场要素层对准则层的权重进行分析，市场安装基数的权重显著高于其他指标，说明含有专利的产品是否能够被市场广泛接受，是决定专利标准化能否成功的重要分水岭。此外，客户价值的实现程度和消费者预期两个指标说明他们对维护市场安装基数有重要作用。

第四，从政府要素层对准则层的权重进行分析，政府的知识产权保护力度最大，说明政府维护专利技术的权益，营造公平、公正的维护知识产权所有者权益的法律环境，对推动专利标准化活动的重要性。标准化导向能力其次，说明政府引导标准的制定，能有效推动技术成为标准。政府制定相关标准战略，从国家层面长远规划标准活动顺利开展，有利于吸引更多的主体参与专利标准化活动。

第五，从企业要素层对准则层的权重进行分析，企业知识产权防御程度的权重排第一，说明企业是否构建灵活的专利策略，专利布局及维护自身专利技术的权益能力的知识产权防御体系，对企业参与专利标准化活动有重要作用。企业技术推广能力、企业的市场领导力分别排第二、第三位，说明企业在市场有较强的影响力，能够较好推动专利技术标准化。制定适合企业发展的标准战略、较高的专利和标准管理水平，也会推进企业专利进入相关标准。但针对专利标准化这个活动而言，现代化的管理水平固然重要，但不是主要因素。

3.4.4 标准垄断化的指标权重

为找出标准垄断化阶段的关键影响因素，本书利用YAAHP软件进行群决策选项分析。首先，对37份有效问卷的专家权重δ_i进行计算取值，并把计算出的专家权重系数依次填入YAAHP软件群决策功能的"权重"选项位置；其次，把这37位专家做的调查问卷评价结果填入对应的判断矩阵；最后，对专家的数据进一步检查，无误后，采用加权算术平均的方法，计算出各个指标的权重（见表3-16）。

表3-16 标准垄断化的指标权重

目标层	准则层指标	准则层对目标层的权重	要素层指标	要素层对准则层指标的权重	排序	要素层对目标层指标的权重	排序
标准垄断化 E_0	技术 E1	0.1257	必要专利（F1）	0.4768	1	0.0639	7
			兼容性（F2）	0.2262	2	0.0284	12
			突破性（F3）	0.1076	4	0.0135	16
			代继性（F4）	0.1895	3	0.0238	14

续表

目标层	准则层		要素层				
	准则层指标	准则层对目标层的权重	要素层指标	要素层对准则层指标的权重	排序	要素层对目标层指标的权重	排序
标准垄断化 E_0	市场 E2	0.1906	消费者预期（F5）	0.1040	4	0.0198	15
			市场安装基数（F6）	0.4690	1	0.0894	4
			网络效应（F7）	0.2786	2	0.0511	8
			客户价值的实现程度（F8）	0.1484	3	0.0283	13
	政府 E3	0.3838	标准战略（F9）	0.1895	3	0.0707	6
			对知识产权的保护力度（F10）	0.4768	1	0.1830	1
			标准化导向能力（F11）	0.2262	2	0.0868	5
			公共服务和管理水平（F12）	0.1076	4	0.0413	10
	企业 E4	0.2999	企业标准战略（F13）	0.1501	3	0.0450	9
			知识产权防御强度（F14）	0.4351	1	0.1305	2
			市场领导力（F15）	0.3092	2	0.0927	3
			技术联盟（F16）	0.1056	4	0.0317	11

第一，从准则层对目标层的权重进行分析，政府的权重较大，说明基于当前我国国情，要实现标准垄断化，需要政府加强对知识产权的法制建设，提升标准化导向能力；企业的权重次之，说明实现标准垄断化，企业是重要的主体；市场的权重有所掉落，但变化不大，表明此阶段市场化程度依然重要，但影响程度有所下降；技术的权重排序为四，与前阶段相比作用持续弱化，技术的重要作用渐渐淡出。

第二，从技术要素层对准则层的权重进行分析，在这个阶段，要实现标准垄断，专利技术必然是必要专利，标准必要专利由于在标准体系内是绕不过的专利技术，使用该标准体系的技术企业，不得不支付巨额专利许可费，必要专利持有人就可以获得高额收益。技术要素层指标的兼容性较高，说明企业掌握兼容性较强的技术，可以适应不同的应用场景，在激烈的市场竞争中，更容易占据竞争优势，更容易形成垄断，而技术代继性能够促进标准内部形成同族专利。在这一阶段，技术的突破性反而处于最后的排序位置，说明实现标准垄断，更注重的是该专利技术的市场推广和应用。

第三，从市场要素层对准则层的权重进行分析，市场安装基数、网络效应的排序较高，说明这个阶段市场关注的重点是维护已有的市场安装基数，并不断扩大新的市场，通过开拓市场占有率，获得标准垄断。客户价值的实现程度和消费者预期排其次，说明这些是维护标准体系应用和推广的重要手段，但不是主要原因。

第四，从政府要素层对准则层的权重进行分析，政府工作的重点仍然是加强对知识产权的保护力度，维护公平、公正的法制环境，维护知识产权所有人的权益，才可以维护涉及专利的标准的推广。政府加强标准化导向能力，制定标准战略，有助于引导标准在更大的范围适用，获得更好的推广。

第五，从企业要素层对准则层的权重进行分析，排序第一的指标是知识产权防御程度，说明在标准垄断阶段，企业更应该注重运用知识产权防御体系保护并扩张产品的市场范围。企业在市场有较强的领导力排序第二，说明企业掌握行业话语权，可以巩固企业专利在标准范围内获得更大的推广和应用。排第三的是企业标准战略，企业可行的标准战略对开展标准垄断活动有一定的指导作用。排在最后是技术联盟，企业加入各类的技术联盟，如专利联盟、标准联盟，有利于企业专利技术在相关联盟的应用。

3.5 关键影响因素的确定

从以上分析得知，技术创新成果专利化、专利标准化、标准垄断化三阶段的关键影响要素是呈现动态变化的过程。在不同的阶段，技术、市场、政府、企业及其子因素对技术创新成果、专利、标准协同转化的影响程度是各不相同的。由于在技术创新成果、专利、标准协同转化的三个阶段中，每个阶段都有16个要素（子因素）层指标，要素层对目标层指标权重的总和为1；而要素层对目标层指标权重的平均值为0.0625。为此，我们以要素层对目标层指标权重大于0.0625的作为确定关键影响因素的标准，由此根据表3-14、表3-15、表3-16中各要素层对目标层指标权重的大小，最终得到如表3-17所示的"三阶段、四层面"技术创新、专利、标准协同转化的关键影响因素。

表 3-17 技术创新、专利、标准协同转化的关键影响因素

准则层指标	技术创新成果专利化	专利标准化	标准垄断化
技术	突破性 新颖性 创造性 实用性	必要专利	必要专利
市场	竞争者、替代者、 模仿者的影响	市场安装基数 客户价值的实现程度	市场安装基数
政府	对知识产权的保护力度 政策引导	对知识产权的保护力度 标准化导向能力	对知识产权的保护力度 标准化导向能力 标准战略
企业	领导层的专利意识	知识产权的防御强度	知识产权的防御强度 市场领导力

3.5.1 技术层面的影响因素

在技术创新成果专利化阶段，技术层面的关键影响因素是技术的新颖性、创造性和实用性。

在专利标准化与标准垄断化阶段，技术层面的重要指标都是必要专利。我国政府在制定标准时规定专利若进入法定标准，则强调该技术是行业发展所需的必要的专利技术，因此，在专利标准化阶段，进入标准的专利一般都是行业的基础必要专利，国外跨国巨头往往通过掌握原创必要专利技术进入标准，控制行业发展，形成标准垄断，进而获取较大收益。这也给我国企业相关启示，在技术创新时，要注重对基础必要技术的研发，并及时把基础必要技术转化为专利，积极使其进入相关标准，从而在标准竞争中获取竞争优势。

3.5.2 市场层面的影响因素

在技术创新成果专利化阶段，其关键评价指标是竞争者、替代者和模仿者的影响，这主要是因为市场上存在其他技术竞争者创新研发了同样功能的技术或者替代性技术，使技术持有者的技术不能保持领先，或者市场上存在众多模仿者，使技术持有者不能保持技术秘密，技术持有者为了保持市场竞争优势，维护自身权益，需要将技术申请转化为专利。

专利标准化与标准垄断化阶段有着共同的关键评价指标——市场安装基数（含潜在）。说明以专利技术创新研发的产品被市场广泛接受并达到一定的安

装基数是实现标准化的核心，也是维护标准垄断的关键。如果市场上没有能被消费者所接受的、以该专利技术为核心的产品存在，那么技术创新、专利、标准的协同转化将不可能实现。因此，市场安装基数（含潜在）是最为核心的关键影响因素。为提高市场安装基数，提高消费者预期是较好的办法，通过提高客户价值的实现程度，能够锁定已有的市场安装基数，并进一步吸引更多的用户加入，从而扩大市场安装基数。

3.5.3 政府层面的影响因素

技术创新成果专利化、专利标准化、标准垄断化三个阶段对应的关键指标都强调对知识产权的保护力度，即政府为技术创新、专利、标准协同转化构建良好的法制体系和法制环境，以及加强对知识产权的保护力度，能够促进技术创新、专利、标准协同转化的顺利、有序进行。

当前，我国标准化能力总体比较薄弱，在国际标准竞争中并不具备特别大的优势，在专利标准化阶段和标准垄断阶段，政府加强标准战略制定，提升标准化导向能力，可引导我国具有较好标准化基础的企业开展相关活动，从而在标准竞争中获得竞争力。

3.5.4 企业层面的影响因素

在技术创新成果专利化阶段，企业的关键影响因素是领导层的专利意识，说明企业领导层如果有较强的专利意识，就能积极推动创新技术转化为专利，加强企业领导层知识产权再教育也是推进我国当前专利技术发展的当务之急。

专利标准化和标准垄断化的共同影响因素是企业知识产权的防御程度。这表明企业需要构建起自己的知识产权防御体系，以维护企业专利技术在相关标准体系下的应用与推广，保护企业的合法权益。为此，企业可采取灵活的专利标准策略，专利交叉许可和专利联营，不披露相关专利权信息，签订不竞争条款、回授条款、不质疑条款等方式，以提升企业知识产权的防御程度。

市场领导力是企业在标准垄断化阶段的另一个关键影响因素。这意味着企业只有在成为行业龙头企业，占据行业市场领导地位时，才能确保拥有行业标准话语权，进而推动企业所掌握的标准升级为市场标准，实现标准垄断化的市场目标。

第4章

技术创新、专利、标准协同转化的核心问题分析

"产品未动、标准先行"已经演变成为市场竞争中的通用游戏规则。当前越来越多的大型企业、跨国企业为了最大限度地攫取剩余价值,纷纷推行"技术专利化、专利标准化、标准垄断化"的标准化战略,积极研发创新,将创新成果申请专利,并推动专利技术上升成为行业标准、国家标准,甚至国际标准,以进一步加快技术扩散速度,扩大专利技术的许可授权范围与规模,获得垄断利润。与发达国家和地区在专利技术标准竞争中的强势地位相比,我国在技术标准方面的竞争力较为薄弱,缺乏主动权与话语权。为此,根据"创新成果专利化→专利标准化→标准垄断化"的转化进程,从创新成果纳入专利、标准中引入专利、标准与专利结合、标准中技术要素与专利关系等方面,探讨在三者的转化进程中将会遇到哪些关键性的技术、市场、管理、政策、法律等问题,将有助于促进我国技术创新、专利、标准协同转化的顺利实现。

4.1 技术创新成果专利化的核心问题分析

随着全球知识经济的发展,知识产权已经成为国家和企业进行战略性布局的重要资源,也是提升核心竞争力的关键要素。越来越多的企业积极部署知识产权战略,致力于提升市场竞争力。专利作为知识产权的重要组成部分,已经成为经济和科技领域的"兵家必争之地",任何国家和企业都致力于抢夺专利竞争的制高点,构筑专利壁垒,攫取巨额利润。

我国专利申请和授权的数量稳步提升,根据国家知识产权局发布的数据显

示，2018年我国发明专利的申请数量为154.2万件，其中，获得授权发明的专利有43.2万件。

企业的自主研发对专利的创新具有关键作用，专利的长度、宽度和新颖度等方面对推动自主研发投资有着重大影响。在设定专利申请质量测度指标时，不仅要充分考量申请技术的技术特性和经济价值，还要考虑技术交易引进、经济发展水平、经费及人员投入、国家投资等方面的因素。朱雪忠（2009）认为我国专利市场存在诸多问题，如市场化水平低、对于专利的申请缺乏有效的约束机制、市场机制不完善、专利审查的技术范围较窄、创造性高度较低等。政府的扶持对专利的创新起着正向的调节作用，专利激励政策可以显著提高专利申请和授权数量。此外，专利法案的出台有利于缩短专利申请周期，并且可以获得法律保护。由此可见，在创新成果专利化的进程中，技术是前提，市场是动力，管理是关键，政策是支撑，法律是保障。

本书基于原始创新、引进再创新和集成创新这三种创新类型，从技术、市场、管理、政策和法律五大方面对不同创新行为下创新成果专利化的问题进行分析。然而，每种类型面对的问题各有不同，创新成果所有者不是对这些问题进行处理，而是分主次、有顺序地解决问题。本书在对三种创新成果问题进行分析的基础上形成指标体系，通过问卷收集相关数据，运用层次分析法对指标进行权重测算，找出每种创新成果专利化过程中的关键问题。

4.1.1 创新类型及其成果专利化类型

加强自主创新，从本质上来说就是加强原始创新、集成创新和引进再创新。在三种不同类型的创新行为下产生不同的创新成果，基于不同的创新成果可以形成不同类型的专利。

对原始创新而言，前所未有的重大发现、发明的出现，出于对成果的保护，每一项原始创新成果专利化构成了最初的基础专利、核心专利。这种创新行为需要具有较强的核心研发能力和资金支持，一般发达国家和地区居多。

对引进再创新而言，随着新技术的出现，一些核心研发能力不足的企业通过直接或间接引进的方式获得基础专利或核心专利，经过学习、吸收和再创新，改进现有技术，从而形成众多交叉性、从属性和互补性的创新成果，基于这些创新成果，企业可以围绕基础专利和核心专利申请大量的互补专利和周边专利，并构成以某一基础专利或核心专利为"根"的"专利簇"。

对集成创新而言，随着某一项技术及其周边延伸互补技术的不断改进、优化和成熟，一些企业对现有的技术进行整合、重组、搭配产生新的创新成果，并将其专利化。此时，不同技术类型的基础专利、核心专利与周边专利、互补专利组合、集成构筑一张专利网，而专利网中的各项专利技术要求构成了一项创新产品的技术要素。在引进再创新和集成创新两个阶段的专利类型主要是实用新型专利和外观设计专利。

从创新类型的角度来看，不同的创新行为会产生不同的创新成果，基于不同的创新成果，会产生不同类型的专利；从创新成果专利化核心问题要素的角度而言，在推进创新成果专利化进程中，会面临来自技术、市场、管理、政策和法律五大层面的核心问题要素。因此，本书尝试从技术、市场、管理、政策和法律五大层面分析基于不同创新类型下形成的不同创新成果在专利化进程中需要关注的不同的核心问题，如图4-1所示。

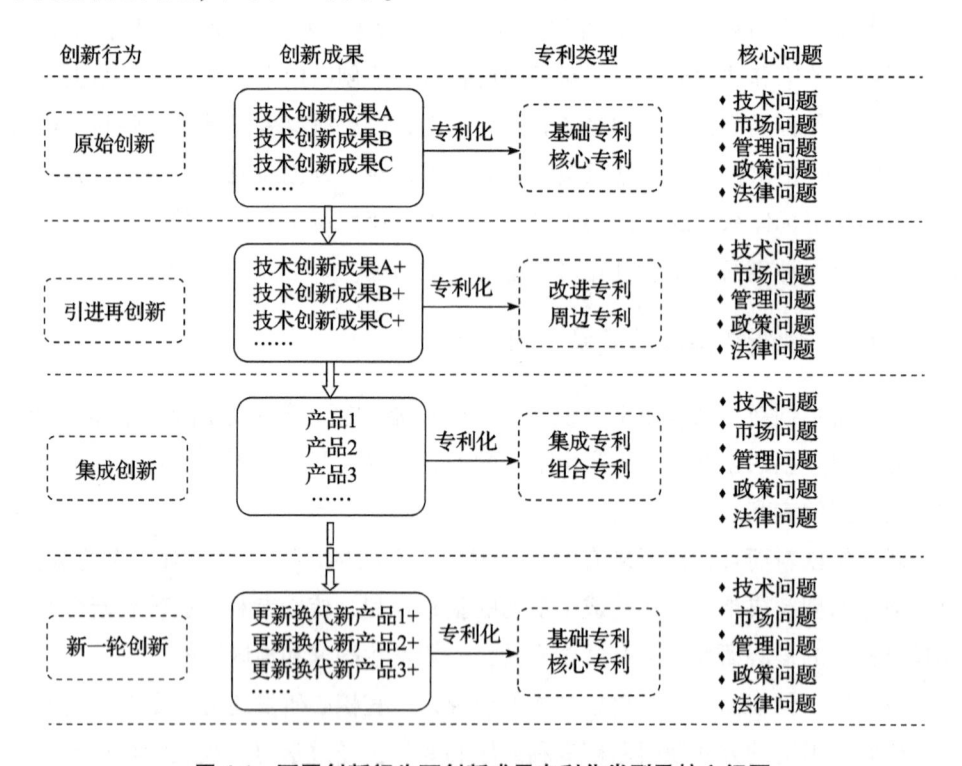

图4-1 不同创新行为下创新成果专利化类型及核心问题

在图4-1中，值得注意的是，无论是原始创新成果成为基础专利或核心专利，引进再创新成果成为改进专利、周边互补专利，还是集成创新成果集成专利、组合专利，在转化的过程中都会遇到来自技术、市场、管理、政策、法律等方面的核心问题。同时，伴随着创新产品的不断更新换代，某一项突破性甚至破坏性的技术创新成果再次出现，围绕其互补技术、周边技术产生，技术通过选择、配置、优化形成新的组合技术、集成技术。有关这些技术创新成果的专利化行为又开始新一轮的循环，专利化过程中需要关注的核心问题依然存在。

4.1.2 基于原始创新成果专利化的核心问题

原始创新的最终成果一般都是发明专利，大多属于基础专利、核心专利。其在专利化进程中，与其他类型创新成果所需要关注的核心问题不同。

4.1.2.1 技术层面

原始创新成果申请专利必须符合《中华人民共和国专利法》对技术特性的要求、对申请原则的规定和对保护时间的限制。具体而言，原始创新成果专利化在技术层面的核心问题表现在以下三个方面。

（1）技术要素。

是否同时具备新颖性、创造性、实用性三大要素是专利化的必要条件。原始创新成果是前所未有的重大科学发现、技术发明、原理性主导技术等，所以，其在新颖性方面有较强优势。要实现专利化，有必要在创造性和实用性等方面予以加强。如果创新成果容易被反向技术破解，需防止被破解使用甚至被抢先注册专利。

（2）技术竞争情况。

是否实时把握竞争对手的研发进度、技术构成等是专利化的重要内容。原始创新是通过偶然发现形成新认识，构思产生新的知识，尝试新的用途，需要对新认识进行不断研发和试错，所以原始创新的速度一般比较慢。考虑到专利权赋予所有者独占实施权，为抢夺"创新优势"，从事原始创新的企业都希望率先获得专利，此时便会出现"专利竞赛"。只有企业的研发创新速度快于其他竞争对手，最先获得创新成果，才有机会申请专利，凭借"独占实施权"实现"赢者通吃"。

（3）技术生命周期。

是否综合权衡创新成果市场生命周期、法定生命周期与专利审批周期三者的关系是专利化的关键部分。原始创新研发难度大，周期长。以原始创新的发明专利为例，从提交申请到得到授权一般需要3至5年的时间，甚至更长。如果原始创新成果的生命周期小于或者等于授权审批时间，那么即使专利申请成功但创新成果已经过时淘汰。

4.1.2.2 市场层面

为了规避市场上存在的"敲竹杠""搭便车"等行为，原始创新成果有必要选择适当的市场范围，同时积极做好专利战略部署。具体而言，原始创新成果专利化在市场层面的核心问题表现在以下两个方面。

(1) 核心专利与周边专利的关系处理。

是否处理好与周边专利、互补专利等的关系是专利化的难点所在。尽管原始创新成果可以申请成为有价值的基础专利、核心专利，但可能面临被外围专利"孤立"的尴尬局面，即当一个企业申请某项基础核心专利后，其他企业有意在该专利周围构筑一圈小规模的改进专利，使该专利无法顺利进入市场。例如，美国率先推出了一款创新型的自行车，当其打算进军日本市场时，却发现日本的企业已经在色彩搭配、外观设计等方面申请了改进专利。为了在日本市场顺利实施其核心基础专利，美国不得不向这些改进专利支付许可费用。因此，为了避免原始创新成果形成的专利因被外围专利"架空"无法进入市场，有必要对基础专利进行不断扩展，构筑"专利藩篱"。

(2) 地域市场选择问题。

是否充分做好技术预测、市场预测是专利化的要点所在。原始创新成果带来的是全新的技术，可以选择在适当多的国家和地区申请专利保护，以便在未来创新成果被推广得以认可时，获得更多的市场份额。但考虑到原始创新成果是市场从未有过的，在最初阶段产品特征不明朗，不确定性较大，没有可参考的历史数据，市场发展前景难以预测，市场需求情况难以把握。因此，在选择受保护地域范围时，要平衡好预期收益与投放成本之间的关系。

4.1.2.3 管理层面

(1) 专利信息管理。

是否积极搜寻当前技术领域的最新研发信息，并对信息进行有效的整合与梳理，了解主要竞争对手的研发实力及该技术区域的分布情况是专利化的重要环节。通过专利地图识别当前技术发展路径与趋势，寻找技术研发的空白领域，以避免重复研发。利用专利情报信息了解竞争企业的专利申请和授权情况，掌握竞争企业的专利布局和专利战略，为企业研发创新和申请专利提供信息指导。

(2) 专利成本管理。

是否进行有效的成本核算是专利化的重要部分。原始创新与其他类型的创新相比，研发成本更高。而在专利申请时，考虑到原始创新成果的高价值，会尽可能寻求专利保护，产生较高的专利申请和保护成本。原始创新产生的基础专利、核心专利适用领域广，存在较大的被侵权风险，所以司法成本也比较高。因此，在对原始创新成果进行研发和专利化的成本管理时，要关注实现专利收益与投入成本的均衡。

（3）知识产权管理机构设置。

是否建立健全的知识产权机构是专利化的重要内容。完善的知识产权管理机构可以对原始创新成果进行科学的管理运营，部署合理的专利申请策略。如果原始创新成果是在联盟合作下完成，在设置知识产权机构时，需要明确管理机构归谁管理，例如，是选举某个联盟成员进行集中管理，还是委托第三方管理机构进行统一管理，抑或是采取某种新的管理模式进行管理，管理机构的职责有哪些，管理的方式又是什么。此外，管理机构设定的专利许可收益分配机制是什么，是按照研发贡献程度分配，还是按照成果创造的价值分配。

4.1.2.4 政策层面

政策在鼓励企业创新和专利化方面必不可少，原始创新成果专利化离不开政策的支持与鼓励。具体而言，原始创新成果专利化在政策层面的核心问题表现在以下两个方面。

（1）本国专利政策。

是否积极鼓励企业在关系国民经济、社会发展和国防安全的重要领域进行原始创新，其政策力度是专利化的保障。例如，政府是否对关键领域的原始创新给予税收、信贷、财政折旧方法等方面的优惠。考虑到中介服务机构在专利市场中的重要性愈发凸显，政府政策是否积极跟进，简政放权，充分实现中介机构在技术评估、专利代理、法律咨询、价值核算等各方面的作用。

（2）他国专利政策。

是否充分掌握各国不同的专利政策制度及其专利保护力度是国际专利化的关键。申请国在与专利相关的交易成本、外部性、排他性和激励措施等，是原始创新企业衡量是否拓展国际市场的重要因素。世界上专利申请的原则有两个：一个是先发明原则，一个是先申请原则。目前包括我国在内的绝大多数国家都实行先申请原则。对于原始创新而言，无论是占领本国市场还是拓展海外市场，抢先注册专利尤为重要，因此，把握专利申请原则，掌握专利政策在专利保护长度、宽度、高度等方面的规定，了解海关知识产权保护政策、知识产权海外诉讼风险基金政策等十分必要。

4.1.2.5 法律层面

法律赋予专利所有者独占的排他性的权利，这也是创新成果专利化的根本驱动力。具体而言，原始创新成果专利化在法律层面的核心问题表现在三个方面。

（1）专利权的法律保护程度。

本国的专利保护法律法规是否能够保障原始创新成果在专利化后不被轻易地窃取、模仿和克隆是专利化的重点。因为原始创新成果所产生的基础创新应用较广，其专利权涉及范围较大，对经济增长影响较强，使得其基础专利更容易遭遇侵权，进而导致原始创新行为受挫，或者即使研发出成果，企业也更愿意通过自身能力以"技术秘密"的形式加以保护，而不愿申请专利公开技术。但同时也要注意，不能一味地强化专利制度，因为过于严厉的专利制度反而不利于创新和经济增长。

（2）专利权的归属。

是否清晰界定原始创新成果及其专利权的归属是专利化的难点。原始创新成果由谁支配，由谁申请专利。如果是在联盟协同合作下产生的原始创新成果，专利权是归整个联盟集体所有，还是归某一个联盟成员所有，抑或是归某一个个体所有。

（3）知识产权诉讼纠纷。

是否有效处理知识产权纠纷、保障合法权益是专利化的要点。原始创新成果带来的是重大发明，形成的是基础专利、核心专利，在研发阶段可能投入更多的成本，研发周期也较长。从研发到专利化过程中，考虑到基础技术、核心技术的应用范围比其他技术更广，价值也更高，如果保密工作不到位，更容易发生泄露、被窃取的风险，原始创新企业不得不为主张其技术所有权而展开维权谈判。在此种创新行为中，原始创新企业更多是扮演被侵权者的角色。而在吸收再创新和集成创新行为中，企业更多的是作为侵权者而被起诉。

4.1.3 基于引进再创新成果专利化的核心问题

引进再创新的成果一般都是申报外观设计专利和实用新型专利，它们大多属于改进专利和周边互补专利。因此，其在专利化进程中所需要关注的核心问题不同于原始创新成果专利化的。

4.1.3.1 技术层面

在引进再创新成果专利化进程中，同样需要满足《中华人民共和国专利法》对技术特性、申请原则和保护期限等方面的规定。引进再创新成果专利化在技术要素、技术竞争情况、技术生命周期等方面的核心问题有其独特的要求。

（1）技术要素。

创新成果是否具备三大技术要素是专利化的首要问题。引进再创新是在原有技术上进行改进，在创造性和实用性方面具有一定的优势，因此需在新颖性方面做补充。此外，为了避免侵权，引进再创新成果申请专利，要注意其专利描述要区别于引进专利说明书中注明的所要求保护的必要的技术性能、特征。

（2）技术竞争情况。

是否充分把握引进技术的相关信息，处理好与引进技术之间的关系是成果专利化的重要部分。引进再创新是对引进的原始创新技术的原理、结构、数据等方面进行更加深入的分析，研发出新技术、新工艺、新产品。无论是引进专利还是专有技术，相较于原有的技术，创新成果在结构、工艺和配置上都有较大的改进，性能也有较显著的提升。因此极有可能对原有引进技术形成替代，由此引发引进技术与改进技术之间的竞争，影响专利化进程。此外，还有必要区分创新行为和模仿行为，通过简单模仿产生的技术不具有新颖性，无法申请专利。

（3）技术生命周期。

是否全面衡量创新成果研发周期、专利审批周期、实际市场生命周期、法定生命周期和引进技术生命周期之间的关系是专利化的重点内容。对于引进再创新来说，除了关注自身的研发周期、专利申请周期、专利市场生命周期和法定生命周期，还需关注引进技术生命周期。如果引进技术已经处在衰落期，而新的技术路径已经开始萌芽，盲目引进衰落期技术，即使对其改造、优化升级也无法逆转技术路径的跨越式发展，从而导致创新成果迅速被淘汰成为无效专利。

4.1.3.2 市场层面

为了规避市场上存在的逆向选择风险和道德风险，在引进再创新成果专利化进程中，既需要处理好核心专利与周边专利的关系，又需要做好地域市场的选择问题。

（1）核心专利与周边专利的关系处理——是否处理好与核心专利、基础专利等的关系是专利化的核心所在。

引进再创新是在第一代核心技术上的二代创新，第二代创新成果申请专利是基于第一代核心技术的改进专利，若二代创新成果对一代核心技术在某一市场上造成竞争威胁，出于保护自身市场的目的，核心技术中的专利或者专有技术所有者可能不再愿意向其许可授权，导致基础技术缺失，创新成果无法在市场实施，也无法申请专利。

（2）地域市场选择问题——是否充分做好生产能力和市场需求预测。

考虑到引进再创新成果是在引进已有的技术之上进行改良，为了减少与引进技术所有者之间的知识产权纠纷，在决定创新成果受哪国或者哪一区域的地域保护时，应充分掌握与引进技术相关的专利信息，如引进技术的专利申请地域，以及专利说明书所描述的技术领域、背景技术、发明内容、附图说明、具体实施方法等内容。创新成果在申请专利时，技术内容要区别于原有专利内容，具有新颖性和创造性，以避免申请专利时遭遇专利侵权壁垒。

4.1.3.3 管理层面

有效管理是实施创新成果专利化的永恒主题，对引进再创新成果专利化同样适用。因此，专利信息管理、专利成本管理和知识产权管理机构设置等都是引进再创新成果专利化进程中绕不开的核心管理问题。

（1）专利信息管理——是否把握技术发展情况、引进技术信息，对当前技术环境做出准确的判断是专利化的关键环节。

通过专利地图可以得知所需引进的技术是否是专利技术，是否与其他技术捆绑，是否已被纳入标准，以及专利技术的保护地域和保护期限等信息，从而有效地识别出必要专利，剔除捆绑的垃圾专利、无效专利，与必要专利权人签订许可合同，进而进行后续研发创新与专利化。

（2）专利成本管理——是否对成本进行有效的管理和优化是专利化的关键部分。

引进再创新是在第一代基础创新上进行的二代创新，因此，二代创新者研发成功后可能被一代基础创新专利锁定，需要支付高额的专利许可费。所以，引进再创新要做好成本管理，如果二代创新成果专利化后的收益低于所支付许可费用，再加上专利本身的维护成本和交易成本等，就没有必要进行二代创新，更没有必要申请专利。

（3）知识产权管理机构的设置——是否设置完善的知识产权管理机构进行权责划分和冲突处理等是专利化的关键内容。

引进再创新与原始创新类似，在设置知识产权管理机构时，需要明确机构的构成、职责、利益分配。引进再创新是第二代创新，在利益分配时，需考虑二代创新成果是否要与引进的第一代创新技术所有者分享，分享机制如何等。

4.1.3.4 政策层面

引进再创新成果专利化离不开本国政策的大力支持，国际化的创新成果更离不开他国良好的政策环境。因此，其在专利化进程中所面临的核心政策问题主要是本国专利政策与他国专利政策。

（1）本国专利政策——是否鼓励企业引进国外先进的技术，完善对企业专利化建设的指导和协调政策是专利化的保障。

例如，政府是否加大对重点领域技术和重大项目技术支持，避免企业陷入"引进→落后→再引进→再落后"的恶性循环中。在一些产业基础技术、共性技术方面，政府是否发挥行政作用，统一引进，并出台鼓励政策引导企业加强吸收消化再创新对实现创新成果专利化很重要。政府是否设立专门的创新科研机构，成立消化创新基金，组织产学研联合创新也值得关注。此外，政府是否充分发挥行业协会的作用，鼓励第三部门制定解决专利问题的公共政策等。

（2）他国专利政策——不同国家的专利政策存在差异，在引进国外先进技术时是否明确该国的各项专利政策，了解获得专利许可时是否附有其他补充条款是国际专利化的关键。

例如，必须获得"一揽子"专利许可，或者对在此技术上研发的新成果做出限制规定等。在申请专利时，企业是否结合国外专利政策和自身海外市场的发展战略，有的放矢地选择专利申请国家，对于避免因盲目申请而增加财务负担，并因不熟悉国外专利政策而陷入侵权纠纷至关重要。

4.1.3.5 法律层面

法律对引进再创新成果专利化具有"双刃剑"的作用。一方面，严厉的法律制度有利于保护专利成果，鼓励企业积极进行专利化。另一方面，过于严厉的法律制度可能导致创新企业频频遭遇专利壁垒，不利于在已有技术上进行再创新。引进再创新成果专利化面临的核心问题有以下几个。

（1）专利权的法律保护程度——专利是否受法律保护及保护的强弱是专利化的重点。

目前在全球范围内，技术后发国家的专利保护宽度通常低于技术发达国家，因此领先国家一直强烈要求技术落后国家提供高标准的专利保护。若落后国要引进先进技术，弥补本国的技术缺口，就必须加强专利保护力度。所以，引进再创新成果要实现专利化，需要关注引进国的专利法律制度是否能够吸引发达国家许可先进技术。

（2）专利权的归属——是否就创新成果的所有权和专利的归属权进行界定

和合理的分配是专利化的难点。

引进再创新成果归谁所有，由谁申请专利，以及经济利益处理。例如，在产学研联盟下，高校、科研院所、企业在技术转移中的责、权、利界线模糊不清，政府在创新成果专利化中的责任与权力也界定不明，导致创新技术所有权归属上存在众多分歧。

（3）知识产权谈判纠纷——是否有效处理侵权诉讼，降低经济损失是专利化的要点。

与原始创新相比，引进再创新成果专利化更容易引发知识产权纠纷，因为将引进再创新成果申请专利，意味着其技术内容的公开，但如果该引进技术是以技术秘密的形式许可给引进方，在引进方将改进技术申请专利时，可能会不可避免地存在将原有技术秘密的部分内容公开在专利说明书中的情况，由此损害技术秘密所有者的合法权利，导致侵权纠纷，阻碍改进技术的专利化。此外，即使引进技术的所有者以专利许可的形式将核心技术许可给引进方，在引进方申请新专利时，可能也会遭遇核心专利技术"敲竹杠"的行为，如增加许可费和附加条件等，产生道德风险。

4.1.4　基于集成创新成果专利化的核心问题

在集成创新成果下一般也会形成外观设计专利和实用新型专利，专利大多属于集成专利和组合专利，其在专利化进程中需要关注的核心问题如下。

4.1.4.1　技术层面

集成创新成果专利化在技术层面上的核心问题涉及以下内容。

（1）技术要素——是否同时满足三大技术要素是专利化的基本要求。

集成创新是对现有技术进行选择、重组和优化，以实现新的功能和作用，其在实用性方面和创造性方面具有优势，因此有必要在新颖性上加以强化。此外，集成创新需要对众多技术进行筛选、甄别，选择最合适的技术进行重新排列组合。在选择技术时，需要注意逆向选择风险，避免所选技术不符合要求，阻碍创新的实现。

（2）技术竞争情况——是否充分掌握现有先进技术信息，实时把握竞争对手信息等是专利化的难点部分。

集成创新基于已有技术之上，其研发并不需要"另起灶炉"，任何具有收集能力、组合能力和配置能力的企业都可以进行创新研发。而且随着科技的发展，专利真正的价值不存在于单个个体，而存在于由个体构成的组合，单项专利竞赛正在向组合专利竞赛演变，技术组合专利化竞争愈发激烈。

（3）技术生命周期——是否综合考量创新成果研发周期、生命周期和专利申请周期，以及集成技术生命周期之间的关系是专利化的重点内容。

集成创新成果是由众多具有相关技术特征又有显著差异的技术组成的系统集合。集成创新成果专利化要考虑组合集成中每一项专利在长度、宽度和高度三者之间的关系，缩短集成研发周期。在申请专利时，寻找最优的专利保护模式。适当的专利宽度，长期限、高新奇或短期限、低新奇的组合是最优专利保护模式。

4.1.4.2 市场层面

集成创新成果专利化在市场层面上的核心问题涉及以下内容。

（1）核心专利与周边专利的关系处理——是否处理好与核心专利、各集成专利等的关系是专利化的重要之处。

集成创新的技术来源呈现多样性，是一套面向产业化需求的涉及多种因素的系统性技术方案。要顺利实现集成创新并将其成果专利化，必须处理好来源技术中的公用技术、专利技术、专有技术、著作权保护的计算机软件等多种权利状态的技术的相互关系，做好核心技术与周边技术、改进技术的协同问题，避免出现为了争夺市场份额不合作反竞争的局面。

（2）地域市场选择问题——是否做好技术和市场预测，把握核心专利、各集成专利信息是专利化关键之处。

同前两种创新需要关注的问题类似，集成创新成果在选择地域市场时，要综合考虑申请和维护专利成本与专利预期收益之间的关系，选择合理的专利保护范围。掌握集成创新中的技术构成情况，了解涉及专利技术已申请的地域、已进入的市场。考虑到这些市场可能已经培养了消费需求，而集成创新成果的性能更优，因此更容易在这些市场上获得成功，据此集成创新成果可以选择在集成专利所在区域申请专利抢占市场，但是与引进再创新一样，集成创新成果的技术内容也要具备新颖性，以区别于原有的一系列专利。

4.1.4.3 管理层面

集成创新成果专利化在管理层面上的核心问题涉及以下内容。

（1）专利信息管理——是否搜寻、分析、整合与创新成果相关技术领域的专利信息和技术秘密信息是专利化的核心环节。

在研发阶段，分析集成领域的技术构成，通过专利地图查阅集成创新所需技术是否涉及专利,是否存在于专利池中,专利是否被纳入技术标准,以及专利的产品特性、工艺、规格等信息,从而有意识地绕开这些专利,寻找替代技术。如果不能绕开,则提前与专利权人达成许可协议,以减少后续的侵权纠纷。

(2) 专利成本管理——是否进行有效的成本核算管理和优化是专利化的核心部分。

集成创新成果专利化与原始创新、引进再创新一样面临研发费用、申请维护费用、交易费用和诉讼费用等,并且集成创新成果是对技术的组合优化,如果所需技术中包含多项专利技术、专有技术等,要实现其成果的专利化,可能需要支付更多的专利许可费和专有技术许可费等。

(3) 知识产权管理机构的设置——是否建立健全的知识产权机构对集成创新成果进行有效管理是专利化的核心内容。

集成创新需要对集成的相关技术进行协同与组合,因此有必要设置一个知识产权管理机构,对组合集成专利进行有效管理。由于涉及对多项技术的应用,那么集成创新成果如何获得多项技术的许可、许可费用如何,以及形成的组合集成专利的预期收益能否满足支付的许可费、专利申请费与维持费等。如果企业加入了专利联盟,联盟的运作模式也与创新成果专利化有关。

4.1.4.4 政策层面

集成创新成果专利化在政策层面上的核心问题涉及以下内容。

(1) 本国专利政策——是否设计最优专利制度对集成专利之间的长度、宽度和高度进行权衡是国际专利化的保障。

集成创新以已有技术为基石,虽然这种"站在巨人肩上"的集成创新容易获得成功,但是前人的失败也可能留下"巨人的阴影",阻碍后续创新。因此,政府对基础创新授予专利的行为是否带来正面效应也需要考虑,如果政策对后续集成创新产生负面影响,政府的最优专利制度设计是拒绝授予基础创新专利的。此外,政府是否支持专利中介机构的发展,鼓励中介机构积极为集成创新企业做好成果咨询、评估、经纪、推介、交易等工作,也关系到创新成果的专利化。

(2) 他国专利政策——如果企业在全球内筛选技术,可能出现所选技术涉及多个国家的多项专利的情况,这时候是否熟悉每项专利所在国家的专利政策和规定是专利化的关键。

与引进再创新相比,引进技术只涉及一个国家的一项专利,但集成技术可能涉及多个国家的多项专利,所以需要了解每一个国家的专利政策内容,如专利审查和评议机制、专利价值评估机制、专利强制检索政策、专利行政执法和调解政策等。在专利化时，面临的问题和原始创新、引进再创新一样，企业是否有机结合申请国专利政策与自身专利战略对创新成果专利化很重要。

4.1.4.5 法律层面

同引进吸收消化再创新类似，法律对于集成创新成果专利化同样具有双向影响。集成创新成果专利化在法律层面上的核心问题涉及以下内容。

（1）专利权的法律保护程度——本国是否充分重视和保障专利权是专利化的重点。

只有在强大的专利保护下，企业才有创新和申请专利的动力。如果是全球范围内的集成创新，也只有在本国能充分保障其专利权的情况下，他国才愿意将技术许可给本国企业。

（2）专利权的归属——是否清晰界定集成创新成果及其专利权的归属，以及利益分配时专利化的难点。

集成创新涉及多样化的技术和多元化的主体，在合作研发的过程中会形成出资、分工、权利安排、利益分割等复杂的权责利关系。加之集成创新是一种跨领域、跨专业的技术创新行为，在信息技术发达的今天，企业通常采用虚拟动态联盟的形式委托开发或者合作研发来提高研发成功率，但这种形式作为一种松散型的结构使创新成果及专利权的归属变得更为错综复杂。

（3）知识产权谈判纠纷——是否有效处理知识产权的侵权纠纷，减少经济亏损是专利化的要点。

集成创新成果在专利化进程中也容易遭遇知识产权纠纷，因为集成创新是对现有的技术进行选择、组合与协同，在创新成果产生后，有些技术所有者事后主张其知识产权，产生道德风险。如果集成创新成果在申请专利时，有好几项技术主张其专利权，那么为了能顺利实现专利化，创新企业必须穿越"专利丛林"，而且一旦某些专利拒绝许可，新兴专利也难以实施。

4.1.5 创新成果专利化问题的评价指标体系

4.1.5.1 初始指标体系及数据来源

（1）初始指标体系。

根据前述创新成果专利化的问题要素分析，我们从技术、市场、管理、政策和法律五个层面把三种创新成果的问题转化为评价指标，如表 4-1、表 4-2 和

表 4-3 所示。

表 4-1　原始创新成果专利化问题的衡量指标

目标层	准则层	要素层	指标解释
原始创新成果专利化关键问题分析	技术层面	技术要素	是否同时具备新颖性、创造性和实用性三个要素
		技术竞争情况	是否把握竞争对手的研发进度、技术构成等内容
		技术生命周期	是否权衡市场生命周期、法定生命周期和专利审批周期的关系
	市场层面	专利关系处理	是否处理好与周边专利、互补专利等的关系
		市场选择	是否做好技术预测及市场预测
	管理层面	信息管理	是否积极对最新的研发信息进行了解,并进行整合
		成本管理	是否有效进行成本核算
		机构设置	是否建立健全的知识产权机构
	政策层面	本国政策	是否积极鼓励企业在重要领域进行原始创新
		他国政策	是否掌握各国的专利政策
	法律层面	保护程度	是否能保障原始创新成果在专利化后不被窃取和模仿
		权力归属	是否清晰界定原始创新成果的专利权归属
		诉讼纠纷	是否有效对知识产权纠纷进行处理并保障所有者的合法权益

表 4-2　引进再创新成果专利化问题的衡量指标

目标层	准则层	要素层	指标解释
引进再创新成果专利化关键问题分析	技术层面	技术要素	是否具备三大技术要素
		技术竞争情况	是否处理好与引进技术之间的关系
		技术生命周期	是否全面衡量创新成果研发周期、专利审批周期、实际市场生命周期、法定生命周期和引进技术生命周期之间的关系
	市场层面	专利关系处理	是否处理好与核心专利、基础专利等的关系
		市场选择	是否做好生产能力和市场需求预测
	管理层面	信息管理	是否对当前技术环境做出准确的判断
		成本管理	是否对成本进行有效的管理和优化
		机构设置	是否设置完善的机构进行权责划分并对冲突进行处理
	政策层面	本国政策	是否出台引进国外相关先进技术的政策
		他国政策	是否对不同国家的相关政策条款及补充条款进行了解
	法律层面	保护程度	专利受法律保护的强弱
		权力归属	是否就创新成果的所有权和专利的归属权进行界定和合理的分配
		诉讼纠纷	是否有效处理侵权诉讼以降低经济损失

表 4-3 集成创新成果专利化问题的衡量指标

目标层	准则层	要素层	指标解释
集成创新成果专利化关键问题分析	技术层面	技术要素	是否满足三大技术要素
		技术竞争情况	是否把握竞争对手的信息
		技术生命周期	是否综合考虑创新成果研发周期、专利申请周期及集成技术生命周期之间的关系
	市场层面	专利关系处理	是否处理好与核心专利、各集成专利等的关系
		市场选择	是否把握核心专利及各集成专利的信息
	管理层面	信息管理	是否搜寻、分析、整合与创新成果相关技术领域的专利信息和技术秘密
		成本管理	是否有效地进行成本核算管理和优化
		机构设置	是否建立完善的机构对集成创新成果进行有效管理
	政策层面	本国政策	是否设计最优专利制度对集成专利之间的长度、宽度和高度进行权衡
		他国政策	是否熟悉相关国家的有关规定
	法律层面	保护程度	本国是否充分重视和保障专利权
		权力归属	是否清晰界定集成创新成果及其专利权的归属
		诉讼纠纷	是否有效地处理知识产权纠纷并且减少经济亏损

为有效找出三类创新成果专利化问题中的各自核心问题，本书参照表 4-1、表 4-2 和表 4-3 所展示的评价指标体系，设计问卷咨询表（见附录 3），邀请相关领域的专家填写问卷，确定三种创新类型专利化的问题权重，从而找出各种类型的关键问题。

（2）数据来源。

本书的数据来源于专家打分问卷的方式。问卷对象主要有企业从事专利管理的工作人员、知识产权局长期从事专利管理的工作人员、部分高校从事标准化研究的学者等，共计 110 人，回收问卷 108 份。另外，还有 6 人的问卷结果没有通过一致性检验，实际有效回收问卷为 102 份，有效问卷率达 92.7%。从问卷对象的性别组成来看，男性有 88 人，女性 14 人。其中，企业工作人员有 42 人，知识产权局工作人员有 15 人，高校标准化研究的学者有 45 人；在问卷对象中，获得高级职称的有 7 人，副高级职称的有 12 人，中级职称的有 29 人，初级职称的有 54 人。从问卷对象的工作年限来看，从事相关专业工作 10 年以上的有 5 人，7~10 年的有 17 人，4~6 年的有 31 人，0~3 年的有 49 人。

由于问卷对象来自不同类型的组织，其知识结构、工作内容、工作经验等内容均有不同，因此有必要对每位专家的评分进行权重分析。借鉴学者所提出的专家权重计算方法，该方法适合来自不同领域的专家参与评价多项指标的情况下使用。根据专家职称（a_i）、工作年限（b_i）、指标熟悉程度（c_i）共三个维度进行打分，打分依据如表3-13所示。专家评价值为 $X_i = a_i \times b_i \times c_i$，求得每位专家的权重 $\delta_i = \dfrac{X_i}{\sum_{i=1}^{n} X_i}$，$\sum_{i=1}^{n} \delta_i = 1$。这样是为了尽可能减少专家对于指标了解不同产生的误差，从而提高评价的客观性。

层次分析法（AHP）在实现多目标、多准则的目标分析上已经非常成熟了，其系统性较广，解决了一些定性指标难以度量的问题。因此，采用层次分析法对各领域专家的打分数据进行计算，获得关键性指标。层次分析法的计算工具也非常多，本书采用Excel进行数据处理，Excel处理层次分析法有学者专门制作的计算模块。把每位专家对创新类型专利化各指标的打分情况输入相应模块，再结合专家权重 δ_i，取各专家排序向量的加权算术平均值。

4.1.5.2 原始创新成果专利化指标权重的测算

根据专家对原始创新成果专利化指标的打分及专家权重 δ_i 的联合运算，得出原始创新成果专利化问题各衡量指标的权重，如表4-4所示。

根据表4-4所得原始创新成果专利化问题衡量指标的权重分析，可得出两方面的明确信息。

一是从准则层分析，原始创新成果专利化关键问题在技术、市场、管理、政策和法律五个层面中，处于第一位的关键问题是技术层面（权重0.3512）问题，其次是政策层面（权重0.2113）问题，然后依次是法律层面（权重0.1864）问题、市场层面（权重0.1437）问题，最后才是管理层面（权重0.1033）问题。这表明在原始创新成果专利化的过程中，解决技术层面的问题能够确保原始创新成果专利化的成功，它是原始创新成果专利化的前提基础，这既符合现实专利审批的情况，也充分体现了原始创新成果的本质特性。因为绝大多数的原始创新成果都属于基础性或者核心性的技术成果，往往都具有很强的原创性和新颖性，这是专利化成功的根本保证。作为处于第二位的政策层问题，则直接关系到原始创新成果所有者是否有意愿将原始创新成果进行专利化的问题，这是因为原始创新成果一般相对不成熟，还未被市场所接受，并且有些原始创新成果所有者的资金基础比较薄弱，所以政策的保护力度将会直接影响到原始创新成果所有者的专利化意愿，进而影响到原始创新成果专利化的成功与否。

表 4-4 原始创新成果专利化问题衡量指标的权重

目标层	准则层		要素层				
	准则层指标	准则层对目标层的权重	要素层指标	要素层对准则层指标的权重	排序	要素层对目标层指标的权重	排序
原始创新成果专利化关键问题分析 A	技术层面 (A1)	0.3512	技术要素（A11）	0.4718	1	0.1657	1
			技术竞争情况（A12）	0.3251	2	0.1142	3
			技术生命周期（A13）	0.2031	3	0.0713	6
	市场层面 (A2)	0.1437	专利关系处理（A21）	0.3877	2	0.0557	9
			市场选择（A22）	0.6123	1	0.0880	5
	管理层面 (A3)	0.1033	信息管理（A31）	0.3894	1	0.0402	11
			成本管理（A32）	0.3567	2	0.0368	12
			机构设置（A33）	0.2539	3	0.0262	13
	政策层面 (A4)	0.2113	本国政策（A41）	0.5781	1	0.1222	2
			他国政策（A42）	0.4219	2	0.0891	4
	法律层面 (A5)	0.1864	保护程度（A51）	0.3763	1	0.0701	7
			权力归属（A52）	0.3571	2	0.0666	8
			诉讼纠纷（A53）	0.2666	3	0.0497	10

二是从要素层分析，在所有影响原始创新成果专利化核心问题的 13 个要素问题中，排前六位的有：第一要素问题是技术要素（权重 0.1657）问题，其次是本国政策（权重 0.1222）问题，然后依次是技术竞争情况（权重 0.1142）问题、他国政策（权重 0.0891）问题、市场选择（权重 0.0880）问题，最后是技术生命周期（权重 0.0713）问题。由此可见，技术层面的三个要素问题都位于前六之中，表明原始创新成果专利化的成功将有依赖于原始创新成果的原创性、新颖性和实用性等方面的优势所在，以及该项原始创新成果的技术生命周期；同样作为政策层面的两个要素也都位于前六位之中，它们分别是本国政策（第二位）与他国政策（第四位），说明原始创新成果的专利化首先需要得到本国政府政策的大力支持，他国的政策也会影响到其在他国进行传播的可行性。此外，在前六位的要素中，技术要素（权重 0.1657）、本国政策（权重 0.1222）、技术竞争情况（权重 0.1142）这三个要素问题都属于同一权重级别的影响要素问题，而他国政策（权重 0.0891）、市场选择（权重 0.0880）、技术生命周期（权重

0.0713) 三个要素问题也都属于同一权重级别的影响要素问题，但比前三位却相差一个权重级别，表明在原始创新成果专利化的过程中，在解决要素层面的关键问题时，技术要素、本国政策和技术竞争情况三个要素问题属于第一优先级的关键问题，而他国政策、市场选择、技术生命周期三个要素问题属于第二优先级的关键问题。

4.1.5.3 引进再创新成果专利化指标权重的测算

根据各位专家对引进再创新成果专利化各指标的打分及专家权重 δ_i 的联合运算，得出引进再创新成果专利化问题各衡量指标的权重，如表4-5所示。

表4-5 引进再创新成果专利化问题衡量指标的权重

目标层	准则层		要素层				
	准则层指标	准则层对目标层的权重	要素层指标	要素层对准则层指标的权重	排序	要素层对目标层指标的权重	排序
引进再创新成果专利化关键问题分析B	技术层面（B1）	0.1764	技术要素（B11）	0.2818	2	0.0497	10
			技术竞争情况（B12）	0.4551	1	0.0803	5
			技术生命周期（B13）	0.2631	3	0.0464	12
	市场层面（B2）	0.3067	专利关系处理（B21）	0.5812	1	0.1783	1
			市场选择（B22）	0.4188	2	0.1284	2
	管理层面（B3）	0.2233	信息管理（B31）	0.4207	1	0.0939	3
			成本管理（B32）	0.2381	3	0.0532	9
			机构设置（B33）	0.3412	2	0.0762	6
	政策层面（B4）	0.1513	本国政策（B41）	0.5781	1	0.0875	4
			他国政策（B42）	0.4219	2	0.0638	7
	法律层面（B5）	0.1423	保护程度（B51）	0.2562	3	0.0365	13
			权力归属（B52）	0.3271	2	0.0465	11
			诉讼纠纷（B53）	0.4167	1	0.0593	8

根据表4-5所得引进再创新成果专利化问题衡量指标的权重分析，可得到如下两方面的明确信息。

一是从准则层看，引进再创新成果专利化关键问题在技术、市场、管理、政策和法律五个层面中，处于第一位的关键问题是市场层面（权重0.3067）问题，其次是管理层面（权重0.2233），然后依次是技术层面（权重0.1764）、政策层面（权重0.1513），最后是法律层面（权重0.1423）问题。因为对于引进再创新而言，它是在引进国外先进技术基础上的升华改进而产生的创新，从技术方面来，说此项技术本身就具有比国内市场现有类似技术更得天独厚的优势，因而在技术层面没有原始创新那么重要；从成果所有者角度看，更看重的是再创新成果的市场需求问题，若相比第一代技术毫无竞争优势，也就没有进行专利化的必要性。处于第二位的管理层问题，则关系到引进再创新成果能否顺利实现专利化的关键，因为作为引进再创新成果是在原有技术上的改进，就要了解第一代技术是否已经被纳入专利池、保护期限，是否有捆绑垃圾专利等信息。此外，为尽可能缩减成本，还要与第一代技术所有者协商许可费，这都需要有专门的人员对专利进行管理。

二是从要素层分析，在所有引进再创新成果专利化问题的13个要素问题中，排在前六位的有：第一要素问题是专利关系处理（权重0.1783）问题，其次是市场选择（权重0.1284），然后依次是信息管理（权重0.0939）、本国政策（权重0.0875）、技术竞争情况（权重0.0803），最后是机构设置（权重0.0762）。由此可见，市场层面的两个要素问题都位于前六之中，表明引进再创新成果专利化的成功将有依赖于是否处理好与第一代专利之间的关系，以及该项创新成果是否做好了充分的市场需求预测；同样作为管理层面的其中两个要素也位于前六位之中，分别是信息管理（第三位）与机构设置（第六位），说明引进再创新成果专利化为了避免与第一代技术发生冲突，要了解所引进成果的相关信息，为此需要有相对完善的知识产权机构来进行管理。此外，在前六位的要素中，专利关系处理（权重0.1783）、市场选择（权重0.1284）、信息管理（权重0.0939）三个要素问题都属于同一权重级别的影响要素问题，而本国政策（权重0.0875）、技术竞争情况（权重0.0803）、机构设置（权重0.0762）三个要素问题也都属于同一权重级别的影响要素问题，但比前三位却相差一个权重级别，表明在引进再创新成果专利化的过程中，在解决要素层面的关键问题时，专利关系处理、市场选择和信息管理三个要素问题属于第一优先级的关键问题；而本国政策、技术竞争情况、机构设置三个要素问题属于第二优先级的关键问题。

4.1.5.4 集成创新成果专利化指标权重的测算

根据各位专家对集成创新成果专利化各指标的打分及专家权重δ_i的联合运算，得出集成创新成果专利化问题各衡量指标的权重，如表4-6所示。

根据表4-6所得集成创新成果专利化问题衡量指标的权重分析，可得出两方面的明确信息。

表4-6 集成创新成果专利化问题衡量指标的权重

目标层	准则层		要素层				
	准则层指标	准则层对目标层的权重	要素层指标	要素层对准则层指标的权重	排序	要素层对目标层指标的权重	排序
集成创新成果专利化关键问题分析C	技术层面（C1）	0.1785	技术要素（C11）	0.2384	3	0.0426	13
			技术竞争情况（C12）	0.3245	2	0.0579	10
			技术生命周期（C13）	0.4371	1	0.0780	5
	市场层面（C2）	0.1577	专利关系处理（C21）	0.4323	2	0.0682	8
			市场选择（C22）	0.5677	1	0.0895	4
	管理层面（C3）	0.3164	信息管理（C31）	0.3107	1	0.0983	3
			成本管理（C32）	0.2361	3	0.0532	11
			机构设置（C33）	0.4532	2	0.1434	1
	政策层面（C4）	0.1123	本国政策（C41）	0.4134	2	0.0464	12
			他国政策（C42）	0.5866	1	0.0659	9
	法律层面（C5）	0.2351	保护程度（B51）	0.2971	2	0.0747	6
			权力归属（B52）	0.2262	3	0.0698	7
			诉讼纠纷（B53）	0.4767	1	0.1121	2

一是从准则层来分析，在技术、市场、管理、政策和法律五个层面中，处于第一位的关键问题是管理层面（权重0.3164）问题，其次是法律层面（权重0.2351），然后依次是技术层面（权重0.1785）、市场层面（权重0.1577），最后才是政策层面（权重0.1123）问题，表明在集成创新成果专利化的过程中，解决管理层面的问题是集成创新成果专利化的前提，因为集成创新成果是在现有技术上进行的重组和优化，它所涉及的技术一般来说比引进消化再吸收成果还要多，为了减少与原始技术之间的纠纷，节省专利化成本，就必须对这些技术信息进行了解和管理。处于第二位的法律层问题，直接关系到集成创新成果能否顺利专利化。涉及多项技术组合的集成创新成果很容易引发专利冲突，一旦引发法律问题就会产生资金成本和时间成本，这些成本给成果所有者带来损失，甚至影响集成创新成果的顺利专利化。

二是从要素层来分析，在所有影响集成创新成果专利化核心问题的13个要素问题中，排在前六位的有：第一要素问题是机构设置（权重0.1434）问题，其次是诉讼纠纷（权重0.1121），然后依次是信息管理（权重0.0983）、市场选择（权重 0.0895）、技术生命周期（权重 0.0780），最后是法律保护程度（权重 0.0747）。由此可见，管理层面的三个要素问题都位于前六之中，表明集成创新成果专利化的成功将依赖于知识产权机构对相关技术进行信息管理及成本管理，尽可能避免与原有技术之间的冲突，从而减少在专利化过程中所产生的成本；与前两个创新类型不同的是，作为法律层面的诉讼纠纷（第二位）在集成创新成果中需要十分重视，因为基于多项技术组合的集成创新成果容易引起法律纠纷。此外，在前六位的要素中，机构设置（权重 0.1434）、诉讼纠纷（权重 0.1121）、信息管理（权重 0.0983）三个要素问题都属于同一权重级别的影响要素问题，而市场选择（权重 0.0895）、技术生命周期（权重 0.0780）、法律保护程度（权重 0.0747）三个要素问题也都属于同一权重级别的影响要素问题，但比前三位却相差一个权重级别。这表明在集成创新成果专利化的过程中，在解决要素层面的关键问题时，机构设置、诉讼纠纷和信息管理三个要素问题属于第一优先级的关键问题，而市场选择、技术生命周期、法律保护程度三个要素问题属于第二优先级的关键问题。

4.2 专利标准化的核心问题分析[①]

专利标准化指的是专利被采纳，成为行业的规则、指南的一种重复性的文件。虽然专利代表着权益的私有，具有排他性，但也只能为专利所有者使用，不代表被行业认可或接受。在知识经济的时代背景下，企业规模的扩大及产品质量的提升不足以使企业获得持续的竞争力，企业竞争力的来源更多是技术的创新及知识产权的保护。高新技术型企业为了把握研发的主动权，抢占市场的制高点，应极力促进专利标准化的实现。

专利标准化的过程不是一蹴而就的，它是有一个阶段性的过程。基于专利标准化进程的一系列演化特点，将其划分为四个阶段：专利角逐标准、专利影响标准、专利占领标准、专利垄断标准。而在每一个阶段都可能面临技术、市场、管理、政策与法律等方面的诸多问题。

---

① 本部分主要依据刘芸的论文《专利标准化演化核心问题分析》而撰写形成。

4.2.1 专利角逐标准阶段

从技术轨道变迁路径来看，专利本身包含的技术来自两种路径。一是创造性破坏产生的根本性创新技术；二是循序、温和的渐进式创新技术。在此演化阶段中，专利技术有很多，技术主导范式尚未确立，市场处于一种类似完全竞争的状态，以市场驱动为主，政府或者相关行业组织很少进行干预，此阶段所面临的核心问题将分为根本性创新技术和渐进式创新技术两类。

4.2.1.1 技术层面

在专利角逐标准阶段，来自不同创新技术路径的专利技术，其所关注的核心问题各不相同。

根本性创新的专利技术参与角逐标准在技术层面上需要注意以下问题。

（1）技术路径选择是否正确。

技术路径的正确与否对于根本性创新的专利技术角逐标准至关重要，根本性创新形成的专利技术必须遵循产业技术演化的基本规律，顺应正确的产业技术发展路径，承载新一轮科技发展的历史机遇，只有顺应技术发展的浪潮才有可能取得成功。

（2）技术的新颖性是否突出。

根本性创新的专利技术必须是一种跨越原有技术路径的创新，是一种从"0"到"1"的重大变革性技术，是一种前所未有的具有高度新颖性的专利技术，只有新颖性突出，专利技术才有凭借新颖性角逐标准的资本。

（3）技术的先进性是否凸显。

根本性创新的专利技术需要完全摒弃原有技术路径中落后的技术参数、工艺、规格等，而代表所在领域最先进技术性能的专利技术才有角逐标准的可能。

（4）因对现有技术形成完全替代而可能遭遇排挤。

根本性创新的专利技术是一种质变的专利技术，会对现有的技术构成完全替代的威胁。例如，3G 技术取代 2G 技术，4G 技术取代 3G 技术。因此，根本性创新形成的专利技术需要处理好与其他替代性技术的关系。

对渐进式创新专利技术参与角逐标准而言，需要注意以下问题。

（1）技术是否具有一定的创新性。

渐进式创新专利技术不用进行技术上的突破，但并不意味着其不需要进行创新投入。渐进式创新也需要在技术、性能等方面做出改进与优化，以适应市场需求。

(2) 技术是否具有良好的兼容性。

渐进式创新的专利技术是在现有技术路径上的创新，因此其有必要与现有技术路径上的众多技术形成兼容与互补，否则，消费者可能出于学习成本的考虑而放弃选择该项专利技术。

(3) 技术是否具有较佳的延续性。

考虑到消费者的转移成本，渐进式创新的专利技术在对原有技术的替代威胁方面的表现更温和，一般不会形成绝对的替代。为了增加消费者的可接受程度，渐进式的创新技术需保留一定的原有技术路径上的技术特点，以维持与延续消费者的偏好与习惯。

根本性创新的专利技术由于需要进行技术上的突破，在研发投入、承担风险等方面较渐进式创新而言要多，从而导致其在性价比方面相较于渐进式创新专利技术处于劣势，同时，由于对技术路径的颠覆，根本性创新的专利技术在延续性、兼容性等方面存在天然的不足，因此需要在先进性、新颖性，甚至在市场层面、管理层面进行弥补。

4.2.1.2 市场层面

在专利角逐标准阶段，由于完整的市场结构还未出现，众多潜在的客户可能尚不能清楚地表达其所需要的技术特性，专利技术在很多方面都存在极大的不确定性。此时专利技术刚刚进入"培育市场"阶段。

就根本性创新技术形成的专利而言，要角逐标准并不容易，因为它意味着改变消费者现有的技术路径依赖。此时，市场上存在的专利技术都是依赖于原有技术路径研发的技术，消费者对根本性创新技术形成的专利毫无认知，更谈不上认可。因此，对于突破性的根本性创新形成的专利技术其初始用户安装基础为零。同时，由于是破坏性的根本创新形成的专利，市场上尚不存在同质化的竞争技术。而就渐进式创新技术形成的专利而言，考虑到渐进式创新技术具有积累性与连续性的特点，较破坏性创新更容易实现，因此可能造成专利技术的"潮涌现象"，使专利竞争更为集中与激烈。因此，必须要考虑与相关专利的关系处理问题，其他相关专利为了不让基础专利顺利进入市场，会对基础专利进行小的改进，从而与其竞争，因而基础专利拥有者应当尽量与周边专利或者互补专利搞好关系。

无论是根本性创新技术形成的专利还是渐进式创新技术形成的专利，在此阶段都需要积极培育与发展、壮大自身的用户安装基础，在百花齐放的多样性的专利技术竞争中立足。

4.2.1.3 管理层面

在此阶段企业主要依靠自身能力进行运营管理。此时需要注意的是，专利角逐标准的载体在于专利本身，也就是有专利才有竞争，因此管理问题的妥善解决对未来的发展有巨大的影响。

来源于根本性创新形成的专利需要具备超高的研发创新能力，才能突破现有技术路径的束缚；同时，营销能力对根本性创新技术形成的专利角逐标准尤为重要，因为根本性创新技术形成的专利是对消费者思想、习惯等方面的彻底性颠覆。企业需要通过成功的营销策略重新引导消费者的需求，改变消费者现有的消费习惯，提高消费者的认可度与接受度，从而弥补其技术在性价比、延续性、兼容性方面的不足。

而通过渐进性创新形成的专利可以在模仿现有技术的基础上实现模仿创新、二次创新，因此它对企业创新能力有一定要求，但不至于苛刻。这种类型的创新需要解决三个方面的问题：一是专利信息的管理问题，专利所有者需要对相关技术进行了解，这些技术是否被纳入专利池，是否还有可能进行其他改进，减少专利许可成本，避免竞争者可能进行的专利替代；二是专利人才的培养体系，人才是技术创新的源泉，在专利标准化的初始阶段要重视人才的培养，为专利标准化后期奠定人力基础；三是战略规划问题，专利所有者在初始阶段需要了解内外部环境，为专利标准化指出明确的目标，避免后期运营过程产生混乱甚至迷失方向。

4.2.1.4 政策层面

在政策层面，专利参与角逐标准面临的核心问题集中表现为如何在政府及相关行业机构扶持和引导下，开展专利研发、专利标准化推进活动。无论是根本性创新还是渐进式创新都需要关注两个问题。

(1) 如何有效利用本国政府政策的扶持。

在专利角逐标准阶段，政府及相关行业机构从增进社会福利、推动技术进步的角度，会制定一些辅助与协调专利政策以强化推动企业技术研发、专利标准化的建设。政府作为宏观调控的"一只有形的手"，会注重发挥科研机构、行业协会、中介机构在企业标准化进程中的重要作用，鼓励企业之间由背对背研发转向面对面研发，走"专利联盟标准化"的路线。就企业而言，特别是在一些诸如信息通信的高科技行业或者涉及国防技术安全的重要领域研发新技术并致力于专利标准化的企业，有必要在政府政策支持下，研发出社会正在需要的、顺应技术发展潮流的必要的、基础的专利技术。

（2）关注国际标准化组织在专利政策和标准化政策中的规定。

对于那些最终致力于推动专利技术标准国际化的企业，有必要了解国际专利政策的内容。考虑到各大标准化组织业务领域、组织结构、利益导向的不同，专利政策可以概括为三类：免费发放许可、标准制定者不捆绑任何协议、赞成以 RAND 发放许可。目前，大多标准化组织赞成以 RAND 发放许可。为此，企业在专利角逐标准阶段，特别是参与角逐国际标准时，需要明确国际实施的专利政策相关规定与要求。

4.2.1.5 法律层面

在专利角逐标准阶段，进行根本性创新或者渐进式创新的企业在法律层面上面临的核心问题集中在三个方面。

（1）国家政府的法规制度是否能充分保障企业合法的专利权。

专利权是对研发新技术的企业的一种补偿，专利权的有效保障是企业研发新技术、开发新产品的动力，只有在法律层面上对其进行强有力的保护，进行创新技术研发的企业才能生存，这一点对于根本性创新尤为重要。为此，政府的专利法律法规等是否能够保障企业应享有的专利权，有效防止其他竞争性企业模仿和克隆企业的创新技术是企业关注的核心问题，只有顺利实现技术专利化，才可能利用专利角逐标准。

（2）对不同国家地域有关专利和标准的法律法规是否了解。

随着世界经济一体化的推进，越来越多的专利不仅满足于本国的市场，还积极向外推进，参与角逐国际标准。此时，不同国家之间有关标准中专利权的法律法规制度不尽相同，这就要求专利持有人对其进入市场所在国家或区域的标准化法、专利权法等有清晰的认识与充分的理解，以推动专利角逐标准进程。

（3）是否能有效处理"专利蟑螂"（"专利蟑螂"是流行于西方欧美各国的一个名词，专门形容积极发动专利侵权诉讼的公司）的法律诉讼。

渐进式的创新技术是沿着现有技术路径的创新，其创新很可能依赖于其他现有技术，在这些技术中不乏专利技术，而且这些专利极有可能已经依附于某项技术标准。此时企业需要明确自己的创新性专利技术是否侵犯了其他专利权人的权益，也要避免踩踏其他利益既得者的专利权人为阻止其技术专利化、专利标准化进程而故意设置的"专利地雷"，以防止陷入无休止的专利诉讼中，影响其专利角逐标准的进程。

总体而言，在专利参与角逐标准阶段，由于技术路径的突破与破坏，根本性创新技术形成的专利角逐标准面临的威胁与挑战较渐进式创新技术形成的专利要大得多。因为其在技术方面高成本的研发投入可能带来其在市场价格上的劣势，以及营销投入上的不足，导致其在角逐标准阶段就被排斥在外，丧失市场先机。而渐进式创新技术形成的专利面临的最大问题是如何在技术"潮涌现象"（"潮涌现象"指过度的剩余生产能力引起的投资过热、国际收支不平衡等突出问题）下的同质化市场竞争中快速积累用户安装基础。因此，如何从技术、市场、管理层面上提升吸引力以获得角逐市场标准的门票是专利角逐标准演化阶段的关键所在。

4.2.2 专利影响标准阶段

在专利影响阶段，由于经历了上一阶段的竞争，一些技术路径选择失误、新颖性不足、先进性不突出的，因绝对替代招致失败的根本性创新专利技术，以及一些创新性不够、兼容性不好、延续性不佳的渐进式创新专利技术被淘汰，市场上专利技术的数量开始减少，市场上留存下来的专利可能来自根本性创新技术，也可能来自渐进式创新技术。此时，市场技术主导范式仍然尚未确定，但是市场前景开始变得清晰，参与竞争的专利依然具有一定数量。在这些竞争性的专利技术中有的专利开始逐渐浮出水面，崭露头角，成为影响市场标准的几股力量。与专利角逐标准阶段不同，此演化阶段在技术、市场、管理、政策、法律各个层面又出现了新的问题。

4.2.2.1 技术层面

在专利影响标准阶段，专利持有人要继续保持与巩固在角逐标准阶段培养起来的在技术性能、用户安装基础等方面的优越性。专利技术参与角逐标准在技术层面上可能会面临以下核心问题。

（1）专利技术是否是必要专利。

不是所有的专利技术都能成为标准，只有那些关键的、基本的专利才能进入标准。无论是根本性创新还是渐进式创新形成的专利技术，想要成为标准，必须确保其在技术上是独特的、不可替代的和难以模仿的；并且，该项专利涉及的技术方法、工艺要求和特征性能与一套标准体系所包含的内容有直接的、内在的紧密联系。

(2) 如何穿越"专利丛林"。

无论是根本性创新专利技术，抑或是渐进式创新专利技术，在有能力影响现有标准体系的阶段，可能会面临来自多个专利重叠交织形成的专利群构造的技术壁垒，并且很难绕开。这些专利群大多是现有标准体系的利益既得者，他们意识到了这些新兴专利技术带来的威胁与挑战，开始采取抵制行动。例如，联合专利池中的成员拒绝对新兴专利技术所需要的基础专利进行许可。这种行为对渐进式创新形成的专利是极为不利的，因为渐进式创新是在现有技术路径上的创新，极有可能是依托于现有的某项基础专利进行的后续研发与创新。一旦基础专利拒绝许可，新兴专利变成了无水之源、无本之木。因此，如何绕开"专利丛林"是新兴专利面临的重大问题。为此，有的专利持有人为加入专利池积极奔走。

(3) 对专利引用关系控制能力的强弱。

在此阶段技术竞争愈发激烈，专利持有人有必要做一些长远的策略部署，推动专利技术能够进入后续的演化阶段。考虑到技术标准体系构成的复杂性，以及少数对网络内专利引用关系具有控制作用的专利权人对技术标准相关技术资源形成较大的控制影响力。新兴专利技术的持有人必须致力于建立高凝聚力、紧密连接的专利引用网络，共同推动技术的产业化。

4.2.2.2 市场层面

在专利影响标准阶段，部分专利技术的交易量开始上升，少数集聚一定用户安装基础的企业力量逐渐增强，进入"形成市场"阶段。此时专利持有企业需要注意以下问题。

(1) 配套协作网络的培育与发展态势。

当市场中的技术主导范式尚未确立时，生产者与消费者一般处于观望状态。专利权人想要顺利实现此阶段的演化，有必要丰富其配套协作网络，因为消费者选择某项专利技术可能是看中其配套产品未来的价格、种类与数量等，因此有必要通过拓展相互协作的厂商，增强专利技术的市场可信度。而当可信度增加时，市场会出现"企鹅效应"（"企鹅效应"指一群企鹅站在岸边却不敢下水，因为它们不知道水温是否适合。只有当一只企鹅跳下水，并且欢快地游起来的时候，大批企鹅才会争相跳入水中），促使消费者纷纷尝试新专利技术，继而增加用户安装基础。

(2) 如何抵御现有标准体系的打压。

如果说上一阶段现有标准体系的专利持有人不屑于关注这些新生的创新技

术，那么在此阶段，随着这些新兴专利技术力量的不断壮大，开始逐渐改变市场需求，引领新的技术方向，造成现有标准体系中的专利获利能力下降。现有标准体系的利益既得者意识到这一点，开始对新兴的专利技术采取一系列的抵制与排斥措施，以维护自己现有的标准地位和市场份额。此时，新专利技术必须采取行动抵御既得利益者的冲击，如以较低的专利许可价格获得市场的认可，以在市场中站稳脚跟。

4.2.2.3 管理层面

在专利影响标准阶段，政府主动介入管理的情况依然较少，主要依靠企业自行进行管理。此时企业面临的核心问题如下。

（1）企业如何加强营销能力的管理。

对于由根本性创新技术形成的专利而言，实行强有力的营销战略依然是企业的重中之重，以此弥补其在用户安装基础方面的欠缺与不足。在此，专利技术持有人有必要改变传统的营销方式，进行网络营销、关系营销、绿色营销等全新的综合营销方式，以满足用户对产品使用方便、美观舒适等多样化、个性化需求，完成从"广告式轰炸"向"亲情营销"的方式转变。同时，专利持有人需注重定价的技巧。一般而言，在专利影响标准的关键时期，企业在技术标准的定价方面要充分考虑到用户接受和使用技术标准的成本，低成本往往会带来比较多的使用者，使技术标准能够在最大范围内得到推广和应用。

（2）与同行企业之间的关系管理。

考虑到渐进式创新技术形成专利的特性，即在"技术潮涌"下聚集的众多同质化相互存在替代的专利技术，企业可以就一些外部期望与这些同行竞争者进行积极的交流与互动，可以是正式的协商谈判，也可以是非正式的意见、信息交流，进而起到化竞争于合作的作用，并增强自身专利技术在行业中的影响力。

（3）如何进行与政府的关系管理。

无论是何种创新来源的专利技术，企业最好能够抓住政府发起制定或者修订标准的契机，掌握主动权。为此，企业有必要与政府保持紧密的联系，有条件的企业可以成立专门的专利管理部门，随时关注政府的动向，把握先机。

4.2.2.4 政策层面

在专利影响标准阶段，来自政策层面上的核心问题可能产生于国家政府政策的导向性影响。

在此阶段，专利技术的竞争依然源于市场行为，专利所在行业出于自身发展壮大的考虑会向政府呼吁颁布相关政策以规范市场竞争行为，政府开始适当进行行政干预。此时政府开始起草相关文件，在考虑到现有专利技术领域和技术范式是否存在对本国经济和环境可持续发展带来不良影响的可能之后，制定和推出一些引导驱动政策，鼓励市场向合理化的专利技术靠拢。有战略眼光的企业会尝试通过其市场影响力介入初期政策的起草阶段，从而为进入下一阶段奠定坚实的政策优势。对于他国的专利政策，专利所有者只需要继续关注和了解，为后续专利技术作为国际标准做好准备。

4.2.2.5 法律层面

在专利影响标准阶段，企业在法律层面上遭遇的核心问题集中体现在专利丛林引发的专利权滥用问题。

针对专利丛林引发的专利权滥用问题，特别是在渐进式创新形成的专利技术可能由于受到现有标准体系的专利权人的排挤与打压而无法获得基础专利授权，从而面临无法实施与推广的问题，国家有必要出台一些法律制度来规避这种恶意打压的行为，保护新兴的专利技术，避免"反公共地悲剧"的出现。例如，颁布强制许可法规制度，让那些推动人类进步、造福人类的技术，绕过专利权人，直接获得基础专利的许可。值得注意的是，强制许可并不适用于所有提出不合理许可条件或者拒绝许可的情况。此外，还要注意对于专利纠纷的处理效率。专利权力的滥用必然会引发一系列的法律纠纷，专利所有者对于纠纷的处理效率是关键，时间拖得越长，对于专利标准的演化越不利。

总而言之，在专利影响标准阶段，无论专利是来源于根本性创新技术还是渐进式创新技术，专利持有人都有必要加强对相关技术资源的控制，强化专利引用关系，以避免后期可能存在的专利丛林问题。同时，强大的营销能力对根本性创新技术形成的专利技术而言仍然十分关键。在此阶段的后期，专利之间的竞争开始变得突出而尖锐，不仅涉及创新技术之间的竞争，还涉及创新技术与原有技术之间的竞争，此时如何提升影响力以在市场竞争中获得一席之地是专利影响标准阶段的关键之处。

4.2.3 专利占领标准阶段

相较于专利影响标准阶段，此阶段的竞争进入白热化状态。无论是根本性创新还是渐进式创新，其技术来源已经变得不那么重要，因经历了前两个阶段的竞争，证明市场已经开始接受根本性创新形成的专利，并累积了相当数量的用户安装基础。随着竞争的加剧，市场上的专利数量急剧下降，在前一阶段平分秋色的几项专利纷纷蓄势待发，企图独占鳌头。在经历了一系列的市场斗争后，最终某项专利脱颖而出成为市场主导范式，占领标准。相较于专利角逐标准与专利影响标准阶段，专利占领标准阶段在技术、市场、管理、政策、法律层面面临新的关键问题。

4.2.3.1 技术层面

在专利占领标准阶段，专利技术需要注意以下核心问题。

(1) 企业是否致力于配套技术的研发。

企业为增强专利技术自身的技术竞争力，需要致力于互补兼容等配套技术的研发，实现配套技术与核心专利技术的良性互动，通过协同、扩散、叠加的效应获得技术积累效应，扩张用户安装基础。

(2) 企业是否促进技术共生系统的形成。

掌握成为市场主导范式专利技术的企业需要凭借该项专利技术打开一个技术变革与创新的机会窗口，引导相关企业、相关技术围绕该项专利技术向更深层次的产业系统技术变革的方向发展，通过实现不同企业、专利技术之间的协同，对核心专利技术的结果效用进行补充与互补，产生积极的外部效应，扩大该专利技术的影响力。

(3) 企业是否推动技术联盟的构建。

"在竞争中技术创新最好的状态是将潜在的负和博弈转化为正和博弈"，为了占领标准，掌握专利技术的众多企业能否摒弃之前的利益冲突与矛盾结成技术联盟是关键所在。一旦企业之间围绕某项技术标准结成联盟关系，通过联盟的方式整合用户安装基础，其带来的优势将对专利技术标准上升为市场标准形成巨大的推动力。

4.2.3.2 市场层面

在专利占领标准阶段，一项专利凭借先进的技术性能、强大的用户安装基础在最后的较量中脱颖而出，进入"占领市场"阶段，实现赢者通吃。要完成这一阶段的顺利演化，专利技术面临的核心问题有以下几点。

(1) 企业是否推进专利族群的构建。

依托于技术层面形成的共生系统，以及机会窗口带来的产业系统技术变革，专利持有人可以凭借掌握的核心专利技术，吸引群组的支持技术，众多的技术编织成一个庞大的以基础专利为核心的专利网，将竞争对手排斥在外。良好的正反馈回路能为消费者提供优质的效用。

（2）企业是否充分利用网络外部性的作用。

当专利技术之间形成强兼容性时，伴随而来的是强烈而积极的网络外部性，此时企业有必要充分利用网络外部性带来的积极效益，实现需求方的规模经济，同时带来规模报酬递增，使消费者预期与安装基础对核心专利技术的采用和扩散起到关键作用。

（3）企业是否找到最合适的正反馈回路。

伴随着用户数量的增加，网络外部性使用户在消费过程中获得的效用呈现递增趋势，并且当某一技术产品的用户数量增加时，互补品的种类将更加多样且价格更为低廉。在专利技术的边际收益递增的情况下，会产生一种自我增强的正反馈机制，使市场趋向"赢者通吃"的结构。现代市场竞争表明，当两家或更多家的公司在竞争产业技术标准时，如果网络效应和正反馈回路存在并且非常重要，那么市场标准竞争的胜利者将最终属于找到最合适的正反馈回路的企业。

4.2.3.3 管理层面

在专利占领标准阶段，其核心管理问题可从政府和企业两个层面进行。

（1）政府对于专利市场的管理问题。

政府通过正式约束产生诱导性偏向，可以影响甚至直接改变消费者对技术的偏好。因此，此时政府作为有形的手对市场进行干预管理在专利占领标准的演化阶段尤为重要，尤其是当主导范式在几个技术之间摇摆不定的时候，政府通过强有力的行政干预能力，直接强制性地引导市场做出选择。同时，对于那些真正能够推动社会技术进步的专利，政府应给予税收和资金等方面的扶持，特别是对于那些在 R&D 阶段投入大量资金、研发难度大的产业，例如 ICT 产业，政府出于公共利益的考虑，有必要推动这些高技术含量的专利尽快实现标准化。值得注意的是，当标准已经通过网络外部性建立起了良好的正反馈体系，政府就应该及时退出，以避免陷入为失败者"埋单"的尴尬境地，此时扮演的是一只"逐渐消失的手"。

（2）企业对于专利信息的管理问题。

此时，企业对市场的营销能力已经没有前两个阶段重要，营销带来的边际收益递减，用户安装基础不会有太明显的变化。但此时对政府的营销策略非常重要，企业需要通过正确的营销战略，游说政府在最为关键的时刻做出有利于自己的决策。企业还需要具有敏锐的环境洞察能力、强大的吸引聚合能力，能够及时察觉市场先机，并且吸引其他企业进行与其专利互补兼容的新技术的研发以扩大共生系统，增强其攻占市场标准的竞争力。针对开发了众多新的互补兼容性专利技术的企业，需要加强对这些专利的管理，尽量避免核心专利在占领市场标准的"临门一脚"出现专利纠纷、专利侵权等法律事务。同时，针对那些成立专利池、专利持有人抱团联合占领标准的企业，有必要成立专门的管理机构，约定管理方式、利益分配方式、责任分担方式等。此外，企业还应选择正确的竞争战略。因为在标准竞争中胜出的关键在于安装基础的扩大，产业内对产业链进行垂直整合战略和水平竞争战略有助于实现这一目标。专利权人有必要先发制人，做好客户预期管理。

4.2.3.4 政策层面

在专利占领标准阶段，政策层面上的核心问题在于政府如何对企业竞相占领标准的行为进行有效的引导、强化与行政干预。具体体现在以下两个方面。

（1）政府是否前瞻性地对专利所在行业和产业进行了全面的指导和协调。

政府作为主要的政策制定者，应该加强对企业标准化建设的指导和协调，扶持重点领域的技术标准与重要的技术标准成为国家标准，甚至参与国际标准的角逐竞争。同时，从政府加强对企业技术标准建设支持的角度来看，政府主管部门有必要加强对企业标准化建设的指导和协调政策，特别是对重点领域的技术标准和重要技术标准给予重点支持。

（2）政府是否立足于战略性的高度推动专利与标准的融合。

在几个有实力的企业竞争占领标准阶段，政府需要从节约研发成本、交易成本等角度，充分发挥科研机构、行业协会、中介组织在标准化战略中的重要作用，并制定一系列政策鼓励那些能够引领社会进步的专利技术组成联盟，共同建立技术标准，推动专利与技术标准的结合，实现社会技术的良性发展。

4.2.3.5 法律层面

在专利占领标准阶段，来自法律层面上的核心问题在于专利持有人能否在现有的标准化法、专利权法等法律框架下积极推动并成功实现专利标准化。

此阶段，现有专利、标准的法律体制对专利能否成功上升为标准十分关键。为了避免专利持有人出于谋取利益的目的故意隐瞒专利信息不做许可说明，等进入标准后在主张其权利的行为，政府或标准化组织出于专利权人利益的平衡、后续的专利实施成本，以及可能出现的专利权滥用问题的考虑，会实行专利信息披露制度，要求进入标准的专利权人提前披露所持专利的基本信息，以减少后续的限制竞争、形成垄断的不利结果。因此，专利法是否能够有效保护专利权显得十分重要，专利标准竞争者会通过恶性竞争、暗箱操作等不合法措施来抵制竞争者，国家应当出台相关的法律法规来抵制不正当竞争，让那些可能具备发展前景的专利受到法律的保护。

总体而言，在专利占领标准阶段，由根本性创新形成的专利经过在前两个阶段演化进程中的不断努力，已经积累了占领标准的用户安装基础，具备了相当的竞争实力。而渐进式创新形成的专利也在"技术涌现"的浪潮中一路披荆斩棘，成为市场中的少数几个幸存者。在这一阶段，技术性能上的优越性已经不那么重要，而市场优势、政府扶持政策变得越来越重要，企业如何通过努力获得市场支持、政府青睐以在市场竞争中脱颖而出是专利占领标准演化阶段的关键点。

4.2.4 专利垄断标准阶段

专利技术经历了角逐期、影响期和占领期，令专利持有人殚精竭虑的竞争期已经宣告结束，专利持有人开始获得稳定、可观的许可收益，而消费者的议价能力越来越弱，直至消失，其谈判地位一落千丈。随着专利持有人对专利剩余价值的剥夺越来越多，其追求超额利润的欲望进一步膨胀，开始向最高的战略层面发力，致力于推动与实现标准垄断化。

4.2.4.1 技术层面

在专利垄断标准阶段，专利技术可能面临以下两个方面的核心问题。

（1）专利技术是否牢牢锁定市场。

在专利占领标准之后，用户安装基础不断积累。此时的专利持有人可能会安于专利标准化的现状，享受现有的专利许可利润，从而忽略掉可能存在的潜在风险，例如新兴专利技术的冲击。因此，专利持有人有必要时刻保持警惕，关注自己所占的市场份额，将生产企业和消费者牢牢锁定于现有的专利技术标准路径之上。

（2）企业是否致力促进技术闭环的形成。

占领标准的专利技术为了进一步巩固自身的地位，需要努力通过正式化的契约关系构建长期的、封闭的技术闭环，以此来垄断核心专利技术，排斥和打压外来竞争对手。一旦形成技术闭环，竞争对手会发现因为基础技术与互补技术的缺失想要另辟蹊径进行新技术研发几乎不可能。但此时专利持有企业也不能松懈，因为破坏性地创新不需要这些所谓的必要技术，由此可能对其垄断进程造成一定的阻碍。

4.2.4.2 市场层面

在专利垄断标准阶段，纳入市场标准中的专利技术出于对利润的渴望，会不断地"旅行"，从企业标准发展成行业标准，从地方性标准上升成全国性标准，甚至世界标准。实现更大范围、更大市场的垄断，进入大范围"垄断/锁定市场"阶段。要实现这一阶段的顺利演化，专利技术标准需要关注以下核心问题。

（1）如何形成强大的专利网络。

专利技术标准是一个由共同编码使众多一致化单元形成庞大的网络系统，在这个系统中用户得益于大规模的网络效应。网络效应分为直接网络效应与间接网络效应。在直接网络效应下，消费者数量的增加能够提高产品的价值。而在间接网络效应下，基础技术产品与辅助技术产品相互依赖，引发产品需求的相互依赖。在此阶段，专利技术标准所有者是否致力于实现网络效应的内在化成为核心问题，只有推动直接网络效应与间接网络效应双管齐下，不断研发与推出兼容和互补产品，才能使网络效应愈发彰显。当专利技术标准的网络价值呈现出几何级数膨胀时，垄断形成。

（2）专利技术是否实现对市场的强势锁定。

相较于专利占领标准阶段对市场的锁定，此阶段的锁定更为稳固。为了进一步维持并拓展其用户安装基础，专利持有人可以从转换成本着手，对标准中的专利技术设置高额的转换成本。例如，因学习而产生的程序性转换成本，因利益损失而带来的财务性转换成本，以及因品牌关系损失而造成的关系型转换成本等。专利技术标准凭借市场对其核心专利技术、互补技术、兼容技术的依赖，强势锁定市场与用户。

（3）如何成为国际市场的垄断标准。

专利所有者要想把企业做大做强，国家要想增强本国的技术创新能力，那么专利垄断的目标不能局限于国内，要进军国际市场成为世界的标准。

4.2.4.3 管理层面

在专利垄断标准阶段，管理层面的核心问题具体可从以下两方面进行分析。

（1）政府如何对垄断进行管控。

在垄断化的推进过程中，出于维护社会公共福利的考量，政府与行业协会的角色应该有所转变，从一个扶持、辅助、驱动、支撑的"顺势者"角色向一个引导、协调、干预、规制的"逆势者"转变，加强对创新市场、技术市场、产品市场的管理。此时的行业协会甚至政府，很容易被专利持有人的强大资源与能力优势所"俘获"和"把控"。鉴于此种情况，标准化的相关机构与部门有必要加强对专利垄断化进程的管控，尤其是针对专利池形成的市场标准中的专利质量的审核，以避免大量非必要专利、无效专利与核心专利捆绑纳入标准。

（2）专利标准化部门的建立。

就企业而言，推动专利垄断化的进程比前几个阶段更为艰辛，因为可能会面临更多的法律制度框架与条款的束缚，而不仅是锁定用户、增加网络效应与强化正反馈回路那么简单，必须要建立一个专业的标准化部门对相关事宜进行管理。此时，一方面企业需要增强谈判诉讼能力，有必要组建专门的法务诉讼团队，应对政府和其他企业发起的各种反垄断调查与诉讼。另一方面，企业要继续强化控制锁定能力，通过交叉许可、特许经营等方式将互补、配套、兼容技术的企业牢牢控制在手中，并凭借高额的转换成本，以及良好的消费者效用锁定现有用户、发展潜在用户。

4.2.4.4 政策层面

在专利垄断标准阶段，专利持有人与政府之间的关系开始发生微妙的变化，由之前的合作导向关系向竞争博弈关系发展。在这一阶段，政策层面上的核心问题主要体现在三个方面。

（1）政府如何通过"有形的手"颁布一系列政策对市场上滥用专利权的行为进行高度干预。

在此阶段，政府不再是一个政策扶持者，为了避免专利技术标准垄断后带来的一系列问题，政府必须通过"有形的手"进行高度的市场干预，颁布一系列政策对企业凭借专利技术标准滥用知识产权的行为进行有效的规制。

（2）企业如何在政策和制度下顺利实现专利标准垄断化。

在此阶段，专利持有人不再一味地"讨好"政府，其凭借强大的用户安装基础获得强大的议价能力。此时，如何顺利地实现专利标准垄断化，是专利持有人需要解决的核心问题。

（3）如何全面了解他国的专利标准制度，要进军国际市场，对他国政策必须要有清晰的认知。

值得注意的是，当"企业家与政府之间的博弈处于纳什均衡时，技术与制度开始协同转化"。通过专利技术进步推动政策制度创新，当专利技术标准与创新制度实现协同转化时，专利可能凭借强有力的政策制度优势垄断标准。

4.2.4.5 法律层面

在专利垄断标准阶段,法律层面上的核心问题在于国家是否建立健全专利、标准等相关法律法规,以减轻专利技术标准垄断造成的社会福利损失。

此阶段中专利技术在实现垄断的进程中与政府的矛盾与冲突也愈发尖锐与突出,因为在此阶段专利技术标准垄断可能造成"市场失灵""系统失灵"等不利影响,由此损害到社会公共利益,造成社会福利的损失。专利法是否能有效遏制专利所有者的不正当行为是比较重要的问题,为此许多国家的执法机构颁布了《反垄断法》规制专利许可行为。随着垄断问题的愈演愈烈,政府也意识到《反垄断法》可能由于信息不对称、执法体制不完善及执法能力欠缺、滥用权力、腐败寻租等原因,导致《反垄断法》对专利许可行为的规制出现低效、无效甚至负效应的不利影响。现在政府开始摒弃传统的以"市场失灵"理论基础为代表的政策干预,并致力于解决以"系统失灵"理论和演化理论基础为代表的系统功能性缺陷问题,以规避专利标准垄断化,由此可能给专利垄断标准进程造成一定的影响。此阶段专利所有者还需要关注专利纠纷的处理效率问题,如果没有高效的纠纷处理能力就会大大增加运营成本,这时,垄断标准所有者处理纠纷的能力就非常重要了。

总之,在专利标准垄断过程中,专利在技术上的先进性、新颖性已经不重要了,哪怕其技术性能不是最优的、最好的。因为专利技术早已在标准的保护伞下获得巨大的网络效应与强势的正反馈回路,互补技术、兼容技术与配套技术纷纷向其集聚,生产企业与消费者也纷纷向其靠拢。此时的专利技术标准仍然在不断地"旅行",随着市场份额的扩张,用户安装基础的增长速度开始放慢,但仍在持续增长。在此演化阶段,企业由于快速扩张与膨胀,有可能面临政府的反垄断调查,或者陷入生产企业侵权的各种诉讼案件中,从而阻碍其向垄断演化的进程。

4.2.5 专利标准化问题的评价指标体系

4.2.5.1 初始指标体系及数据来源

(1) 专利标准化四个阶段的初始指标体系。

综合对专利标准化四个阶段问题分析,将专利标准化四个阶段作为指标体系的目标层,将技术、市场、管理、政策和法律五个层面作为准则层,并将它们分别对应的问题作为体系的要素层。需要指出的是,本书分别对渐进式创新和根本性创新的标准化问题进行分析，但二者的问题在很大程度上有相似之处，并且为了结构统一，只以其中一种为例进行关键问题分析，本书选取渐进式创新进行关键问题分析。指标评价体系如表 4-7、表 4-8、表 4-9 和表 4-10 所示。

表 4-7 专利角逐标准阶段指标体系

目标层	准则层	要素问题层
专利角逐标准关键问题 A	技术层 A1	技术是否具有创新性 A11
		技术是否具有良好的兼容性 A12
		技术是否具备良好的延续性 A13
	市场层 A2	如何处理好市场上相关专利的关系 A21
		如何扩大用户基数 A22
	管理层 A3	专利信息的管理 A31
		专利人才培养体系的问题 A32
		战略规划问题 A33
	政策层 A4	如何利用本国政策的扶持 A41
		是否对他国政策进行了解 A42
	法律层 A5	专利法是否能够充分保障专利权 A51
		是否对其他国家的法律进行了解 A52
		是否能有效地处理法律诉讼 A53

表 4-8 专利影响标准阶段指标体系

目标层	准则层	要素问题层
专利影响标准关键问题 B	技术层 B1	厘清专利技术的必要性 B11
		如何穿越"专利丛林" B12
		如何增强对专利引用关系的控制能力 B13
	市场层 B2	是否打造配套协作网络 B21
		如何抵御现有标准体系的打压 B22
	管理层 B3	如何加强营销管理 B31
		如何进行同行之间的关系管理 B32
		如何进行政府关系管理 B33
	政策层 B4	如何利用本国政策的扶持 B41
		是否对他国政策进行了解 B42
	法律层 B5	专利法是否能够对打压行为进行抵制 B51
		专利纠纷的处理效率问题 B52

表 4-9　专利占领标准阶段指标体系

目标层	准则层	要素问题层
专利占领标准关键问题 C	技术层 C1	是否有配套技术 C11
		是否促进技术共生系统的形成 C12
		是否有构建技术联盟 C13
	市场层 C2	如何构建专利族群 C21
		如何利用网络的外部性 C22
	管理层 C3	如何找到合适的正反馈回路 C23
		政府如何对专利市场的管理 C31
		专利所有者对专利信息的管理 C32
	政策层 C4	政策是否能够对标准化建设进行全面的指导和协调 C41
		政府如何立足战略性的高度推动专利与标准的融合 C42
	法律层 C5	专利法如何打击专利信息的隐瞒行为 C51
		是否能够对专利权进行有效的保护 C52

表 4-10　专利垄断标准阶段指标体系

目标层	准则层	要素问题层
专利垄断标准关键问题 D	技术层 D1	如何避免新兴技术取代的风险 D11
		如何致力于技术闭环的形成 D12
	市场层 D2	如何形成强大的专利网络 D21
		如何对市场进行锁定 D22
		如何成为国际市场的垄断标准 D23
	管理层 D3	政府如何对垄断进行管控 D31
		专利标准化的管理部门的建立 D32
	政策层 D4	政策是否能够有效地调控垄断 D41
		专利企业如何在政策制约下发展 D42
		对他国的专利法进行了解 D43
	法律层 D5	专利法是否有效遏制垄断专利的不正当行为 D51
		是否能有效处理法律诉讼 D52

（2）数据来源。

本书的数据来源于专家打分问卷（问卷表见附录4）的方式。由于问题涉及的知识专业性较强，问卷对象主要是在企业从事过与专利相关工作的人员、在知识产权局从事专利管理工作的人员、从事专利标准化研究的学者等。为了便于被试者更好地理解问题，我们对相关问题进行适当地解释，以提高问卷的效度。参与问卷的人数共计105人，有效问卷93份，问卷有效率达88%。从问卷对象的性别组成来看，男性有67人，女性有26人。其中，企业工作人员有33人，知识产权局工作人员有15人，高校标准化研究的学者有45人。从问卷对象的职称组成来看，获得高级职称的有7人，副高级职称的有13人，中级职称的有28人，初级职称的有45人。从问卷对象从事专利相关工作的年限来看，工作10年以上的有5人，7~10年的有19人，4~6年的有30人，0~3年的有39人。

一般来说，工作年限越长、职称越高，其对专利化问题越能有更加深入的体会，其打分结果的信度也就越高，这个信度通过专家权重进行衡量。根据专家职称（a_i）、工作年限（b_i）、指标熟悉程度（c_i）三个维度进行打分，具体打分依据如表3-13所示，专家评价值及专家评分权重的计算同4.1.5.1节所述。

本部分仍然使用AHP进行权重分析。

4.2.5.2 专利角逐标准阶段的指标权重测算

根据专家对专利角逐标准阶段指标的打分，及专家权重δ_i的联合运算，得出这个阶段各衡量指标的权重，如表4-11所示。

表4-11 专利角逐标准阶段问题的衡量指标权重

目标层	准则层		要素层				
	准则层指标	准则层对目标层的权重	要素层指标	要素层对指标层指标的权重	排序	要素层对目标层指标的权重	排序
专利角逐标准关键问题A	技术层面（A1）	0.3142	A11	0.4271	1	0.1342	1
			A12	0.3215	2	0.1010	3
			A13	0.2514	3	0.0790	4
	市场层面（A2）	0.1157	A21	0.5617	1	0.0433	11
			A22	0.4383	2	0.0338	13
	管理层面（A3）	0.1663	A31	0.2929	3	0.0487	9
			A32	0.3245	2	0.0540	7
			A33	0.3826	1	0.0636	6
	政策层面（A4）	0.2676	A41	0.6135	1	0.1094	2
			A42	0.3865	2	0.0689	5
	法律层面（A5）	0.1362	A51	0.3764	1	0.0513	8
			A52	0.2885	3	0.0393	12
			A53	0.3351	2	0.0456	10

注：①在准则层权重相同情况下，只有两个要素层的指标相对会比三个要素层的指标权重更高，为了使结果客观，对只有两个要素层的指标权重乘以2/3进行处理，以下三个阶段的权重结果均采用此方法。
②要素层指标的具体含义参见表4-7。

根据表 4-11 所得的专利角逐标准问题衡量指标的权重分析，可得出如下两方面的信息。

一是从准则层来分析，在技术、市场、管理、政策和法律五个层面中，处于第一位的关键问题是技术层面（权重 0.3142）问题，其次是政策层面（权重 0.2676）问题，接着是法律层面（权重 0.1362）、市场层面（权重 0.1157）问题，最后才是管理层面（0.1663）问题。这表明在专利角逐标准阶段，解决技术问题是专利所有者在角逐中能否胜利的关键，这符合了专利在现实竞争中的情况。因为任何一项专利在技术方面不过硬，是很难在竞争中取得成功的。政策层面的问题是专利所有者在角逐中获得胜利的重要支撑，因为在竞争标准的初始阶段，各项专利的市场占有份额差别不大。如果能够抓住时机，有效利用政策优势，抢在竞争对手之前利用政策福利扩大专利的竞争力，就可实现自己在专利标准化的第一阶段胜出。

二是从要素层进行分析，在影响专利角逐标准的 13 个问题当中，排在前六位的有：技术的创新性（权重 0.1342）问题，如何利用本国政策（权重 0.1094）问题、技术的兼容性（权重 0.1010）问题、技术的延续性（权重 0.0790）问题、对国外政策的了解（权重 0.0689）问题及战略规划（权重 0.0636）问题。不难发现，技术层面的三个问题权重都排在前六位，更加说明专利所有者在角逐标准阶段解决技术问题至关重要。同样，作为政策层面的两个要素的权重也在前六位当中，分别是如何利用本国政策的扶持（第二位）及如何对他国专利政策进行了解（第五位）的问题，表明专利所有者在角逐阶段需要善于利用本国政策的扶持，还要对他国政策进行了解，为后期专利进军国外做好准备。此外，在前六位的问题当中，技术的创新性（权重 0.1342）问题、如何利用本国政策（权重 0.1094）问题、技术的兼容性（权重 0.1010）问题是属于同一权重级别的问题，而技术的延续性（权重 0.0790）问题、对国外政策的了解（权重 0.0689）问题及战略规划（权重 0.0636）问题也是属于同一权重级别的问题，但相比前三位却相差一个权重级别。在处理专利角逐标准阶段的关键问题时，技术的创新性问题、如何利用本国政策问题、技术兼容性问题属于第一优先级的关键问题，而技术的延续性问题、对国外政策的了解问题和战略规划问题属于第二优先级的关键问题。

4.2.5.3 专利影响标准阶段的指标权重测算

根据专利影响标准阶段指标的问卷数据，经过软件测算得出这个阶段各衡量指标的权重，如表 4-12 所示。

表 4-12　专利影响标准阶段问题的衡量指标权重

目标层	准则层		要素层				
	准则层指标	准则层对目标层的权重	要素层指标	要素层对指标层指标的权重	排序	要素层对目标层指标的权重	排序
专利影响标准关键问题B	技术层面B1	0.1635	B11	0.2711	3	0.0443	10
			B12	0.3275	2	0.0535	8
			B13	0.4014	1	0.0656	6
	市场层面B2	0.3231	B21	0.5817	1	0.1253	1
			B22	0.4183	2	0.0901	3
	管理层面B3	0.2531	B31	0.4135	1	0.1047	2
			B32	0.2653	3	0.0671	5
			B33	0.3212	2	0.0813	4
	政策层面B4	0.1478	B41	0.6135	1	0.0604	7
			B42	0.3865	2	0.0381	11
	法律层面B5	0.1125	B51	0.6764	1	0.0507	9
			B52	0.3236	2	0.0243	12

注：要素层指标的具体含义参见表 4-9。

根据表 4-12 所得指标权重来分析，可得出如下两方面的信息。

一是从准则层来分析，在技术、市场、管理、政策和法律五个层面中，处于第一位的关键问题是市场层面（权重 0.3231）问题，其次是管理层面（0.2531）问题，再次是技术层面（权重 0.1635）问题、政策层面（权重 0.1478）问题和法律层面（权重 0.1125）问题。因为经过角逐阶段竞争存活下来的专利，其技术性相对较强，所以应该把重心放在对市场的扩张上，需要解决的是培育配套的协作网络及如何抵御现有标准体系的打压的问题，在激烈的市场竞争中突出重围。对于处于第二位的管理层问题，是专利所有者能够扩大市场份额的重要支撑，因为专利所有者在这个阶段不仅要增强营销管理能力，还要重视企业关系及政府关系的管理，用良好的关系管理为强化专利的市场基础营造良好的外部环境。

二是从要素层进行分析，在所有要素当中，排在前六位的是：培育配套协作网络（权重 0.1253）问题、加强营销管理（权重 0.1047）问题、抵御现有体系的打击（权重 0.0901）问题、加强政府关系管理（权重 0.0813）、加强同行关系管理（权重 0.0671）和如何增强对专利引用关系的控制能力（权重 0.0656）问题。显然，市场层面两个问题的权重都排在前六位，说明专利所有者在影响标准阶段应当重视市场的占有，扩大用户安装基础，为后续阶段的竞争打好市场基础。同样，作为管理层三个问题的权重也排在前六位，分别是重视营销管理问题（第二位），加强政府关系管理（第四位）及加强同行关系管理（第五位）问题，专利所有者在重视营销管理的同时，还需要营造良好的外部市场关系。此外，在前六位的问题当中，培育配套协作网络（权重0.1253）问题、加强营销管理（权重0.1047）问题、抵御现有体系的打击（权重0.0901）问题属于同一权重级别的问题；而加强政府关系管理（权重0.0813）、加强同行关系管理（权重0.0671）和如何增强对专利引用关系的控制能力（权重0.0656）问题也是属于同一权重级别问题，但相较于前者重要程度要低。这说明专利影响标准阶段的关键问题分为两个等级，培育配套协作网络问题、加强营销管理问题、抵御现有体系的打击问题属于第一优先级的关键问题，而加强政府关系管理、加强同行关系管理及如何增强对专利引用关系的控制能力问题是属于第二优先级的关键问题。

4.2.5.4 专利占领标准阶段的指标权重测算

根据专利影响标准阶段指标的问卷数据，经过软件测算得出这个阶段各衡量指标的权重，如表4-13所示。

表4-13 专利占领标准阶段问题的衡量指标权重

目标层	准则层			要素层				
	准则层指标	准则层对目标层的权重		要素层指标	要素层对指标层的权重	排序	要素层对目标层指标的权重	排序
专利占领标准关键问题C	技术层面C1	0.2368		C11	0.3723	2	0.0882	2
				C12	0.3475	1	0.0823	4
				C13	0.2802	3	0.0664	7
	市场层面C2	0.2631		C21	0.4217	1	0.1109	1
				C22	0.2715	3	0.0714	6
				C23	0.3068	2	0.0807	5
	管理层面C3	0.2231		C31	0.4244	2	0.0631	8
				C32	0.5756	1	0.0856	3
	政策层面C4	0.1145		C41	0.3742	2	0.0286	12
				C42	0.6258	1	0.0478	11
	法律层面C5	0.1625		C51	0.5382	1	0.0583	9
				C52	0.4618	2	0.0500	10

注：要素层指标的具体含义参见表4-9。

根据表 4-13 所得到的指标权重来分析，可得出如下两方面的信息。

一是从准则层来分析，对于专利占领标准阶段，专利所有者在技术、市场、管理、政策和法律五个层面中，首先应当关注的是市场层面（权重 0.2368）问题，其次是技术层面（权重 0.2631）的问题，再次是管理层面（权重 0.2231）、法律层面（权重 0.1625）和政策层面（权重 0.1145）的问题。在专利占领标准阶段，市场层面的问题仍然是首要解决的问题，因为市场占有率是专利能否纳入标准的最直接的体现。技术层面的问题排在第二位，但是这里的技术层面问题相比角逐标准阶段的技术层面问题又有新的具体体现，它不单纯指技术本身的问题，而是如何拓展自己的技术以形成技术共生系统，从而培育成强大的核心竞争力。排在第三位的管理层面问题与第二位的权重差异很小，说明这个阶段同样也要重视对专利相关工作的管理。

二是从要素层进行分析，在专利占领标准阶段的所有问题当中，权重排在前六位的是：如何构建专利族群（权重 0.1109）、是否有配套技术（权重 0.0882）、专利信息管理问题（权重 0.0856）、是否形成技术共生系统（权重 0.0823）、如何找到正反馈回路（权重 0.0807）和如何利用网络的外部性（权重 0.0714）。在准则层权重排名第一的市场层面，其三个要素的权重都居前六位，表明在这个阶段专家认为市场层面的问题是非常关键的，专利所有者应当构筑自己的专利族群，以形成一个正反馈回路，并要善于利用专利网络的外部性，来扩大用户安装基础，进一步巩固专利地位。作为第二位的技术层面的问题有两个要素权重居前六位，分别为是否有配套技术（第二位）和是否形成技术共生系统（第四位），配套技术的产生是技术共生系统形成的基础，技术层面问题的解决是为解决市场层面问题并最终占领市场所服务的。不难发现，在前六位的问题当中，如何构建专利族群（权重 0.1109）、是否形成技术共生系统（权重 0.0882）、专利信息管理问题（权重 0.0856）三者同属于一个级别，而是否有配套技术（权重 0.0823）、如何找到正反馈回路（权重 0.0807）和如何利用网络的外部性（权重 0.0714）三个问题属于另一权重级别。基于此，我们把专利占领标准阶段关键问题分为两个优先级，第一优先级关键问题包括如何构建专利族群、是否形成技术共生系统、专利信息管理问题，第二优先级关键问题有是否有配套技术、如何找到正反馈回路和如何利用网络的外部性。

4.2.5.5 专利垄断标准阶段的指标权重测算

根据专利影响标准阶段指标的问卷数据，经过软件测算得出这个阶段各衡量指标的权重，如表 4-14 所示。

表 4-14 专利垄断标准阶段问题的衡量指标权重

目标层	准则层		要素层				
	准则层指标	准则层对目标层的权重	要素层指标	要素层对指标层指标的权重	排序	要素层对目标层指标权重	排序
专利垄断标准关键问题 D	技术层面 D1	0.1437	D11	0.5281	1	0.0506	7
			D12	0.4719	2	0.0452	8
	市场层面 D2	0.102	D21	0.2872	3	0.0293	12
			D22	0.3872	1	0.0395	9
			D23	0.3256	2	0.0332	11
	管理层面 D3	0.3145	D31	0.5739	1	0.1203	1
			D32	0.4261	2	0.0893	3
	政策层面 D4	0.1814	D41	0.4136	1	0.0750	4
			D42	0.3737	2	0.0678	6
			D43	0.2127	3	0.0386	10
	法律层面 D5	0.2584	D51	0.5934	1	0.1022	2
			D52	0.4066	2	0.0700	5

注：要素层指标的具体含义见表 4-10。

根据表 4-14 所得到的各衡量指标权重分析，可得如下信息。

一是从准则层来看，专利所有者在技术、市场、管理、政策和法律五个层面中，首先应当关注的是管理层面（权重 0.3145）问题，其次是法律层面（权重 0.2584）问题，再次是政策层面（权重 0.1814）、技术层面（权重 0.1437）和市场层面（权重 0.102）问题。在专利垄断标准阶段，只有为数不多的专利存活下来，这些专利的技术核心竞争力比较强，且市场占有率比较高，因此，技术层面和市场层面的问题不是关键性的，管理层面的问题则是关键的。此时，政府和专利所有者要重视对专利的正确引导，让它朝着有利于国家技术创新和经济发展的方向前进。处于第二位的法律层问题是营造良好专利竞争环境的重要保障，一方面要抵制专利垄断的不正当行为，另一方面专利所有者也要灵活运用法律武器来有效率地处理法律诉讼。

二是从要素层来看，在专利垄断标准阶段的所有问题当中，权重排在前六位的是：如何对垄断进行管控（权重 0.1203）、是否能对垄断专利的不正当行为进行制约（权重 0.1022）、专利管理部门的建立（权重 0.0893）、政策是否能够对垄断进行调控（权重 0.0750）、是否能够有效地处理法律诉讼（权重 0.0700）和垄断专利如何在制约下发展（权重 0.0678）。管理层面问题的两个要素权重都位居前六位，表明在这个阶段专利的力量比较强大，政府应当对垄断专利进行正确引导，以确保垄断专利能够朝着有利于市场的方向发展。法律层面问题的两个要素权重也位居前六位，说明法律问题的解决是垄断专利良好发展的重要保障，一旦垄断专利有不正当行为产生，应该有相关法律对其进行制裁，为了抵御恶意诉讼，垄断专利所有者需要具备有效处理诉讼的能力。不难发现，在前六位的问题当中，如何对垄断进行管控（权重 0.1203）、是否能对垄断专利的不正当行为进行制约（权重 0.1022）和专利管理部门的建立（权重 0.0893）三个问题属于同一权重级别，而政策是否能够对垄断进行调控（权重 0.0750）、是否能够有效地处理法律诉讼（权重 0.0700）和垄断专利如何在制约下发展（权重 0.0678）三个问题属于另一权重级别。综上所述，在专利垄断标准阶段的关键问题可分为两个优先级，如何对垄断进行管控、是否能对垄断专利的不正当行为进行制约和专利管理部门的建立三个问题属于第一优先级的关键问题，政策是否能够对垄断进行调控、是否能够有效地处理法律诉讼和垄断专利如何在制约下发展三个问题属于第二优先级的关键问题。

4.3 标准垄断化的核心问题分析

技术标准往往昭示着行业和技术路线的发展方向。随着知识产权的保护力度加大、专利申请数量急剧增加，几乎所有的技术研发新成果都被专利技术所覆盖，技术标准和专利技术日益融合，即出现技术标准专利化的趋势。技术标准中私有性和排他性专利技术的渗入，不仅改变了技术标准的公共产品属性，而且为标准竞争中的获胜者带来了丰厚的回报，标准竞争中的胜利者既可以获得巨大的经济利益，又可占据长远的竞争优势。通过标准实现垄断的企业，可以掌握游戏规则的制定权，获得更大的市场控制权。由于现实标准分为事实标准与法定标准两种形式，因而技术标准垄断化也就有两种类型（或路径）：事实标准垄断化和法定标准垄断化。

无论是事实标准垄断化还是法定标准垄断化，在其垄断化的过程中都会面临着各种各样的问题，如何分析、识别出关键问题并进行有效解决，是确保技术标准顺利实现垄断的必要条件。

4.3.1 事实标准垄断化的核心问题分析

4.3.1.1 技术层面

（1）事实标准中专利技术的创新性问题。

将专利纳入技术标准进而形成行业内或市场上的垄断局面，其主要的着力点在于对专利的掌握，此处的专利通常为实用新型专利或发明专利。传统意义上，市场主体垄断地位的形成多是凭借产品质量和长期发展积累起来的规模效益，而依据事实标准形成的垄断局面则是知识经济时代的独有现象，其突出特点在于专利的高技术含量。基于此而形成的标准垄断也很难被新进入者打破，一方面是起步晚，研发基础薄弱，另一方面是进行新的技术创新需要以原有技术为依托，往往造成受制于原技术持有人的局面。因此，要实现事实标准垄断化必须注重培育专利的创新性。

（2）事实标准中专利技术的必要性问题。

只有那些关键的、基本的、核心的专利才能纳入标准。因此，要使标准实现垄断就必须确保纳入事实标准的专利在技术上是独特的、不可替代的和难以模仿的；并且，该项专利涉及的技术方法、工艺要求和特征性能与一套标准体系所包含的内容有直接的、内在的紧密联系。

（3）事实标准中专利技术的动态时效性问题。

考虑到通过专利标准化上升到垄断地位是一种技术标准垄断，是在技术创新的基础上形成的，企业需要在行业竞争中不断地根据实际需要进行改进、创新，这一点不同于长期市场积累形成的传统垄断。纳入技术标准的专利具有期限性，我国对发明专利的保护期限为二十年，实用新型专利的保护期限为十年，一旦保护期满，专利技术成为公共物品，使事实标准丧失垄断性。此外，专利技术还有市场生命周期，如果事实标准中的某些关键性的专利技术提前进入衰退期，会严重影响事实标准的垄断化进程。

4.3.1.2 市场层面

（1）事实标准是否能持续锁定市场。

当企业实现事实标准化后，不能安于现状，掉以轻心，忽略掉可能存在的潜在风险，如其他替代性的新兴专利技术的冲击。因此，企业有必要时刻保持警惕意识，关注自己所占的市场份额，将生产企业和消费者牢牢锁定于现有的事实技术标准路径之上。

(2) 事实标准是否能维持并不断扩大网络效应。

技术标准中的各项技术，尤其是专利技术和专有技术应该具有强大的兼容性，使生产者与最终消费者都能通过标准获得便利，不存在多余的学习成本，并且有利于实现使用者的规模经济，同时带来规模报酬递增，使消费者预期与安装基础对核心专利技术的采用和扩散起到关键作用。

(3) 事实标准是否能持续推进正反馈回路。

现代市场竞争表明，当两家或更多家的公司在竞争产业技术标准时，如果网络效应和正反馈回路存在并且非常重要，那么市场标准竞争的胜利者将最终属于找到最合适的正反馈回路的企业。由此可见，事实标准的形成与垄断依赖于强大的用户安装基础，而正反馈回路对于用户安装基础的培育至关重要。随着用户数量的增加，网络外部性使用户在消费过程中获得的效用呈现递增趋势，并且当某一技术产品的用户数量增加时，互补品的种类将更加多样且价格更为低廉。在专利技术的边际收益递增的情况下，会产生一种自我增强的正反馈机制，使市场趋向"赢者通吃"的结构，由此实现垄断。

4.3.1.3 管理层面

(1) 事实标准主体的关系管理问题。

随着科技更新速度的加快，由一家企业研发所有技术并成为一系列技术标准变得难以实现，而是由企业通过联盟实现。因此，事实标准中的技术并不是由某一家公司或集团提出，而是分散掌握在不同的市场主体手上，而各个主体的地位、利益诉求和目标存在差异。所以，要顺利实现事实标准垄断化有必要协调好各个利益相关主体之间的关系。

(2) 事实标准中专利池的管理问题。

就专利池形成的技术事实标准而言，有必要设置专门的管理机构对专利池的许可收益进行有效管理。在成立专利池管理机构时，需要明确管理机构归谁管理，例如，是选举某个联盟成员进行集中管理，还是委托第三方管理机构进行统一管理，抑或采取某种新的管理模式进行管理，管理机构的职责有哪些，管理的方式又是什么。此外，管理机构设定的专利许可收益分配机制是什么，是按照研发贡献程度分配，还是按照成果创造的价值分配。

4.3.1.4 政策层面

(1) 政府是否对事实标准进行全面的规划。

政府作为主要的政策制定者，应该加强对事实标准垄断化建设的指导和协调,扶持重点领域的技术标准与重要的技术标准成为国家标准,甚至成为国际标准,并在国际竞争中获得垄断竞争优势,增加其在全球市场中占有的份额,提高经济地位。同时,政府主管部门有必要加强对企业标准化建设的指导和协调政策,特别是对重点领域的事实标准和重要技术的事实标准的垄断化给予重点支持。

(2)如何对标准垄断化进行适当干预。

政府通过正式约束产生诱导性偏向,可以影响甚至直接改变消费者对技术的偏好。因此,政府作为有形的手通过政策对市场进行干预管理在事实标准垄断化的演化阶段尤为重要,尤其是当几个事实标准争夺垄断地位时,政府需要从节约研发成本、交易成本等角度,充分发挥科研机构、行业协会、中介机构在标准化战略中的重要作用,引导市场选择某项技术标准,实现事实技术标准的垄断。

4.3.1.5 法律层面

(1)私有协议引起反垄断诉讼问题。

事实标准中存在一些封闭性标准,这些标准构成了私有协议。它是在政府或政府授权的标准化组织进入相关领域建立标准和规范之前,市场主体由于先期进入市场,依据在行业内积累的技术资源、市场资源、财力资源、管理资源等而形成的一套标准。本质上是企业的内部标准,除非获得授权,其他企业一般无权使用该协议。私有协议可以通过拒绝许可、限制交易、捆绑搭售等形式排斥竞争者,获得市场支配地位,有利于推动事实标准实现垄断化,但是也可能会引起反垄断诉讼。

(2)强制许可对垄断化进程形成阻碍的问题。

专利权强制许可制度最早出现在《巴黎公约》中,公约规定:"本联盟各国都有权采取立法措施规定授予强制许可,以防止由于行使专利所赋予的专有权而可能产生的滥用,例如,不实施。"《TRIPS 协定》除了规定合理条件强制许可外,还包含公共利益强制许可、依存专利强制许可、集成电路布图设计强制许可等内容。因此,在事实标准垄断化进程中,要注意合法合规,尽量避免因被判定为垄断行为而被迫实施强制许可从而丧失垄断地位。

4.3.2 法定标准垄断化的核心问题分析

4.3.2.1 技术层面

(1)法定标准中专利技术的替代性问题。

法定标准通过正当的程序确立后,就会在一定市场范围内产生作用,不符合标准的产品甚至无法参与市场竞争，生产经营者必须获取法定标准中的技术许可，而无法用其他技术取代。此外，标准必要专利权人提供的专利技术属于独一无二的。因此，不管是从需求替代性还是供给替代性来看，将每一项法定标准必要专利单独作为一个相关市场都是有理有据的。只有不可替代性的专利技术才能纳入法定标准中，进而才有后续依托专利技术实现法定标准垄断化的可能。

（2）在法定标准中专利技术的先进性问题。

在技术先进性方面，法定标准中专利技术不需要是同类技术中最为先进的技术，但需要具备一定的先进性。纳入法定标准中的技术必须符合国家战略发展，需要突破性关键技术，是通过自主创新研发的原创性专利，代表国家一定科研实力的优势技术，且自身的代继性强，较市场上其他竞争技术具有较好的兼容性，其他竞争者不容易模仿。

（3）法定标准中专利技术的动态时效性问题。

同事实标准中的专利技术动态时效性问题类似，法定标准中专利技术同样面临法定保护期限的问题，这就意味着依据这些专利所确定的标准将在专利期限届满后成为公共标准进入公共领域而丧失垄断性。专利标准化所确立的标准垄断与传统垄断相比更具有时效性和波动性。同时，也需要考虑法定标准中专利技术的市场生命周期，如果专利技术被市场淘汰，即使在法定保护期限内，也不利于法定标准垄断化的实现。

4.3.2.2 市场层面

（1）如何完善相关的市场配套。

在法定标准形成后，与法定标准相关的市场配套却没有形成，这就需要市场上的相关企业在政府的引导下开展相关合作，将上下游技术链组合起来，将与该专利技术有关的信息流、知识流组合起来，寻找社会资本投资该项专利技术的后期研发和技术升级工作，注重必要专利技术所在产业的产业链建设，使制造商、分销商和零售商之间的关系更加紧密，生产流通环节更加通畅，从而使以专利技术为核心的产品市场盘活起来，打通市场各个通道。市场建立后，提升了消费者的消费预期，增加了市场的安装基数，逐步形成一定的网络效应，形成了以专利技术为核心的商品市场垄断。由于该项必要专利技术已经是法定标准的重要技术组成部分，更容易实现专利技术法定标准垄断。

（2）法定标准是否积极强化"锁定效应"。

虽然政府在法定标准的形成过程中可以提供很多指导与便利，但是同事实标准垄断化一样，法定标准要实现垄断化也需要强大的网络效应和良好的正反馈回路，以获得强势的锁定效应。因为锁定效应的存在使掌握标准的企业加强了自身的垄断力量，延长了其垄断的时间，获得了稳定的垄断地位。稳定的垄断地位又强化和放大了网络效应，竞争者如果另辟蹊径则要为巨大的改变成本买单，路径依赖及其惯性往往迫使无数竞争者就此止步，选择法定标准所确认的技术方向，进一步巩固法定标准的垄断化的进程。

4.3.2.3　管理层面

（1）如何对法定标准主体关系进行管理。

在制定法定标准时，政府或者政府授权的标准化组织不可能只纳入一家企业的技术，而是会将一整套与某项标准有关的必要技术均纳入法定标准中。因此，法定标准中的技术所有者呈现多元化的特征。而同事实标准一样，法定标准中技术相关主体的地位、利益诉求和目标之间存在差异。因此，要顺利实现技术法定标准垄断化有必要协调好各个相关主体之间的利益关系。

（2）企业是否具有较好的专利管理能力。

要实现专利标准化、标准垄断化的企业，有必要设立专门的专利与标准运营与管理机构。该机构负责专利的申请、专利的维护、标准的申请，以及其他日常运营工作，同时，积极与外部其他企业加强合作，从技术、信息、物流、资本等方面共同开拓市场。此外，该管理机构还要积极保持与政府的紧密联系，随时关注政府动向，抓住政府发起制定或者修订标准的契机，积极争取标准话语权和主动权，游说政府将自身专利技术纳入法定标准中，为后续的垄断做出必要准备。

（3）是否有专门的管理机构对标准进行管理。

不是所有的法定标准都能实现垄断化，如果法定标准并不具有远大的发展前景且标准所有者不能代表本国的利益，那么政府帮助其实现垄断化无疑会损害本国的利益。因此，应当设立专门的标准管理机构，对垄断化的标准进行识别，找出有发展潜力且能够代表国家技术创新水平的标准，通过政策的庇护，促进其垄断化的实现。

4.3.2.4　政策层面

（1）如何提高政策鼓励源头技术研发的力度。

法定标准要实现垄断化，关键在于法定标准中的技术要"过硬"。因此，需要从源头上鼓励创新技术的研发，制定各项政策从资金、人才、信息等方面支持创新技术的研发，鼓励原始创新、引进再创新和集成创新，提高自主创新能力，为法定标准垄断化奠定优质的、坚实的核心技术基石。

（2）政府的相关政策体系是否完善。

法定标准垄断化离不开一系列的政策引导、扶持与支撑。因此，有必要完善技术创新政策、知识产权保护政策、标准化政策等相关政策体系，加强建设公平、有序、健康、和谐的政策环境，积极协助企业研发技术、培育市场，将相关产业结合起来联动发展，形成高质量的法定技术标准。通过"国家制定战略—政府选择事实标准转化为法定标准—政府加强法定标准的执行力度—政府协助扩大市场份额—政府推进法定标准垄断"的路径实现法定标准垄断化。

4.3.2.5 法律层面

（1）如何对法定标准中的专利许可义务进行规定。

政府在将专利技术写入法定标准时，一般会附加免费或 FRAND（公平、合理、无歧视）/RAND（合理，无歧视）许可义务，因此企业想凭借拒绝许可等形式限制竞争对手进入市场进而实现垄断的可能性不大。在 FRAND 原则下，法定标准垄断化有必要强调专利的适用范围、专利许可费等相关内容。但是，对于 FRAND 原则，标准制定组织并没有给出具体明确的界定和判定方法。

（2）专利法是否能有效地制止不正当的垄断行为。

所谓知识产权的信息披露是指标准化组织或标准的发起人为了便于将来推广标准和豁免自己的责任，要求标准提案人在将有专利权等知识产权的技术纳入标准之前，必须披露该技术有知识产权，甚至要求必须有知识产权权利人愿意在标准建立后在合理的条件下进行知识产权许可或无偿许可的声明。如果在标准制定过程中没有履行披露义务，则可以根据衡平法中的禁止反悔（Estoppel）原则进行处理，此原则的基本要素是：某一方误导性的行为被禁止反悔；主张禁止反悔的一方应提出的误导行为与合理损害间的联系。因此，法定标准垄断化不能依据恶意地事后主张专利权利，故意设置"专利地雷"来打击竞争者，扩大市场份额，实现垄断。因为这种"垄断"是不符合市场竞争秩序的，要受到法律打击和规制的"非法垄断"。

4.3.3 标准垄断化问题的评价指标体系

4.3.3.1 初始指标体系及数据来源

（1）初始指标体系。

综合对两类标准垄断化的问题分析，构建一个三级评价指标。把事实标准垄断化和法定标准垄断化作为指标体系的目标层，把技术、市场、管理、政策和法律五个层面作为指标体系的准则层，把五个层面分别对应的问题作为指标体系的要素层，如表 4-15、表 4-16 所示。

表 4-15 事实标准垄断化问题指标

目标层	准则层	要素问题层
事实标准垄断化关键问题 A	技术层面 A1	技术是否具有创新性 A11
		技术是否具有必要性 A12
		技术是否具备良好的动态时效性 A13
	市场层面 A2	事实标准是否能持续锁定市场 A21
		如何不断扩大网络效应 A22
		事实标准是否能持续推进正反馈回路 A23
	管理层面 A3	事实标准主体的关系管理 A31
		事实标准中专利池的管理 A32
	政策层面 A4	是否对事实标准进行了全面的规划 A41
		如何对标准垄断化进行适当干预 A42
	法律层面 A5	私有协议引起反垄断诉讼问题 A51
		强制许可对垄断化进程形成阻碍问题 A52

表 4-16 法定标准垄断化问题指标

目标层	准则层	要素问题层
法定标准垄断化关键问题 B	技术层面 B1	法定标准中专利技术替代性问题 B11
		法定标准中专利技术先进性问题 B12
		法定标准中专利技术的动态时效性问题 B13
	市场层面 B2	如何完善相关的市场配套 B21
		法定标准是否积极强化"锁定效应" B22
	管理层面 B3	如何对法定标准主体关系进行管理 B31
		企业是否具有较好的专利管理能力 B32
		是否有专门的管理机构对标准进行管理
	政策层面 B4	政府相关政策对技术研发的鼓励力度 B41
		政府相关政策体系是否完善 B42
	法律层面 B5	如何对法定标准中的专利许可义务进行规定 B51
		专利法是否能有效地制止不正当的垄断行为 B52

（2）数据来源。

本书的数据来源于专家打分问卷（问卷表见附录5）的方式。问卷对象主要是在企业从事（过）与专利相关工作的人员、在知识产权局从事（过）专利管理工作的人员、在高校进行或者从事专利标准化研究的学者等。为了便于问卷对象更好地理解问题，我们会对相关问题进行适当地解释，这样也提高了问卷的效度。问卷人数共计107人，有效问卷95份，问卷有效率达88.8%。从问卷对象的性别组成来看，男性69人，女性26人。从问卷对象的工作类别来看，相关的企业工作人员有33人，知识产权局工作人员有17人，高校标准化研究的学者有45人。从问卷对象的职称组成来看，获得高级职称的有7人，副高级职称的有15人，中级职称的有28人，初级职称的有45人。从问卷对象从事专利相关工作的年限来看，工作10年以上的有5人，7~10年的有19人，4~6年的有30人，0~3年的有41人。

一般而言，从事相关工作的年限越长，职称越高，其对标准垄断化问题越有更加深入的体会，其打分结果的信度也就越高，这个信度通过专家权重进行衡量。根据专家职称（a_i）、工作年限（b_i）、指标熟悉程度（c_i）三个维度打分，具体打分依据见表3-13所示，专家评价值及专家评分权重的计算同4.1.5.1节所述。

本部分仍然是使用AHP进行权重分析，相关说明见4.1.5.1节所述。

4.3.3.2 事实标准垄断化的指标权重测算

根据专家对事实标准垄断化各指标的打分，及专家权重δ_i的联合运算，得出事实标准垄断化各衡量指标的权重，如表4-17所示。

根据表4-17所得的各衡量指标权重分析，得出如下方面的信息。

一是从准则层来看，在技术、市场、管理、政策和法律五个层面中，第一位的关键问题是技术层面（权重0.3138）问题，其次是管理层面（权重0.2589），再次是市场层面（权重0.1535）、政策层面（权重0.1376）问题，最后才是法律层面（0.1362）问题。这表明对于事实标准垄断化而言，解决技术方面的问题是专利所有者角逐胜利与否的关键，这符合专利在现实竞争中的情况，因为对于事实标准而言，就是通过过硬的专利技术来打败竞争对手，从而成为事实标准。处于第二位的管理层问题是事实标准拥有者能否实现垄断的重要支撑。这是因为事实标准垄断化需要通过"私有协议"和企业间专利联营的方式来实现，而要达成这样的协议或者实现联营，需要事实标准拥有者来协调企业间的关系，为标准垄断化营造一个良好的外部条件。

表 4-17 事实标准垄断化问题衡量指标权重

目标层	准则层		要素层				
	准则层指标	准则层对目标层的权重	要素层指标	要素层对指标层指标的权重	排序	要素层对目标层指标的权重	排序
事实标准垄断化关键问题 A	技术层面 A1	0.3138	A11	0.4137	1	0.1298	1
			A12	0.2515	2	0.0789	4
			A13	0.3348	3	0.1051	3
	市场层面 A2	0.1535	A21	0.4552	1	0.0699	5
			A22	0.2487	3	0.0382	11
			A23	0.2961	2	0.0455	9
	管理层面 A3	0.2589	A31	0.6138	1	0.1059	2
			A32	0.3862	2	0.0667	6
	政策层面 A4	0.1376	A41	0.5148	1	0.0472	8
			A42	0.4852	2	0.0445	10
	法律层面 A5	0.1362	A51	0.5814	1	0.0528	7
			A52	0.4186	2	0.0380	12

注：要素层指标的具体含义见表 4-15。

二是从要素层来看，在影响事实标准垄断化的 12 个问题中，排在前六位的是：技术的创新性（权重 0.1298）问题、对事实标准主体的关系管理（权重 0.1059）问题、技术动态时效性（权重 0.1051）问题、技术必要性问题（权重 0.0789）、能否对市场持续锁定（权重 0.0699）问题和对事实标准专利池的管理（权重 0.0667）问题。不难发现，技术层面的三个问题都排在前六位，更加说明事实标准所有者解决技术问题的成功与否对于事实标准实现垄断化至关重要。同样作为管理层面的两个要素也在前六位之中，分别是对事实标准主体的关系管理（第二位）和对专利池的管理（第六位）问题，表明事实标准要实现垄断化需要和相关企业搞好关系，达成私有协议或者实现专利联营，为标准实现垄断化提供便利。此外，有必要成立管理机构对专利池进行管理，尤其是许可收益的管理，防止后续因为收益分配不公平引发一系列纠纷，甚至导致垄断化的失败。此外，在这前六位的问题中，技术的创新性（权重 0.1298）问题、对事实标准主体的关系管理（权重 0.1059）问题、技术动态时效性（权重 0.1051）问题属于同一权重级别；而技术必要性问题（权重 0.0789）、能否对市场持续锁定（权重 0.0699）问题和对事实标准专利池的管理（权重 0.0667）问题则属于低一等级的权重级别问题。因此，对于事实标准垄断化而言，技术的创新性问题、对事实标准主体的关系管理问题、技术动态时效性问题是属于第一优先级要处理的关键问题，而技术必要性问题、能否对市场持续锁定问题、事实标准专利池的管理问题则是属于第二优先级处理的关键问题。

4.3.3.3 法定标准垄断化的指标权重测算

根据专家对法定标准垄断化各指标的打分，及专家权重 δ_i 的联合运算，得出法定标准垄断化各衡量指标的权重，如表 4-18 所示。

表 4-18 法定标准垄断化问题衡量指标权重

目标层	准则层		要素层				
	准则层指标	准则层对目标层的权重	要素层指标	要素层对指标层的权重	排序	要素层对目标层指标的权重	排序
法定标准垄断化关键问题 B	技术层面 B1	0.1337	B11	0.2968	3	0.0397	11
			B12	0.3871	1	0.0518	8
			B13	0.3161	2	0.0423	9
	市场层面 B2	0.1149	B21	0.4675	2	0.0358	12
			B22	0.5325	1	0.0408	10
	管理层面 B3	0.2777	B31	0.4157	1	0.1154	1
			B32	0.2274	3	0.0631	7
			B33	0.3569	2	0.0991	2
	政策层面 B4	0.2461	B41	0.5869	1	0.0963	3
			B42	0.4131	2	0.0678	6
	法律层面 B5	0.2276	B51	0.4683	2	0.0710	5
			B52	0.5317	1	0.0807	4

注：要素层指标的具体含义见表 4-16。

根据表 4-18 所得到的各衡量指标权重分析，我们得到如下信息。

一是从准则层来看，在技术、市场、管理、政策和法律五个层面中，第一位的关键问题是管理层面（权重 0.2777）问题，其次是政策层面（0.2461）问题，再次是法律层面（权重0.2276）、技术层面（权重0.1337）和市场层面（权重0.1149）问题。这是因为法定标准是依托国际标准化组织、政府标准化机构及政府授权的标准化组织的政策契机，将自身的技术纳入法定标准中，因此，法定标准所有者要想实现垄断化就必须和政府标准化主管部门搞好关系，重视管理层面的问题。重视和标准化部门的关系管理，目的就是要抓住政策契机，以利于将企业标准转化为法定标准。此外，处于第二位的政策层问题和第三位的法律层问题，它们的权重差别不大，说明法定标准垄断化的实现必须要注意法律层面的问题。

二是从要素层来看，在所有问题要素中，排在前六位的是如何对法定标准主体关系进行管理（权重0.1154）问题、是否建立专门的管理机构对这些标准进行管理（权重0.0991）、如何提高政策对技术研发的鼓励力度（权重0.0963）问题、专利法是否能够制止不正当的垄断行为（权重0.0807）、如何对专利许可义务进行规定（权重0.0710）和政策体系是否完善（权重0.0678）的问题。不难发现，管理层面有两个问题位列前两位，说明标准所有者应当重视标准主体的关系管理，政府也应当成立专门的标准化管理部门对标准进行管理。政策层面的两个问题也位列前六位，分别是如何提高政策对技术研发的鼓励力度（第三位）和政策体系是否完善问题（第六位）。法定标准是以政府部门为依托的，因此，要完善标准政策，对符合国家发展的标准全力促成其垄断化的实现，以提升我国技术创新在国际市场当中的地位。此外，对于已经实现垄断的标准要有相应的法律法规进行规制，防止反垄断诉讼和不正当的垄断行为损害国家利益。从权重看，如何对法定标准主体关系进行管理（权重0.1154）、是否建立专门的管理机构对这些标准进行管理（权重0.0991）、如何提高政策对技术研发的鼓励力度（权重0.0963）属于同等级别的问题，而专利法是否能够制止不正当的垄断行为（权重0.0807）、如何对专利许可义务进行规定（权重0.0710）和政策体系是否完善（权重0.0678）则同属于较低一等级。由此可见，对在法定标准垄断化的过程中，如何对法定标准主体关系进行管理、是否建立专门的管理机构对这些标准进行管理、如何提高政策对技术研发的鼓励力度三个问题属于第一优先级要处理的关键问题，而专利法是否能够制止不正当的垄断行为、如何对专利许可义务进行规定和政策体系是否完善的问题则属于第二优先级要处理的关键问题。

第5章
技术创新、专利、标准协同转化的路径分析[①]

技术创新成果、专利、标准都是技术创新的市场形态，三者的协同转化都必须在市场中进行，离开市场，所有的转化都将成为空中楼阁。因此，市场方式是技术创新成果、专利、标准协同转化的基本方式，包含五个方面含义：①标准是技术创新成果的归宿；②标准必要专利是技术创新成果经过"技术创新成果→专利标准化→标准垄断化"协同转化的最终形式；③标准垄断化的实质是通过标准必要专利在标准适用范围内的专利权保护，以实现市场垄断收益；④根据市场、技术、政府、企业四大主要影响因素的不同组合情况，标准形成的机制可分为市场机制和法定机制；⑤根据标准形成机制的不同，技术创新成果、专利、标准协同转化的主要路径可分为市场推进路径和政府推进路径。

5.1 技术创新、专利、标准协同转化模型分析

技术标准化作为一项活动过程，具有长期性、循环往复性、涉及因素多等特点。在这一过程中会出现各种各样的问题，政府始终是这一过程的直接利益相关方。因此，根据情况有选择性地介入技术标准化活动就显得尤为必要，而这对推动技术标准快速发展也具有十分重要的意义。

5.1.1 技术标准的形成机制

一般来讲，单个的个体并不构成技术标准，技术标准作为一个系统结构具有

[①] 本部分的内容主要依据舒辉、王媛所发表的论文《市场推进技术创新、专利、标准协同转化路径分析》和《政府推进技术创新成果标准化的模式分析》撰写而成。

复杂性。形成技术标准的过程是追求一致性的过程，实现经济活动效率的提高是其主要目的，按形成的不同将技术标准分为三大类，即事实标准、法定标准、混合标准。

事实标准指不是由标准化组织制定的，而是由处于技术领先地位的企业、企业集团制定（有的还需行业联盟组织认可，如 DVD 标准需经 DVD 论坛认可），由市场实际接纳的技术标准。由于消费者和用户对标准的选择是市场对标准选择的终极表现。通常来讲，在竞争市场上最终能够成为事实标准的个体标准，一般具有技术水平较高、用户规模庞大、网络外部性较强的特点。在不完全信息的条件下，个体标准的用户规模往往是消费者进行选择的主要依据，在这一过程中，从众心理对消费者的影响非常大[1]。在这种情况下，市场面临失灵的状况，对标准做出理想的选择是无法实现的。正因为此，大量的事实标准会在现实中由落后技术充当。当前，由市场选择的标准主要集中于高新技术领域行业。一项技术占有了相当数量的市场份额，也就意味着这项技术将最终占领市场，事实标准也由此形成。

强制性是法定标准的一般特征，带有明显的"非接受不可"的意味。在实现标准化的过程中，一些制约因素（如市场因素、自然垄断因素等）会造成产品标准不全、兼容性不强、公平性难以体现等问题的产生[2]。同时，政府的直接干预必须在非产品类标准、基础性标准问题上发挥作用，以此来保证与互换性、质量、可靠性、安全、健康和环保等内容相关标准的公正性和公共性。通常来讲，非产品类标准、与国计民生密切相关的重要生产资料部门、军事技术等的标准，需要发挥政府的直接干预作用。采用政府统一制定、强制推行的标准，对改善和提高社会整体福利水平具有十分重要的意义。

混合标准，即标准化委员会或产业协会所形成的协议标准或论坛标准。市场选择事实标准机制和政府组织制定法定标准存在诸多潜在缺陷，以论坛或协商的形式来促使标准化委员会或产业协会形成市场标准已经具有很大的现实可能性。一旦相互竞争，厂商的标准竞争会影响消费者改变其消费行为，从而不利于自身的生产和销售行为，那么此类厂商往往会通过谈判来形成一个共同的标准，以此

---

[1] Burrows J H. Information Technology Standards in a Changing World: The Role of the Users [J]. Computer Standards and Interfaces, 1993, 15 (1): 49-56.

[2] Meek B. There Are too Many Standards and There Are too Few [J]. Computer Standards and Interfaces, 1993, 15 (1): 35-41.

规避可能发生的标准大战。通过此种方式，可以将标准竞争可能带来的不利影响尽可能地规避掉，最大限度地降低由于政府采取不恰当干预所造成的不好影响。此类产业标准化委员会或产业协会可以采用战略联盟或合作体等非正式的形式（闪联产业联盟等），也可以采用正式的标准化主体（国际电信联盟、DVD论坛等）。

5.1.2 技术创新、专利、标准协同转化模型

综观已有研究，技术标准的形成有两条路径，一是法定形成路径，二是市场形成路径。在法定路径下形成的标准一般为法定标准，通过市场路径形成的标准为事实标准。法定形成路径是指技术标准从最初的研制发起到筛选制定，再到最后的实施、推广都是由政府机构或者政府授权的相关标准化组织主导进行的，从头至尾需要经历特定的法定程序。市场形成路径是指技术标准从最初的研制发起到筛选制定，再到最后的实施、推广都是由市场主体主导进行的，市场主体主要有企业、企业联盟等，事实标准形成是市场竞争的最终结果。

技术标准的两种形成路径其实是标准对象重要度使然，即某些公益基础类行业的特殊性和重要性决定了是通过政府还是市场推动标准制定。标准对象重要度越低，说明该标准的私有性越强，即该技术标准是通过市场作用机制形成的；标准对象的重要度越高，说明该标准的公共属性越高，对产业经济发展的重要性越强。推动标准诞生的主力通常是政府，以降低风险、减少资源浪费、实现社会利益最大化。技术创新对象重要度的不同，导致技术创新成果的标准化路径有很大差异。

技术的性质在很大程度上决定了该项技术标准确立与扩散的概率。标准之争实质上就是技术之争，而技术是技术创新成果、专利、标准协同转化的基础和依据，因此，技术标准建立、发展和替代的根源是技术进步，具体包括科学技术发展水平、技术创新能力在内的技术水平、技术要求、技术条件等。技术不仅要具有一定突破性，而且还拥有一定经济价值，这样才更容易申请到专利。企业只有掌握突破性技术且其他企业不容易模仿，才能够占据先机，把握技术主动权，保持技术竞争优势。国外跨国巨头之所以能在国际市场中获得巨大成功，就是通过掌握突破性专利技术控制行业发展，形成事实标准，最终实现市场垄断的。

市场是检验技术创新成果、专利、标准协同转化是否成功的最终场所，技术标准的形成多是出于商业动机，是生产者和消费者在全盘考虑各种市场要素、权

衡自身经济效益得失基础上的结果,具体包含一国市场的开放程度、发展潜力、市场容量、结构、前景、氛围和法制程度等。技术创新成果、专利、标准协同转化的核心是让消费者满意、吸引客户并使其成为忠诚客户,从而不断扩大产品的市场安装基数。如果没有用户接受产品,将不能实现整个技术创新成果、专利、标准的协同转化。

综上所述,技术创新成果、专利、标准协同转化的基础是技术,而对技术创新成果、专利、标准协同转化是否成功进行检验的最终场所是市场。由于技术创新成果对象的重要程度不同,在实际的协同转化过程中,推进技术创新、专利、标准协同转化的路径将会有很大的不同。可见,技术创新、专利、标准协同转化模式不仅看对象的重要度,而且取决于技术水平和市场化程度。为此,我们选择以技术创新、专利、标准协同转化模式为因变量,以对象的重要度、技术水平及市场化程度为自变量,建立如下函数:

$$M = f(X, Y, Z) \tag{5.1}$$

在式(5.1)中,M 表示技术创新、专利、技术标准协同转化模式,X 表示技术水平,Y 表示市场化程度,Z 表示对象的重要度。技术水平、市场化程度和对象重要度的变化具有连续性,这也就意味着由三者决定的技术创新、专利、标准协同转化模式也具有连续性,这样,技术创新、专利、技术标准协同转化模式就具有无限多个类型。为简化分析并尽可能与现实情况相符合,我们将技术水平、市场化程度、对象的重要度三个维度分为高、低两个档次[①],从而构建起技术创新、专利、标准协同转化的三维模型,进而得到技术创新成果、专利、标准协同转化的八种可能模式类型,即A 型、B 型、C 型、D 型、E 型、F 型、G 型、H 型,如图5-1 所示。

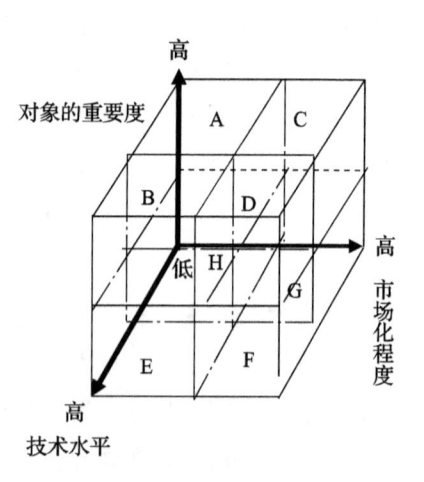

图5-1 技术创新、专利、标准协同转化模型

从理论上讲,图5-1 中三维坐标代表的技术创新、专利、标准协同转化模式

---

① 技术水平维度的高低档之分,以该产业的平均技术水平为分界线来衡量;市场化程度的高低档之分,以市场化指数的大小来衡量。

有 2×2×2=8 种类型，如表 5-1 所示。

表 5-1 技术创新、专利、标准协同转化模式

变量 情况	X （技术水平）	Y （市场化程度）	Z （对象的重要度）	M （模式类型）
1	低	低	高	政府主导型（A型）
2	低	高	高	政府规范型（B型）
3	高	低	高	政府引导型（C型）
4	高	高	高	政府服务型（D型）
5	高	低	低	技术领先型（E型）
6	高	高	低	超级企业型（F型）
7	低	高	低	市场领先型（G型）
8	低	低	低	企业联营型（H型）

根据国家标准化法及其实施条例的相关规定，凡涉及互换性、质量、可靠性、安全、健康和环保，以及与国计民生密切相关的重要生产资料部门、军事技术等方面的标准，都需要发挥政府的直接干预功能。由此可见，对象的重要度的高低将决定着技术创新、专利、标准协同转化的路径是政府推进路径，还是市场选择路径，而此时技术水平和市场化程度将不会起主导影响作用。一般情况下，如果对象的重要度较低，技术标准的公共属性较弱，政府则不会过多地干预技术标准的形成，此时一项技术标准的诞生往往是通过市场的激烈竞争所形成的，即遵循着市场选择路径；而如果对象的重要度较高，技术标准的公共属性较强，一项技术标准所涉及的领域事关国计民生，政府将会主动参与或主导该项技术标准的形成过程，以确保最终诞生的技术标准是符合社会利益最大化的，即实施政府推进路径。

在政府推进路径下，依据技术水平和市场化程度的高低不同，也可进一步细分为A型、B型、C型、D型四种类型，分别对应的是技术水平较低和市场化程度较低的政府主导型（A型）、技术水平较低和市场化程度较高的政府规范型（B型）、技术水平较高和市场化程度较低的政府引导型（C型），以及技术水平较高和市场化程度较高的政府服务型（D型）。

同样，在市场选择路径下，一项技术创新成果的技术水平高低和该项创新成果所涉及应用行业的市场化程度高低，将直接影响到该项技术创新成果采取怎样的协同转化模式，以实现从技术创新成果到专利，再到标准的最终目标。所以，

依据技术水平和市场化程度的高低不同,我们又可以进一步细分为 E 型、F 型、G 型、H 型四种类型,它们分别对应的是技术水平较高和市场化程度较低的技术领先型(E 型)、技术水平较高和市场化程度较高的超级企业型(F 型)、技术水平较低和市场化程度较高的市场领先型(G 型),以及技术水平较低和市场化程度较低的企业联营型(H 型)。

5.2 政府推进技术创新、专利、标准协同转化的路径

从对技术创新、专利、标准协同转化的模型分析中,我们可知:在政府推进路径下,技术创新、专利、标准协同转化有 A 型、B 型、C 型、D 型四种类型的模式,由于它们在技术水平和市场化程度方面存在着显著性差异,因而它们在典型特征、作用机理、实施策略和实施条件等方面也就有着明显区别。

5.2.1 政府主导型协同转化模式(A 型模式)

政府主导型模式是指对于关乎国计民生方面的相关技术创新成果,由于其创新成果的总体技术水平偏低,且所涉及行业的市场化程度总体偏低,无法通过其他有效路径来吸引社会力量大量投入,以促进其整体快速、健康发展,从而需要政府直接发挥主导功能,通过采取各种政策、行政措施,促使技术水平和市场化程度的整体提升,从而确立必要专利技术,最终形成市场标准。

5.2.1.1 典型特征

政府主导型模式的典型特征主要体现在三个方面:一是技术水平层面,企业的技术水平相对较低,但是基于国家战略需求,政府对此类技术的需求迫切;二是市场化程度层面,鉴于技术水平的限制,此类关乎国计民生产品的经济效益很低,投资回报周期往往很长且风险性很大,因而,其市场化程度总体上不是很高;三是政府支持层面,为实施培育技术和培育市场双管齐下的战略,政府普遍采取前置性的支持策略,即在技术创新研发阶段从资金、政策等方面给予相关企业大力支持,同时对知识产权予以保护,对成熟技术及时准许专利注册,视实际情况在法定标准范畴内将一些必要的专利技术及时纳入其中,为此类专利技术早日进入商用阶段提供便利条件。通常的做法是通过政府采购的方式,提升消费者预期,促使市场安装基数逐步扩大,以此来确保市场垄断和标准垄断的最终形成。

5.2.1.2 机理分析

政府主导型模式的机理可从标准的形成机制和政府主导的利弊两个方面展开剖析。

一是从标准的形成机制来看，其遵循"国家制定战略→政府大力推进技术研发和积极培育市场→政府确立必要专利技术→政府主导必要专利技术成为法定标准→标准垄断的形成"的路径。

二是从政府主导利弊来看，益处在于政府主导进行市场标准的选择，能够对强势创新实体的"强加"效应做出规避，在一定程度上也满足了市场需求和社会发展的创新需要。然而，弊端在于此类标准形成很难完全顾及全部消费者的需求（特别是少数消费者的差异化需求），从而会出现"多数人的强制选择"的问题。同时，一旦政府无法充分保证公正性和准确性，那么将严重影响到技术标准的发展，由此往往会带来采用此种创新模式所形成的市场标准始终无法追赶上市场现实需求的问题。

5.2.1.3 实施策略

采用政府主导型模式实施技术创新、专利、标准协同转化的策略主要有：加大资金投入，完善财政、金融政策，加大技术引进再创新力度和有效发挥政府采购作用四个方面。

一是加大对技术创新、专利、标准协同转化的资金支持力度。具有国家战略高度的技术创新项目，其研发过程和促进其转化过程需要大量的资金，应将科研投入经费和协同转化经费纳入国家公共开支的范围，给予稳定的支持，并建立适当的增长机制，构建融技术专利、标准的出版、合格评定于一体的收益反馈制度，从中提取一定比例的经费，向技术专利、标准制定、修订工作中进行定向投入，以此来补充国家财政经费。

二是完善财政、金融等扶持政策，以为企业科技创新、标准化投入提供政策保障。通过设立专项资金对技术开发、标准化等工作予以鼓励，通过必要的财政措施来保证预算的增加，对进行专利申报特别是发明专利申报并形成技术标准的行为重点鼓励，制定合理的税收政策和优惠政策，以调动企业积极投身技术创新及促进成果转化的主动性和积极性。

三是加大引进技术的消化吸收再创新力度。对国外特别是发达国家（如美国、日本、德国等）技术研发领域的先进经验进行充分借鉴和吸收，在进行鼓励技术引进、消化、吸收和再创新政策体系的制定和落实过程中，充分发挥资金投入、税收、信贷和人才培养的作用，不断增加资金投入，设立专项资金用以鼓励技术的消化、吸收和再创新，从软件和硬件等方面为企业进行技术引进消化吸收和再创新提供必要的配套条件，引导相关主体在消化吸收再创新工作上的合作。

四是有效发挥政府采购作用。在政府采购倾斜政策的影响下，为企业进行自主创新创造条件，并采取倾向性市场分配、对购买该产品的消费者给予财政金融等优惠政策及加大政府补贴等措施，鼓励消费者购买，逐步扩大市场需求，提高技术的市场化程度，为形成法定标准奠定良好的市场基础。

5.2.1.4 实施条件

采取政府主导型模式需要具备技术和市场两方面的基本条件。一是技术方面的条件。此类技术一开始并不先进，但是通过发挥自主创新的作用，此类技术可以成为具备自主知识产权并带有显著先进性的专利技术，并且此类技术需要具备较强的可演进性和可代继性。二是市场方面的条件。在政府主导和培育的作用下，此类技术所生产出的产品在广大消费者群体中能够产生较强的市场预期，通过发挥政府采购的示范效应，能够进一步促进此类产品品牌信誉的提升，进而赢得更多的消费者的关注与认可。

5.2.2 政府规范型协同转化模式（B型模式）

政府规范型模式是指对于涉及国家重点产业方面的相关技术创新成果，其创新成果的总体技术水平偏低，但所涉及行业的市场化程度总体偏高，政府立足于国家战略角度，全方位进行技术指标综合评价，选择出技术成熟度高、与市场关系密切的技术创新成果，将其纳入法定技术标准体系的蓝本内，使其市场份额扩大，最终形成市场标准。

5.2.2.1 典型特征

政府规范型模式的典型特征主要体现在三个方面：一是技术水平层面，在同行业中，最先进的技术并不体现在此类企业所掌握的必要专利技术上。然而，此类必要专利技术具有明显的优势，特别是在兼容性和技术成熟度方面的表现尤为突出。二是市场化程度层面，企业在产业生命周期的早期阶段涉足该行业，抢占优势地位，采用此类技术进行产品的创新研发在区域市场中所占的份额非常大，区域市场的事实标准由此形成。三是政府的核心职能层面，政府在制定法定标准时，将此类企业的必要专利技术纳入法定技术标准体系当中，通过加大法定标准的执行力度，能有效扩大产品的销售范围，从而使此类产品在更大的区域市场范围内取得垄断地位。

5.2.2.2 机理分析

政府规范型模式的机理可从标准的形成机制和政府推进转化的动因两个方面进行剖析。

从标准的形成机制来看，其遵循"国家制定战略→政府确立区域事实标准→政府积极推动区域事实标准转化为法定标准→政府加强法定标准执行力度→政府协助扩大市场范围→标准垄断的形成"的路径。

从政府推进转化的动因分析，企业在该产业前期的发展过程中已经形成了一定的市场份额并成为区域事实标准，想要更进一步扩大市场份额，企业心有余而力不足，此时政府从国家战略高度考虑，对市场上各种创新技术或产品所具有的优势进行综合评价，从而选择出比较适合市场需求及社会发展的创新成果进行更大范围的推广，政府之所以采用此种模式，关键原因就在于这一模式下的技术兼容度高，技术较为成熟，与市场关系密切，技术转化更容易实现，同时也可以将无效的创新资源浪费降低到最低限度。

5.2.2.3 实施策略

采用政府规范型模式实施技术创新、专利、标准协同转化的策略主要有：发挥特殊中介的作用，搭建信息平台和完善信息制度，制订优惠的人才制度三个方面。

首先，充分发挥其"看得见的手"的独特中介功能。政府作为市场行为的主体，具有特殊权力，其所拥有的优势是其他主体所无法相比的。政府在其特殊身份的作用下，不仅占有较多的有效信息，同时可在宏观和总体层面上合理、有效地规范和协调个别创新主体的行为，也可以扮演特殊中介的角色，将一些创新主体的矛盾予以消除，形成共识，创造合作的机会，优势互补，共同攻克技术突破难题、提升技术水平。

其次，扮演好信息资源开发与利用的主要"推手"的角色。借助于技术创新信息数据库的建立，搭建公共的信息网络交流平台，实现区域内信息的共享，有效整合各种资源，向企业、高校、科研机构、行业协会等创新主体提供国际和国内有关的经济信息和技术信息，科学、合理引导其科技研发和创新活动，让创新主体时刻掌握行业技术和市场最新发展动态，对国家进行鼓励和支持的先进创新技术和产业予以重点关注，进行经费、科技人员、设备设施等研发资源的适时调整，为国家所引导的战略型、基础型、自主型产业技术开展研发活动创造条件，减少创新活动的盲目性。

再次，制订优惠的人才制度，加强对人力资本的投资。积极鼓励高校科研机构培养出适合高新产业、特色产业发展的人才，吸引和留住国内外高科技人才、管理人才参与到特色产业、核心产业的研究创新、专利保护、标准制订上来，实现人才发展和收益分配机制的创新，使广大创新型人才的积极性得到最大限度的调动和激发，为人才充分、合理的流动创造条件。创设良好的人才成长环境，发展"众创"空间，鼓励人人创新，降低大众创新、创业的成本。

5.2.2.4 实施条件

政府规范型模式的实施需要具备技术、创新主体、技术网络三方面的条件。一是技术方面的条件，此类专利技术简单，消费者易于学习和操作，而且它并非当下市场中最先进的技术，所以需要具备能进一步加以改进和完善的空间，容易被市场接受，以此来创造更加有利的推广应用条件；二是在创新主体方面的条件，拥有专利技术的一方需要对专利技术有着强有力的控制能力，对与专利许可有关的情况（如原则、费用等）能够做到了如指掌，且能够在必要的时刻运用知识产权武器维护自身的合法权益；三是技术网络方面的条件，需要具备构建以此类专利技术为核心的网络，这一网络包括与此类专利技术生产相关的产业链，还包括供应链（销售终端—消费者终端），通过发挥这个网络的作用，将消费者牢牢锁定其中，从而产生固定的消费群体，能保证网络稳定性得到最大限度的维护[①]。

5.2.3 政府引导型协同转化模式（C型模式）

政府引导型模式是指对于国家重大的前沿科技产业，其创新成果整体的技术水平较高，但所涉及行业的市场化程度较低，以该必要专利技术创新研发出的新产品不被消费者认可，政府出于创新战略目标，通过政府采购等政策积极引导和示范，改变消费者的消费惰性，引导消费预期，逐步突破市场安装临界点，推进新技术标准垄断地位的形成。

5.2.3.1 典型特征

政府引导型模式的典型特征主要体现在三个方面：一是技术水平层面，企业

---

① 骆品亮，殷华祥．标准竞争的主导性预期与联盟及福利效应分析［J］．管理科学学报，2009，12（6）：1-11．

并不缺少相对先进的专利技术，此项技术代表国家的技术优势，具有较高的兼容性和系统性；二是市场化程度层面，利用此类专利技术研发出的产品，其市场接受度并不乐观，消费者处于观望状态，市场化不足；三是政府层面，政府在政策、资金等方面为企业培育市场提供必要协助，一旦完善的市场配套形成之后，市场将逐渐认可和接受与此类技术相关的创新产品，产品的安装基数也将进一步扩大，市场垄断和事实标准在此过程中逐渐形成。

5.2.3.2 机理分析

政府引导型模式的机理可从标准形成的机制和政府采购的作用机制两方面剖析。

从标准的形成机制来看，其遵循"政府制定战略→政府确立必要专利技术→政府协助培育市场→政府促使形成事实标准→标准垄断的形成"的路径。

从政府采购的作用机制来看，企业借助于政府采购的示范效应对市场预期产生影响，并在关键时刻对行业协会、政府进行游说，以获得政府的大力支持，凭借自身高瞻远瞩的市场观测能力、敏锐的消费者心理洞察能力、实力雄厚的持续研发能力、强大的营销能力对消费者的心理趋向加以引导，从而将消费者的消费预期充分激发出来，最大限度地实现消费者需求基数的提高，最终确保最新的创新成果取代原有市场标准，从而成为更高水准的新标准。

5.2.3.3 实施策略

采用政府引导型模式实施技术创新、专利、标准协同转化的策略主要有信息透明化、标准化资源的集成、技术链的创造、产业链的整合、建立和消费者双向沟通的渠道五个方面。

一是增强技术市场信息的透明度。政府要对国家科技成果信息数据库加以充分利用，将一些相关信息（成果、主要创新点、应用范围、知识产权状况等）视情况进行公开，增加国家科技项目的透明化，为实现相关科技成果的尽早转化提供条件。

二是对各类技术资源进行充分的有效整合。政府要加强与国内产业、企业间联系，从多个层面（行业标准、国际标准、标准信息、标准服务等）及与专利相关的主题社区或相关论坛、在线咨询等保证标准化服务平台的健全，并以此来形成功能模块，采用对种类不同的标准化相关资源进行汇集、拆分、组合的方式，在标准化集成服务的要求下，实现共享技术标准化资源与将其有效集成的目标。

三是创造条件促进企业上下游技术链的形成。政府要为技术应用深度和广度的有效拓展创造条件，对上下游企业则进行纵向整合，提升技术的开放性，降低技术转换成本，扩大市场安装基数，为企业形成有效供应链和规范的物流管理提供便利条件，满足消费者的消费需求。

四是对产业链上同类型企业进行横向整合。通过整合提高产业链上企业的集中度，扩大市场影响力，增加对市场的控制力，为产业联盟的形成提供条件，对联盟内企业合作生产高品质的产品予以鼓励，为创新活动提供各类所需的规则等基础性制度，为企业做好应对市场的必要准备和把握主动出击的机会。

五是搭建和消费者的双向沟通平台。政府还可将消费者作为标准制订成员之一，开通平台的微信公众号，第一时间将最新的标准化信息传送给用户，通过发挥消费者信息反馈的作用，为创新成果与市场需求接轨提供便利，以此为政府获得所需的市场信息提供创造条件，进一步加深对自身技术的了解。

5.2.3.4 实施条件

实施政府引导型模式需要具备技术、市场、政府三方面的条件：一是技术方面的条件，此类技术应该是国家战略发展所急需的技术，其自身所具有的代继性特征应该十分明显，此类技术需要具有较好的兼容性，其他竞争者难以模仿；二是市场方面的条件，市场对以此类专利技术为核心的产品需求度较高，需要具备相对完善的市场配套措施，供应商、制造商、分销商、零售商能够紧密联系，形成稳固的产业链；三是政府方面的条件，政府需要在必要专利技术所在产业的产业链建设方面下大功夫，保证制造商、分销商及零售商之间具有较强的关系，保证生产流通环节的畅通，盘活以此类专利技术为核心的产品销售市场，打造畅通的市场通道①。

5.2.4 政府服务型协同转化模式（D型模式）

政府服务型模式是指对于国家重要产业领域，其创新成果的总体技术水平较高，所涉及行业的市场化程度整体上也较高，企业想要参与国际竞争，获取更大的利益，显得势单力薄，政府立足于国际竞争战略，要为企业做好技术国际输出服务工作，加大其与国际技术强者对抗的筹码，争取让自主标准成为国际标准。

---

① Waguespack D M, Fleming L. Scanning the Commons? Evidence on the Benefits to Startups Participating in Open Standards Development [J]. Management Science, 2009, 55 (2): 210-223.

5.2.4.1 典型特征

政府服务型模式的典型特征体现在三个方面：一是技术水平层面，该行业中的领头羊企业掌握着相对的必要专利技术优势，其他企业跟随其后，并在研发核心创新产品时以此类必要专利技术为标杆；二是市场化程度层面，此类必要专利技术及其相关配套产品的市场接受度较高，占有相当的份额；三是政府层面，企业要与海外市场上的强者抗衡，想让我们的标准成为具有国际话语权的国际认可的标准，单靠自身实力实现起来非常困难，政府在制定法定标准时以此类企业的事实标准的技术体系为基本依据，依靠法定标准的强制性，实现企业必要专利技术在更大范围内应用的扩大，最终确保市场垄断在更大区域范围内得以实现。

5.2.4.2 机理分析

政府服务型模式的机理可从标准的形成机制和政府服务企业的方式两方面分析。

从标准的形成机制来看，其遵循"国家制定战略→政府确立事实标准→政府促使事实标准转化为法定标准→政府加大法定标准的执行力度→政府协助扩大国际市场份额→国家标准的形成"的路径。

从政府服务企业的方式分析，政府知晓法定标准中专利的披露情况、细化专利许可费收取等相关事宜，以强有力的公共服务能力和较高的国际管理水平，与国际企业协商，通过谈判促成国际标准的落地生根，通过做好知识产权保护工作，监督专利侵权执法工作，为营造国际公平、有序的法律交易环境贡献力量。

5.2.4.3 实施策略

采用政府服务型模式实施技术创新、专利、标准协同转化的策略主要有完善技术创新、专利、标准转化的法律法规，开展国际标准谈判和加强国际技术合作三个方面。

一是完善技术创新、专利、标准转化的法律法规。对标准和专利许可制度进行进一步的完善，杜绝专利权滥用现象的发生；有效管制标准竞争中的不正当行为，对市场结构和竞争秩序加以规范；做好专利诉讼制度的建设工作，妥善处理各类专利纠纷、专利侵权等问题。加大行政审查的力度，研究、探索和破解与知识产权制度相关的各类焦点问题，立足于技术标准知识产权的培育、技术标准知识产权拥有者的利益保护、保护联盟知识产权，做好知识产权和技术标准化等战略和政策的制定工作，对有关战略和政策进行有效协调，并促进其整合和实施，从立法层面对保护产权遇到的各类问题及时加以解决，为技术标准提供必要的保障。

二是开展国际标准谈判。对本国技术标准化机构和企业参与更高层次的标准化组织予以鼓励和支持，引导其开展好相关工作并切实履行义务，为在国际领域赢得技术标准制定的话语权和主动权创造条件。在本国申请国际标准或进行标准决策的紧要关头，政府应通过有力的谈判为企业争取利益。

三是加强国际技术合作。将寻找最有技术标准研发合作伙伴的范围扩展至全世界，鼓励开展国际和区域间的技术标准交流，对国际技术标准联盟的组建加以有效引导，通过承担国际科技计划项目等手段完善国际联盟专利许可制度，有效把控国际联盟专利许可行为，促进事实标准或合作标准的形成，在真正意义上实现全球范围的自主标准输出。

5.2.4.4 实施条件

政府服务型模式的运用必须在技术、企业资质两方面具备有一定的基础条件。一是在技术方面，在该模式下必要专利技术较之原有的技术应有很大的突破性，具有较强的市场竞争力，应该是处于技术生命周期成熟期的技术，具备高度的系统性、兼容性和成熟性；二是在企业资质方面，企业需要具有强大的研发实力和资源，在国际上拥有一定的品牌知名度和市场地位，在事实标准成为法定标准之前，在区域范围内与必要专利技术相关的产品能够形成垄断，其市场安装基数和市场预期均能够达到一定的规模和限度。

5.3 市场推进技术创新、专利、标准协同转化的路径

从对技术创新、专利、标准协同转化模型的分析中，我们可知，在市场选择路径下，依据技术水平和市场化程度的高低不同，技术创新、专利、标准协同转化有 E、F、G、H 四种模式。由于它们在技术水平和市场化程度方面存在着显著性差异，因而它们在典型特征、机理分析、实施策略及实施条件等方面也就有着明显区别。

5.3.1 技术领先型协同转化模式（E 型模式）

技术领先型模式是指对于技术水平较高，而所涉及行业的市场化程度偏低的技术创新成果，企业通过采取专利授权方式和低价渗透等策略，利用巨大的网络

效应和正反馈回路，获得大量的用户基数，引导用户的消费需求，培养用户的消费习惯，从而将其锁定，实现市场垄断，事实标准形成。

5.3.1.1 典型特征

技术领先型模式的典型特征主要体现在三个方面。

（1）技术水平层面。

核心企业通过原始创新或突破性创新获得必要专利技术，该必要专利技术具有显著的技术优势，市场兼容性较好，深受市场青睐。

（2）市场化程度层面。

技术虽有占先优势，但是行业整体发展水平还处于萌芽期，企业对市场的开拓力不足。

（3）企业层面。

核心企业通过免费或低价专利授权等方式支持具有一定市场安装基数但研发实力较弱的企业，并与这些企业联盟，利用这些企业已经形成的市场优势、品牌信誉及较大规模的用户安装基础，达到新技术迅速占领市场，锁定消费者，通过不断扩大的市场安装基数，实现市场垄断，最终形成事实标准垄断的目的。

5.3.1.2 机理分析

技术领先型模式的机理可从标准的形成机制和企业面临的困境两个方面展开剖析。

（1）从标准的形成机制来看，其遵循"企业市场调研→企业制订创新战略→企业创新研发→企业选择核心技术→企业申请必要专利→企业专利授权→专利产品的市场垄断→形成事实标准"的路径。

研发前，企业进行市场调研，准确预测行业技术发展及技术标准的形成方向；研发完成后，企业通过技术筛选，选择不易被竞争对手模仿和替代的核心技术申请专利，使其成为必要专利技术，采取专利授权策略扩大用户规模，尽快实现必要专利技术的市场化，形成市场垄断，最终变为事实标准。

（2）从企业面临的困境来看，技术领先型企业不能故步自封，满足于现状，必须时刻警惕竞争者的举动，在保证收益的情况下不断提高市场占有率，同时，在保持市场领先优势的情况下防止触犯反垄断法。

5.3.1.3 实施策略

技术领先型模式下的企业实施技术创新成果转化的策略主要有专利许可、市场营销的介入、网络链的建设三个方面。

（1）专利许可策略。

具体为主动出击，走技术输出路线，通过免费专利许可或低价专利许可等手段，拓展技术的使用范围，提高市场占有率，提升产品的影响力，有效吸引必要专利配套资源，获取最大市场份额，实现大规模的用户基础。

（2）市场营销介入策略。

即加强市场推广，通过多种渠道，如广告、公益活动、免费样品赠送等，营造品牌知名度和美誉度，提升消费者和其他企业的心理认知，向消费者和联盟企业展示自己的实力与决心，使他们对本企业产品或技术发展前景形成良好预期，迅速积累用户基数。

（3）网络链建设策略。

即建设产业链、供应链、技术链和信息链，为该专利产品配备完善的市场服务和互补品，消除消费者的顾虑，提升其购买率和使用信心，吸引更多潜在消费者进入网络。随着网络需求增多，更多厂商涌入生产环节，形成正反馈回路。通过锁定消费者与不断引入新用户，网络规模不断扩大，专利产品在市场竞争中获胜，市场安装基数最终达到临界值，从而实现市场垄断，形成事实标准。

5.3.1.4 实施条件

采取技术领先型模式需要具备技术、市场、企业三方面的基本条件。一是技术方面的条件，即该技术必须是行业发展的突破性必要专利技术，技术优势明显，成熟度较高，与现有市场主体技术兼容性好，容易被市场接受；二是市场方面的条件，即市场上没有同类产品，但消费者对该产品有较高的市场预期，该产品投入市场后能够快速占领一部分市场；三是企业方面的条件，即核心企业有较强的技术研发创新能力，能独享专利权，对必要专利形成一定程度的控制，而其他联盟企业具备一定的市场开拓力，在行业内有较好的品牌信誉，有助于核心优势技术的市场推广，同时，核心企业与联盟内其他企业有较好的沟通和协作关系，能够基于公开、透明、非歧视许可进行专利授权[①]。

5.3.2 超级企业型协同转化模式（F型模式）

超级企业型模式是指对技术水平、行业市场化程度均较高的技术创新成果，

---

① Kang B, Motohashi K. Essential Intellectual Propertyrights and Inventors' Involvement in Standardization [J]. Research Policy, 2015, 44 (2): 483-492.

企业本身拥有较强的研发能力和创新实力,产品市场占有率第一,其通过构建专利联盟,有效整合企业内外部资源,实施技术突破,抢占技术标准制高点。同时,向海外进行技术扩散,积极争取技术标准的国际话语权。

5.3.2.1 典型特征

超级企业型模式的典型特征主要体现在三个方面:一是技术水平层面,企业具有超强的研发实力,总体技术水平在行业内遥遥领先,其他企业开展创新研发,只能是基于超级企业的突破性专利技术进行再创新;二是市场化程度层面,企业拥有较高的市场地位,形成一定程度的市场垄断,但是面临与海外强者的竞争,企业要想让现有标准获得国际认可,单靠自身实力非常困难;三是企业层面,企业拥有较强的专利运营能力,通过多种专利策略实现技术创新成果的市场垄断,其他企业与超级企业间是不对等关系,要进入市场,必须接受超级企业苛刻的专利许可条件,但是企业进军国际标准市场需要政府支持。

5.3.2.2 机理分析

超级企业型模式的机理可从标准的形成机制和企业参与的动因两个方面分析。

从标准形成机制来看,其遵循"企业创新突破→企业申请专利→企业专利许可→国内事实标准形成→企业寻求政府支持→企业参与国际标准竞争"的路径。企业凭借自己的技术实力和市场优势,自觉地进行技术创新,并迅速将开发的新技术或者新产品申请专利,进而将其转化为行业技术标准,以掌控市场主导权。同时,依靠政府力量,尽可能拓展标准的使用范围。

从企业参与的动因方面来看,进入21世纪以来,随着经济全球化和信息化进程加快,以技术创新、专利和标准化战略为代表的竞争战略正在逐渐打破关税壁垒及以劳动力、资本为代表的传统竞争手段,各个国家和企业都希望通过技术创新成果专利化→专利标准化→标准垄断化路径赢得新一轮竞争优势,而技术标准是该链条的最终环节。因此,参与全球技术标准竞争成为企业竞争的重要手段,也是国家间博弈的最高战略。

5.3.2.3 实施策略

超级企业型模式实施的技术创新成果转化策略主要有构建专利池、借鉴发达国家的技术创新经验、建立学习型企业和积极寻求政府帮助四个方面。

(1) 构建专利池,吸纳各种分散的必要专利资源。

超级模式企业凭借自身的市场领导地位牵头组建专利联盟,将必要专利资源吸引进专利池中，再将池中的专利技术都纳入技术标准，消除了专利和技术标准间的属性矛盾，使专利借助标准实现更大范围内的技术创新和扩散，进一步提升市场垄断地位。因此，企业要加强与国内产业、企业间的联系，从多个层面健全与完善标准化服务平台，进而形成功能模块，通过对不同标准化资源进行汇集、拆分、组合，在标准化集成服务要求下，实现技术标准化资源的共享与集成，为参与国际标准竞争做好铺垫。

（2）借鉴发达国家的技术创新战略。

美国、日本等技术强国除了依靠自主研发技术之外，技术引进也是其重要的技术创新方略。通过对引进技术进行无死角的研究，充分汲取其技术养分，破解并掌握其中蕴藏的核心技术，再结合国情对原有技术实施革新和一定程度的技术突破，最后将在该技术下生产出的产品出口到国际市场。立足于国情和企业发展现状，这种引进→消化→吸收→二次创新→技术出口模式尤其适用于我国。因此，我国企业要抛弃旧的技术引进模式，以引进软件技术、贸技相结合，采用以吸收、开发、再生产为主的新技术引进模式，彻底改变技术引进投入和消化吸收产出间的不平衡。

（3）建立学习型企业，重点培养技术管理人才。

人才是企业的核心，最紧缺的是高科技人才和高精尖特殊人才。企业应该秉持可持续发展理念，不骄傲、不自满，打造学习型组织，因材施教，不断开展继续教育工作和特殊人才培养工作，丰富员工的专业知识，提升企业技能水平，不断提高企业整体水平与质量档次，同时，鼓励科技人才参加国际学术交流，及时捕捉国际科技前沿动态。

（4）积极寻求政府支持。

政府不仅掌握很多信息与资源，而且具有宏观规范和调控市场行为的职能。在企业发展关键期，通过获得政府的大力支持，借助政府的示范效应，有助于实现消费者需求基数的提高，同时，借力政府参与更高层次的标准化竞争。政府应积极创造条件为企业获得国际技术标准制定的话语权和主动权，特别是在企业申请国际标准或标准决策的紧要关头，应通过有力的谈判确保本国企业的技术优势和市场利益。

5.3.2.4 实施条件

超级企业型模式的诞生必须在技术、市场、企业三个方面具备条件：一是在技术方面，超级企业的大部分技术应该属于突破性专利，具有代继性、兼容性和系统性等特点；二是在市场化程度方面，超级企业的技术应具有较好的市场预期，并有大量的锁定用户，形成网络效应；三是在企业层面，超级企业拥有较高的现代化管理水平、严密的知识产权防御体系、较高的专利及标准化管理水平，能够积极维护自己的知识产权。

高通公司创立于1985年，总部位于美国加利福尼亚州，员工遍布全球，是一家致力于3G、4G及下一代无线技术演进的企业。公司非常重视和支持创新研发活动，通过投资研发和战略收购，不断开发新技术，同时，面向市场提供技术和服务。高通拥有众多先进的技术项目，并及时将其转化为专利，如拥有3900多项CDMA相关技术的美国专利和专利申请。高通秉承"技术立命、链式延伸、寄生壮大"的价值理念，奉行让先进的无线数字技术更好地造福人类的宗旨，利用其市场支配优势，在全球范围内实施专利交叉许可。高通公司对全球130家电信设备制造商发放了CDMA专利许可。在公平、合理、无歧视原则下，通过广泛的技术许可而不是限制性许可，向用户和设备供应商提供专利池中的所有专利许可，通过授权，降低客户的知识产权成本，避免了行业内的知识产权纠纷。全球多家制造商使用高通的技术，涉及所有电信设备和消费电子设备，高通公司的技术实现了事实标准的垄断，也获得了巨大收益。

5.3.3 市场领先型协同转化模式（G型模式）

市场领先型模式是指针对技术水平低但行业市场化程度高的技术创新成果，企业基于自身已经形成的销售渠道，通过联合其他企业组建标准联盟，不断提升自身技术水平，以更好地迎合消费者需求，塑造品牌忠诚度，并最终形成事实标准。

5.3.3.1 典型特征

市场领先型模式的典型特征主要体现在三个方面：一是在技术水平方面，虽然不属于尖端技术，但是也算得上先进技术，技术兼容性较好，技术交互频率高；二是市场化程度方面，该类产品拥有很大的市场需求和安装基数，是市场主导产品，消费者稳定；三是企业方面，企业在产业生命周期早期阶段就开始涉足，抢占了优势地位，形成了完善的销售渠道，具有较强的营销推广能力和良好品牌信誉。

5.3.3.2 机理分析

市场领先型模式的形成机理可从标准形成机制和市场选择两个方面展开

分析。

从标准形成机制来看，其遵循"制定战略→积极培育市场→确立必要专利技术→进行专利授权→形成市场垄断→组建标准联盟→产生事实标准"的路径。技术优势并不一定能够保证该项技术最终成为技术标准，正反馈回路产生的自增强作用和收益递增机会将市场主导技术或者产品锁定在具有网络规模优势的技术或产品上。

从市场选择角度分析，有利的一面是，该模式下的技术兼容性高，技术较为成熟，与市场联系密切，技术转化更容易实现，可以有效降低创新资源的使用成本；不利的一面是，该模式遵循在市场运作机制下形成事实标准，由于信息不对称、网络外部性和市场寻租等因素的存在，标准锁定在次优技术上，导致市场失灵，损害了消费者的利益，不利于社会整体技术水平的提升。

5.3.3.3 实施策略

市场领先型模式下的企业实施技术创新成果转化的策略主要有持续性的技术研发投入、发挥企业领导的带头作用、加强企业技术标准与专利的管理三个方面。

一是企业继续加大对技术创新的投入，重视技术标准的基础科研工作，使技术标准的发展与技术创新步调一致，通过技术标准战略，提升技术整体水平。企业拥有的自主创新技术和专利越多、越先进，技术标准的含金量越高，企业技术创新成果转化为事实标准的概率就越大。

二是发挥企业领导的带头作用。在企业自主创新管理中，领导者的英明决策和领导方式能够有效激发全体员工的创新热情。因此，企业领导要勇于打破传统经营观念的束缚，深刻认识创新的重要性，树立标准取胜的意识，勇于面对自主创新和标准形成中的挑战与失败，尊重员工的创新愿望，激发员工的创新潜能，为员工提供良好的创新环境，营造奖励成功、宽容失败的氛围。

三是加强企业技术标准与专利的管理。随着科学技术的迅速发展，专利与技术标准成为技术的重要组成部分。我国企业应该抓住有利机遇，充分利用国内外技术标准交流平台，加强专利与技术标准管理，加强对标准管理人才的培养，提升企业的竞争力。

5.3.3.4 实施条件

采取市场领先型模式需具备技术、市场、企业三个方面的基本条件：一是技术层面，此类专利技术易于学习和操作，由于并非当下的主流技术，所以需要进一步改进和完善，提升市场接受度，以此创造更加有利的推广应用条件；二是市场层面，消费者对该类产品有较大需求和较高市场预期，投入市场后能够快速扩大安装基数，成为市场主导产品，形成市场垄断；三是企业层面，企业具备较强的技术研发与创新能力，熟悉专利申请流程和技巧，能够抢先获得专利授权，善于把握国家政策，具备公众影响力，以及较强的联盟能力。

5.3.4 企业联营型协同转化模式（H型模式）

企业联营型模式是指针对技术水平和行业市场化程度偏低的技术创新成果，拥有一定研发实力和市场销售能力的若干企业通过联盟发挥各自的技术优势，在前期市场调研的基础上共同开展创新研发，企业之间进行交叉专利许可，在产品研制成功后，利用自身销售渠道，共同推进产品市场垄断，使之成为事实标准。

5.3.4.1 典型特征

联营型模式的典型特征主要体现在三个方面：一是在技术水平层面，企业缺少先进的专利技术，技术单一；二是在市场化程度层面，企业利用此类专利技术研发出产品，其市场接受度并不高，导致消费者处于观望状态，市场化不足；三是在企业层面，其市场影响力有限，仅仅依靠自身销售渠道和营销网络，难以达到预期的安装基础和市场规模。

5.3.4.2 机理分析

联营型模式的形成机理可从标准形成机制和模式利弊两个方面分析。

一是从标准形成机制来看，其遵循"企业组建联盟→市场调研→技术研发→申请专利→专利交叉许可→实现市场垄断→形成事实标准"的路径，各方企业势均力敌，没有哪一个企业可以独自将自己的专利技术升级为行业标准。因此，企业通过组建联盟，进行交叉专利许可，合理、非歧视地从其他企业那里获得技术专利，有效降低了专利的使用成本，同时，通过联盟，能有效防卫竞争对手实施的技术标准攻击，确保既有的市场份额。

二是从企业联营型模式的利弊角度来分析，益处在于企业联盟可以优势互补，共担创新风险，产生"1+1>2"的协同效应，有效提高创新效率与资源利用率，降低了创新风险，提高了整个市场的反应速度。因此，加入联盟是中小企业进行创新的最佳选择。弊端在于联盟的有效运转依赖于成员企业之间的资源整合力、信息共享力。由于信任机制和沟通机制是一把双刃剑，一旦运作失调，联盟就会土崩瓦解，造成资源浪费。

5.3.4.3 实施策略

联营型模式实施技术创新成果转化的策略主要有依靠资源、文化、信用与忠诚建立联结纽带，建立以信息管理为基础的电子商务平台及采用多元化绩效评价指标三个方面。

一是建立有效的联结纽带。联盟企业间的关系很微妙，它们既相互依赖，又会为实现自身利益最大化而博弈。因此，联盟企业需要建立有效的联结纽带，而忠诚和信用、组织文化、资源是三种有效的联结纽带。联盟企业在遴选成员时，应对其资质、信用级别、组织文化等信息充分掌握，以保证成员属性与联盟要求相吻合。渠道互补性、技术互补性、基础设施互补性或人力资源的互补性，共同形成联盟成员的优势互补，通过从其他成员那里获得自己所缺的资源，弥补自身短板，这样能够使联盟成员之间保持长期合作。共同的组织文化意味着思维方式和行为准则的一致性较高，从而有效减少成员间的摩擦。

二是建立以信息管理为基础的电子商务平台。电子商务交流平台提高了联盟企业的协作效率和信息处理速度，改变了传统信息交流的滞后性和单向性，实现了数据的实时性管理和信息的多向性交流。借助基于即时通信技术的商务交流工具，联盟企业可以实现多元化、多渠道、多层次的交流合作。由于商务交流工具的针对性强，目标精确，从而能有效了解用户的偏好和即时服务需求，使企业有的放矢，建立个性化的管理模型，更好地服务消费者，形成共同发展的和谐局面。

三是采用多元化绩效评价指标。传统意义上的绩效评价方式大都依靠财务指标，评价方式较为单一和片面，对企业长远发展不利，会形成短期利益和局部利益导向。因此，应该采用多元化绩效评价体系，以反映企业长期利益和整体利益，具体涵盖财务管理、营销管理、生产管理、危机管理、人事管理、基础设施管理等。这些一级指标在实际应用时，能够细化为一系列二级指标，并能够进行度量和定性评价。

5.3.4.4 实施条件

采取企业联营型模式需要具备技术、市场、企业三个方面的基本条件。一是技术方面要求参与共同开发的企业，其技术具备较强的兼容性与互操作性，而且具备技术代继潜力，具有可演进性和持续发展性，能在市场上形成一定竞争优势；二是在市场方面对该类产品有较高的市场预期，产品投入后能够被消费者接受，形成一定的市场规模，达到一定安装基础；三是在企业层面上具有较强的创新研发优势与合作能力，能够资源共享、优势互补，具有较强的专利和标准化管理能力，能够以进入专利池的方式进行专利联营。

　　蓝牙是一种小范围无线通信标准，最初由爱立信创制，1998年英特尔、IBM、东芝、诺基亚、摩托罗拉、微软等全球著名企业敏锐觉察到短程无线通信技术暗藏的巨大商机，与爱立信一拍即合，通过强强联合成立技术联盟，共同研发成本低、距离短的无线传输技术。这些企业都拥有自己的技术优势，如英特尔拥有半导体芯片技术开发优势，爱立信公司具有无线射频等技术开发优势，IBM积累了笔记本电脑接口规格开发的良好经验，他们分工协作、共同作战，成功开创了蓝牙技术的先河，在蓝牙技术开发成功后，进行交叉授权，共同开发更多的配套产品。由于蓝牙技术兼容性好，互操作性强，应用简单，深受市场追捧，从而迅速席卷全球，引来越来越多的联盟成员加入。

第6章 技术创新、专利、标准协同转化的推进策略分析

随着社会生产水平的提高，资本、劳动力等传统生产力要素在市场竞争优势争夺中的作用已逐渐弱化，技术标准已成为新的竞争武器。越来越多的企业选择把标准化战略作为实现利益最大化的有效途径，即积极从事技术创新活动并获得相应专利，然后推动专利技术上升为市场标准，借此取得市场垄断地位，从而最大限度地获取专利产品的经济价值。本部分将在前述内容的基础上，从企业、政府、行业协会三个层面，分别探讨推进技术创新、专利、标准协同转化的策略。

6.1 技术创新、专利、标准协同转化的推进策略框架

技术创新、专利、标准协同转化过程中存在两种基本类型的转化路径——法定标准路径和事实标准路径。不管采取哪种类型的转化路径，基本上都需经历技术创新成果化→成果专利化→专利市场化→专利标准化→标准垄断化的转化过程，最终成为垄断市场的法定标准或事实标准。

企业、政府和行业协会作为技术创新、专利、标准协同转化的基本参与主体，其行为都是在相关的法律法规框架中展开的，受到法律法规的约束。技术、市场是影响技术创新、专利、标准协同转化的关键因素，而在技术创新、专利、标准协同转化的过程中，还会不断受到来自技术、市场、管理、政策和法律五个方面问题的干扰。因此，在技术创新成果化→成果专利化→专利市场化→专利标准化→标准垄断化的转化过程中，作为基本参与主体的企业、政府和行业协会就

第6章 技术创新、专利、标准协同转化的推进策略分析

需要根据各自的职责所在，承担起相应的职责与使命，同心协力、共同推进技术创新、专利、标准的协同转化。强化技术、市场和管理三方能力是企业必须拥有的基本功；宏观管理、引导和支持，以及市场监管是政府应尽的基本职责；而技术支持、行业管理、信息交流则是行业协会的工作职能。完善的外部法律环境既能保护企业的知识产权，实现企业专利和标准垄断化后的经济效益，促进协同转化的良性循环；又能充分发挥技术创新成果促进行业技术水平整体提高，实现社会效益最大化的功能。

因此，企业、政府、行业协会是推进技术创新、专利、标准协同转化的三个基本主体，而法律则是制约、影响企业、政府、行业协会协同转化行为的外部参与主体。四者共同构成技术创新、专利、标准协同转化的推进策略体系（见图6-1）。

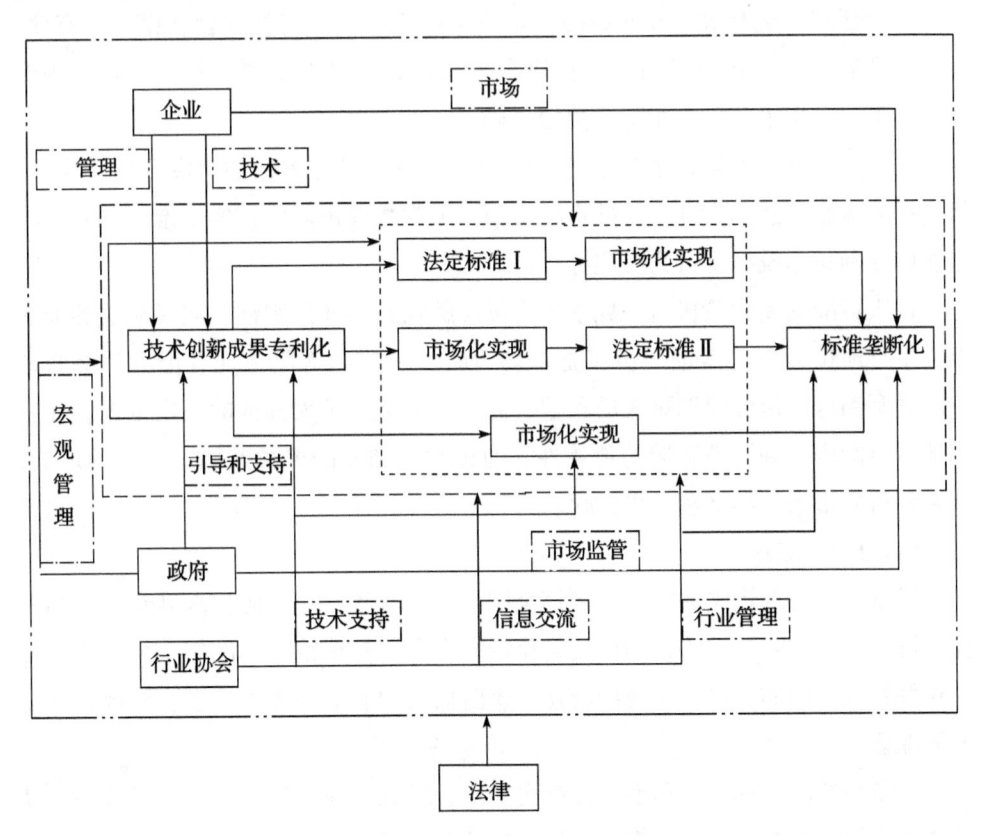

图6-1 协同转化的推进策略体系

6.1.1 主体功能分析

6.1.1.1 企业

在技术创新成果专利化阶段，通过企业管理策略的实施，在符合政府协同转化总体战略的基础上，企业通过对管理政策的实施，仔细调查和分析行业现有标准、技术发展现状和市场需求，预判技术发展趋势，制订本企业的协同转化基本战略，包括标准开发的最终目标、路径选择和阶段性进度计划；与标准开发相对应的技术创新和专利申报目标、基本思路和计划安排；与标准开发相对应的市场运营基本策略，以帮助企业获得法定标准或事实标准地位，使标准垄断所能带来的经济效益最大化。同时，通过实施管理策略，为协同转化创造相适应的企业内部环境，包括组织结构、人员配置、运行机制、内部组织的氛围等。在这一阶段，企业还需实施有效的技术策略，调动企业资源，确定技术创新模式，有序、高效地开展技术创新研发活动，获取高技术含量的创新成果，并及时转化为专利，为下一阶段上升为技术标准奠定基础。

在专利标准化阶段，企业市场策略的功能在于进行有效的市场开发、推广，努力扩大本企业技术专利产品的市场份额，成为相关市场的事实标准，并及时将企业的专利技术及时上升为法定标准。

进入标准垄断化阶段后，凭借法定标准的权威性和强制性，或者事实标准的市场主导地位，企业需进一步实施市场策略，一方面巩固在现有市场的垄断地位，并利用这一地位谋取更大的利益，另一方面努力扩大标准的适用范围。在一定地域范围内，利用该区域的地域性，通过对专利权的保护及标准垄断的形成，使专利所能带来的经济利益最大化。

6.1.1.2 政府

通过宏观管理策略的实施，制订全国或某一行政区域内的技术创新、专利和标准协同转化的总体战略，为协同转化指明方向；打造技术标准的整体框架，推动相关管理体制的建设，为协同转化三个阶段的顺利推进提供体系、机构和制度上的保证。

在专利的法定标准化和事实标准化阶段，通过实施有效的引导支持策略，鼓励企业将技术创新、专利申报、市场推广等企业行为与政府的协同转化总体战略保持协调一致，帮助专利产品培育市场，扩大市场份额。

在标准垄断化阶段，通过政府市场监管策略的实施，一方面支持企业扩大标准适用地域，保护企业凭借标准垄断地位获取的正当权益；另一方面对企业利用垄断地位可能实施的不正当行为进行监督管理。

6.1.1.3 行业协会

中介组织是指介于政府及企业之间，具有技术支持、行业管理、政策援助、法律咨询等功能的第三方组织，包括行业协会、专利事务所、法律事务所、信息咨询机构、技术咨询机构等。在各种中介组织中，行业协会的功能最为全面，作用最为突出。因此，在讨论推进策略时以行业协会为主要研究对象。

行业协会通过对创新技术成果实施技术支持策略，结合政府宏观管理策略和引导支持策略，帮助企业更为准确地预测未来技术创新的发展趋势，确定正确的技术创新目标，并促进不同企业之间的技术创新方面的交流、协作。

在专利标准化和标准垄断化阶段，则发挥协会行业管理策略的作用，通过成员企业行为规则的制订，监督专利和标准的使用情况，综合发挥调解、仲裁、惩罚等多种管理手段的作用，打击盗用他人技术创新成果、滥用知识产权（专利权）等不良行为，及时、有效处理在协同转化过程中企业间出现的各类纠纷，促进协同转化的和谐发展。其中，在专利标准化阶段，许多行业协会还要承担政府委托的信息采集和法定标准制订工作，体现了行业协会对政府的技术支持策略的作用。而在技术创新、专利、标准协同转化的三个阶段，均需发挥行业协会信息交流策略的作用，实现政府法律、政策方面的信息和企业诉求及时、准确、全面的双向交流。

作为制约企业、政府、中介组织协同转化行为的外部参与主体，法律的功能在于通过合理的法律体系建设。一是为政府的市场监管提供法律依据，确保政府行政行为的合法性，同时也为政府制订政策提供法理依据；二是监督并规范企业在不同阶段的行为；三是为中介组织履行行业管理职能，进行法律援助和政策咨询奠定了法律基础。

6.1.2 主体间关系分析

技术创新、专利、标准协同转化推进策略的四个层面之间存在着紧密的相互关系：法律对政府、企业、行业协会三个层面具有约束、规范作用；政府和行业协会对企业都具有指导、管理、控制作用，但侧重点各不相同，政府通过宏观管理、产业政策引导和行使市场监管等行为发挥强制性和非强制性的作用，而行业协会则主要是承担着技术支持、信息交流和非强制性的行业管理行为；企业作为技术创新、专利、标准协同转化中的最终落实者，一方面受来自政府、行业协会的强制性、非强制性的管理，另一方面也对政府、行业协会提出自己的需求和建议，进而使政府、行业协会提供更为完善、有效的支持与管理（见图6-2）。

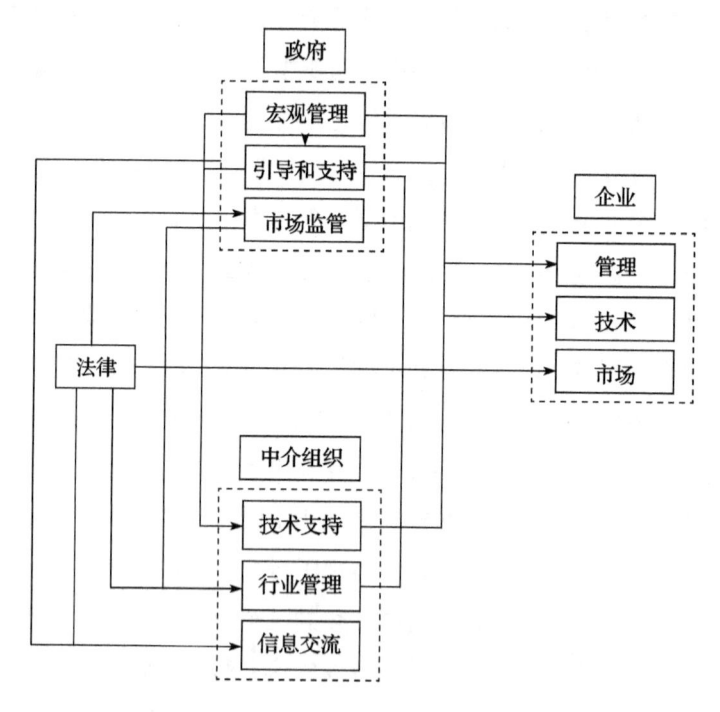

图6-2 协同推进策略框架中各层面之间的关系

6.2 企业推进技术创新、专利、标准协同转化的策略

企业在技术创新、专利、标准协同转化中扮演重要角色：企业是技术创新成果申报专利的主要发起者，是技术创新专利产品争夺市场份额的主要推动者，由此成为法定标准和事实标准制订的主要参与者。鉴于企业所发挥的重要作用，我们将按照协同转化三个阶段和两种路径的思路，结合前文影响因素和存在问题的分析结论，展开对企业层面协同转化策略的探究。

6.2.1 企业推进技术创新、专利、标准协同转化的基本策略

企业在推进技术创新、专利、标准协同转化的进程，必将要经历技术创新成

果专利化、专利标准化、标准垄断化三个阶段。良好的企业内部环境和外部环境是企业在推进技术创新、专利、标准协同转化三个阶段必备的基础。

6.2.1.1 企业内部环境的打造策略

鉴于在技术创新、专利、标准协同转化中所扮演的角色，打造适合于推进技术创新、专利、标准协同转化的内部环境是企业的首要任务。

6.2.1.1.1 企业组织机构的调整策略

与协同转化相适应的组织结构应具备以下几个基本特征。一是实现部门设置的完整性，组织结构内除去一般的传统部门外，应设立从事协同转化全过程管理的专职管理部门；二是以矩阵制结构为协同转化的主要组织形式，在专职管理部门的统筹安排下，多部门参与，通过项目组的形式推动技术创新成果的协同转化进程，有利于克服各部门沟通不畅、相互脱节的弊端，保障协同转化的可行性和进度；三是组织结构应具有高度的开放性，除去企业自有资源外，吸引政、产、学、研多方参与已被实践证明是技术创新的有效方式，因此，企业的组织机构应为外部资源的进入保持开放性，在企业内部组织机构体系中预留空间。

在与协同转化相适应的组织机构建设中，协同转化专职管理部门的设立尤为重要。协同转化专职管理部门应具备以下功能。

（1）信息的收集整理。

企业需要梳理所处行业内最新技术研发动态、专利信息、标准化进展状况、创新技术的市场应用状况，为技术创新计划的确定、标准化路径的选择、市场运营策略的制订系列工作奠定基础。

（2）成本核算。

企业从事协同转化活动的重要目标之一是获取经济效益，因此应对协同转化在不同阶段产生的研发成本、技术使用成本、保密成本、市场推广成本、打击侵权产生的司法成本进行核算，并与专利带来的许可权收益、相关产品销售利润进行比较，及时优化。

（3）知识产权管理。

在创新成果专利化阶段，需要保护企业的创新成果，如申请专利则需要选择申请时机和市场区域。如果是以技术联盟形式完成的创新，或者采用集成创新，以及引进、消化、吸收后再创新方式所形成的专利后还会涉及知识产权利益分配等问题；在专利标准化阶段，如果是以专利池、专利持有人抱团形式占领的标准化，同样面临着利益分配、责任分担的问题；在标准垄断化阶段，无论是形成事实标准还是法定标准，都需要协调相关方的利益关系。

（4）诉讼保护。

在协同转化过程中，企业有可能被人窃取创新成果，侵犯专利权益，也有可能被其他组织、个人指控侵犯知识产权，或者面临政府或其他企业、组织发起的反垄断诉讼。因此，专职管理部门必须具备专业的法律诉讼能力，以保护企业正当的知识产权利益。

6.2.1.1.2 企业内部的激励机制策略

协同转化过程的起点是技术创新。技术创新的水平如何直接关系到是否能顺利实现专利申报、形成法定标准或事实标准等一系列环节。因此，在机制的建设中，对从事技术创新活动的知识型员工的柔性激励机制建设应放在最为重要的位置。国内许多企业非常重视技术创新，并为此投入了大量的资源，包括经费支持、场地设备配置、科技人才的引进和培养。然而，技术创新活动却没有取得预期的效果。究其原因，管理偏于刚性化，柔性激励相对不足。柔性激励是一种以人为中心的非强制性管理，更适用于以知识型员工为核心的现代激励管理，有助于激励创新主体的技术创新活动。在对从事技术创新活动的知识型员工进行混合式柔性激励时，一方面应坚持团队激励和个人激励相结合的原则，在强调团队激励的同时也重视个人激励；另一方面应在物质激励的基础上，加强知识激励、成就激励和声望激励。物质激励可采取以下方式：一是技术创新工作及其成果的难以量化一直是对研发人员绩效考核的难点之一，可按合适比例将创新主体的业绩考核与市场销售业绩挂钩；二是技术创新所需周期较长，传统的绩效考核方式周期较短，容易导致研发人员的短期行为，因此以股权激励并作为期权延期兑付是一种比较好的方式；三是在技术创新活动的团队化趋势愈发明显的今天，应改变以个人绩效为主的传统评价方式，在尊重个人贡献的同时，按一定比例将物质激励分为团队和个人两部分，兼顾效率和公平。

知识型员工对行政职务往往并无太大兴趣，而对于获取更多知识和技术、晋升专业技术职称和在同行业中取得较高声望表现出更大的热情。企业应积极为知识型员工创造学习和进修的机会；在支持知识型员工申报国家认可的专业技术职称的同时，规模较大的企业可在企业内部设置本企业认可的专业技术职称，满足这一类员工的成就感的需要；企业还应积极地对外宣传、塑造本企业优秀知识型员工在同行业内的"明星"形象，一方面满足员工成就感需要，另一方面也可在专业技术领域为本企业争取更多的话语权。

6.2.1.1.3 企业内部氛围的打造策略

打造有利于协同转化的企业思想或精神氛围，一方面能够有效地促进企业员工对技术创新、专利、技术标准协同转化所能产生的效益，以及对企业在知识经济大背景下获取竞争优势所能产生的助推作用有着清楚而深刻的认知，充分理解协同转化的重要性，明确协同转化的目标和过程，实现从被动到主动的思想蜕变，乐于分享协同转化所需的知识和信息；另一方面，知识的共享能够有助于创新点的提出，保障技术创新顺利进行，最终转化为专利成果。人际关系对促进知识共享有重要的影响。因此，企业应在建立合理的知识共享价值评估与激励机制的基础上，注重营造成员之间良好的私人关系，鼓励成员之间相互帮助、相互支持，促进知识共享。具体而言，可以定期举办各种跨部门的文体活动；可以通过员工聚会、电子社区等形式建设各种非正式沟通渠道或平台；可以为员工提供全家游、文体娱乐等福利活动。

为此，在打造良好的协同转化"软"环境时，企业应重视协同转化意识的培养、巩固，将其纳入企业文化建设的范畴，通过内部培训、外出学习、典型事迹及人物发掘和培养等方式，强化企业内部包括技术研发、生产、市场、管理在内的所有部门及全体员工的协同转化意识，营造企业内部协同转化的浓厚氛围。

6.2.1.2 企业外部环境的打造策略——协同转化产业生态圈建设

产业联盟已经成为促进技术创新，推动标准化建设的有力手段之一。我国产业联盟的形式主要有技术标准产业联盟、产业链合作产业联盟、研发合作产业联盟、市场合作产业联盟、社会规则合作产业联盟五种形式。这几种产业联盟功能和目的各有不同，涵盖了技术创新与专利申报、技术标准建设、市场开发等多个领域。而技术创新、专利和标准协同转化的全过程则综合了它们的各种功能和目的，因此，并不适合单一的产业联盟形式，必须推进协同转化产业生态圈建设。

6.2.1.2.1 协同转化产业生态圈的基本架构

在创新成果专利化阶段，企业需要信息、智力、资金等多种资源的支持，才能进行高水平的基础成果创新，并将创新成果专利化。根据创新类型的不同，企业在技术创新及专利申报过程中，还会出现创新成果已经被其他企业专利化的情况。在专利标准化阶段，企业需要努力扩大专利技术的市场应用规模，放大网络效应。在标准垄断化阶段，对于法定标准，企业需要推动与法定标准相关的市场配套建设；对于事实标准，企业需要进一步巩固市场地位。为放大网络效应，保证优势市场地位，企业必须重视对专利技术及其产品配套协作网络的培育与发展，互补、配套和兼容技术的研发，技术共生系统的开发，组建技术联盟等。由此，强化与其他必要专利持有企业、标准化合作企业、配套产品制造商、供应商、分销商等相关企业和科研机构的合作必不可少。同时，我国产业联盟成功发展的实践已经证明，政府的作用不可忽视。因此，产业生产圈的构成主体应是多元化的。图6-3是协同转化产业生态圈的基本构架。

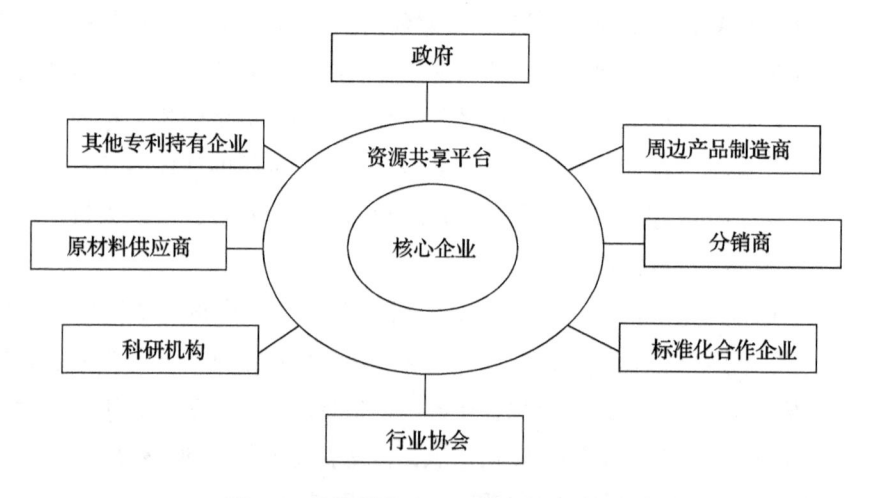

图6-3 协同转化产业生态圈的基本架构

6.2.1.2.2 协同转化产业生态圈的运行机制

一是协同转化产业生态圈的运作以企业为主导，以实现技术创新、专利、标准的协同转化，促成企业技术专利成为法定标准或事实标准，获取优势市场地位为导向，建设以生态主企业为核心，面向各类型企业和组织的开放式平台。

二是资源共享为基础。通过资源共享平台，在产业生态圈实现两个共享：①技术创新人才资源、金融资源、信息资源、人文资源和条件资源（基础设施）等的共享；②围绕专利产品产业化的资金、销售渠道等市场资源的共享。通过共享，实现生态圈创新主体在文献查阅、科学和技术数据查询、行业深度资讯共享、知识产权交易、技术培训、技术和技术标准联合研发、技术创新成果和其产品测试认证与管理咨询等方面的服务功能，以及推动专利产品占据优势市场份额的功能。

三是政府为保障。政府以通过制订相关专项政策、提供专项资金等形式的支持，为协同转化产业生态圈的组建、发展、运作创造良好的环境。

四是构建合理、高效的产业生态圈管理架构。协同转化产业生态圈管理架构可借鉴国内较成功的产业联盟的经验，采用"三权分立"式运作模式。"决策权"归属生态圈理事会；生态圈内技术研发和生态圈整体发展方向的"建议权"归属生态圈专家委员会；生态圈内具体事务的协调处理则由秘书处负责，它与生态圈其他主体间不具有利益关系。从秘书处的特性来看，由行业协会承担其功能比较合适。行业协会可成为生态圈参与企业与政府间的沟通桥梁，对外承担生态圈的宣传、推广工作，对内通过调解、仲裁、处罚等手段行使产业生态圈的日常管理职能。生态圈资源共享服务平台的建设可由核心企业与行业协会共同推进。

6.2.1.2.3 协同转化产业生态圈的合作方式

在产业生态圈内，主体间的合作方式依目的分为两种类型。

一是技术型合作。其特征体现为获取技术创新成果并申请为专利，推动配套技术研发，推动技术共生系统的开发，共同获取法定技术标准或事实技术标准等。技术型合作主要在核心企业、其他专利持有企业、科研机构、标准化合作企业等主体之间展开，可采用专利授权、专利交叉许可、组建技术联盟、构建专利族群等具体方式。

二是产业型合作。其特征体现为以推动"生态主"企业专利技术产品为核心的互补、配套、兼容产品等周边产品的生产、销售，核心产品与周边产品相互影响，扩大市场影响，积累更大的用户网络效应。产业型合作在核心企业、原材料供应商、分销商等主体之间展开，主要采取专利授权、特许经营、共享销售渠道、龙头企业对外注资入股等具体方式。

6.2.2 技术创新成果专利化阶段的策略

在技术创新成果专利化阶段，企业主要采用的策略有管理策略和技术策略。

6.2.2.1 管理策略

原始创新、集成创新和引进再创新三种创新类型均需要考虑技术要素、技术竞争情况、技术生命周期三方面的问题。同时，从市场角度出发，需要处理好核心专利与周边专利的关系，选择合适的地域市场。为实现企业经济效益，企业还需要进行有效的专利成本核算。为此，需要对行业内或市场现有技术创新成果和专利，以及业已形成的法定标准或事实标准中所蕴含的技术信息、知识产权信息及市场应用状况进行全面收集和深度研读。因此，企业需要采取"以信息为导向+能力管理"的管理策略。在具体管理策略实施中应将信息的收集、梳理作为该阶段的重点内容。

（1）将分析专利作为收集信息的主要方式。

这是因为技术创新成果的对外发布多以专利的形式完成，进入标准也是以专利为载体，专利因而成为技术信息的载体或表现形式。Brockhoff（1992）认为专利包含着与可自由使用的创新意图和规范化数据，所以专利可以成为衡量创新方向和创新焦点的工具。

（2）以文献计量学为基础，以专利地图为具体手段。

专利有三种特性：新颖性、创造性、实用性，企业可以文献计量学为基础，通过分析专利地图，掌握技术专利申请和授权情况，专利本身的技术信息、与其他专利的捆绑信息、进入标准信息、授权区域、保护期限等，服务于不同类型的技术创新活动。

6.2.2.2　技术策略

企业所制订的技术策略主要包括企业资源调动策略和技术创新模式选择策略两个方面，以支持、指导企业技术创新研发活动的有序、高效开展。

（1）企业资源调动策略。

对于企业而言，进行技术创新，获取高质量的创新成果，需要企业动用各类资源予以投入和支持，包括资金、场地、人力、政策等显性资源和以协同转化主体的私人关系为主要表现形式的隐性资源。两类资源相互作用，其中，隐性资源的获取和作用发挥更有利于企业获得显性资源。许多企业更加关注显性资源的投入，虽然在协同转化过程中运用了隐性资源，但缺乏对隐性资源作用的充分认识。因此，企业应重视发挥隐性资源的作用，特别是企业家所拥有的社会资本值得培养和利用。

企业家社会资本指通过个人关系网络获得或衍生出的社会资源集合，可分为商业社会资本、制度社会资本、技术社会资本三种类型。它们均对技术创新有着显著的影响，包括获取进行技术创新决策和减少环境不确定性需要的资源和信息，促进创新风险共担机制的形成，优先获取政策性资源支持等诸多方面。

鉴于企业家社会资本对技术创新活动的重要影响，应采取多种策略，积极培育和提升资本的存量水平，包括构建关系网络的指导性策略和获取社会资本具体策略两个部分。

Nahapiet 和 Ghoshal（1998）将企业家社会资本的研究维度归纳为关系维、

结构维和认知维三种维度。从这三个维度的角度出发，吕淑丽（2010）指出，认知型社会资本对技术创新绩效的正面影响程度最大，其次是结构型社会资本，影响程度最低的是关系维。构建关系网络的指导性策略有三个。

一是加强成员间亲密程度和交流频率，建立"强连带"关系，推行得到网络成员高度认可的价值观和行为规范，从而建立成员间的信任关系，更有利于提高技术创新绩效。但要注意控制认知的度，过高的内部认知度容易导致束缚创新思想、限制创新决策弊端的出现。

二是关注异质性问题。网络异质性是指企业家与商业、制度和技术社会资本联系人的多元化程度，体现了企业家社会网络成员在个体特征、职业特征、社会地位特征等方面相似或相异的程度。提高异质性水平有利于企业家扩大资源，扩展技术创新的领域、方式、空间，激发创新灵感。不过，网络异质性水平并不是越高越好，过高的网络异质性将妨碍提升关系网络内部的认知程度。

三是作为传统的关系型社会，维护网络成员之间的关系无疑是重要的。然而，维系网络成员之间的关系需要企业投入大量的资金和时间。从交易费用的角度出发，这些成本实际提升了交易费用，从而拉低了对技术创新绩效的正面影响。同时，大量成本投入的沉淀效应将束缚企业家技术创新时的决策自由。过度建设"强连带"关系反而会导致异质性水平的下降。因此，企业要注意甄别关系网络中的核心成员，适度发展"强连带"关系，而不是一味地提高网络成员间的强度关系。

同样，在获取社会资本方面，也有三种具体策略可供选择。

一是积极承担社会责任。沈颂东和房建奇（2018）研究了民营资本中商业社会资本、技术社会资本及制度社会资本对技术创新绩效的影响，前两项对技术创新绩效具有显著的正向影响，而制度社会资本对技术创新绩效的影响呈现倒U形关系。而林军和张丽芸（2017）指出，积极履行社会责任，可从结构、关系、认知三个维度影响企业家的社会关系网络，扩大企业家的社会资本存量。因此，企业家应积极承担社会责任。

二是积极参政、议政。许多企业家都积极参政、议政，通过成为人大代表或政协委员的方式，向政府靠拢。这样做可以获取更大的知名度，提升企业的品牌形象和企业家本人的信任度；可以拥有更大的话语权，为企业筹措技术创新所需的资源和服务；可以接触更多的政府部门人员，建立良好的私人关系，扩大人脉资源；可以结识行业内其他企业的高层管理者，建立关联，拓展商业社会资本。

这一切都有利于企业技术创新活动的开展。

三是积极加入行业协会或组织。我国现有的各类行业协会通常都具有技术服务功能，为其成员提供了新技术、新材料、新工艺研发等技术创新活动的交流平台。企业加入行业协会并积极主办或参与业内活动，对于企业家结识更多的技术创新伙伴，在同质群体中获得认可和信赖，拓展企业家的技术社会关系网络大有裨益。同时，企业家加入行业协会或类似组织，并力争获得头衔和荣誉称号，还有助于提高企业知名度。

（2）技术创新模式策略。

确定技术创新的模式，是企业层面技术策略的重要内容之一。相关学者研究认为，在技术创新模式方面，企业可选择自主进行，也可以模仿、合作创新或采用技术并购的方式进行创新，具体的技术创新模式与发展路径的选择受到多种复杂因素的影响，基本可以归纳为政府政策、市场环境和企业自身技术创新能力三个方面。

当政府对企业所在产业予以高度重视，鼓励发展，为之提供的引导、支持力度较大，产品的市场需求和发展前景看好，技术创新所需的资金、人力、和技术资源供给较为丰富，市场竞争态势又不是非常激烈，企业的技术创新能力（包括研发投入、市场开拓、运营管理能力及社会网络关系等）较强时，适合选择自主创新的技术创新模式。

当政府引导、支持力度相对较弱，产品的市场前景和市场所能提供的技术创新所需资源相对不足，市场已有比较强势的竞争对手存在，企业又缺乏足够的技术创新能力时，采用模仿创新的技术创新模式是比较合理的选择。通过模仿创新，消化、吸收外来技术以提升企业自身的技术创新能力，为将来政府政策和市场环境等外在因素趋于有利时实现技术创新模式的跃迁积蓄力量。

当企业身处政府迫切希望发展的产业，政府给予了足够优惠的利好政策，产品市场前景较好，但较好的市场前景和政府的利好政策也吸引了众多企业加入市场竞争时，企业需要尽快确立自身的市场地位和竞争优势。如果企业自身的技术创新能力比较一般，选择技术并购模式、缩短技术创新周期不失为明智之举。

如果无论是政府政策的引导和支持力度，还是外部市场环境都处于比较一般的状态，企业无法从外界获取更多的支持，且自身的技术创新能力也比较一般时，适合选择合作创新的模式。通过共享资源，企业可减少在技术创新过程中的资源投入，共担风险；同时，在合作过程还可相互借鉴，提高彼此的技术创新能力。

当产业或产品即将为市场所淘汰，企业应将自身较强的技术创新能力转移到其他产业或产品上，而将即将淘汰的边缘化产品果断地外包出去，不再作为技术创新的对象。

从管理策略的角度而言，随着企业在后继专利标准化阶段选择法定标准路径或事实标准路径的不同，所制订的协同转化基本战略的具体内容会有所差异，但制订的基本战略是一致的；为促进协同转化，企业内部需要保证有与其相适的组织架构、人员配置、运行机制、内部组织氛围等，因此在内部环境打造方面的策略也大体相同。从技术策略的角度而言，无论企业后续选择法定标准路径还是事实标准路径，企业均需要取得高质量的技术创新成果，唯此才有可能进入政府考察的视野，或得到市场的认可，因此所提出的技术策略对于两种路径均是适用的。

6.2.3 专利标准化阶段的策略

在专利标准化阶段，企业主要采用的是市场策略，但随着企业所选择标准化路径的不同，市场策略的具体内容也有所不同。在法定标准路径下，企业可以通过政府的直接认可获得标准地位，也可以凭借事实标准的市场优势地位获得政府认可，将企业的专利技术上升为法定标准。在事实标准路径下，由于不需要获得政府的认可，企业只需尽力开拓市场，及早将本企业的专利技术转化为市场的事实标准。因此，企业可采用的市场策略分为两类，一类是如何获取政府的认可，另一类是如何尽快帮助企业的专利技术获得市场的事实标准地位。

6.2.3.1 法定标准路径下获取政府认可的策略

在法定标准技术来源日趋多元化的前提下，企业应高度重视专利技术是否获取政府的认可。

（1）加强对相关信息的收集、整理。

法定标准的制定工作是由政府主导推动的，因此政府在特定时期关于法定标准的具体政策、规划对于企业是否能成功获得法定标准地位有着至关重要的影响。企业需要着力加强对政府方面相关信息的收集、整理，加强对政府未来动向的精准把握的能力，并恰当实施相应策略。同时，企业所在行业与标准化相关的技术、法律、市场应用状况、竞争对手的情况等方面的信息，都会影响到政府选择某一技术进入法定标准的决策。因此，企业同样要高度重视这些信息，并根据信息的动态变化对企业的策略做出调整，必要时甚至要对前期企业协同转化的管理策略、技术策略进行适当的修正。

（2）强化专利技术的市场推广和宣传推介。

虽然企业谋求的是直接获得政府对企业专利技术的认可，并不需要专利拥有成为事实标准所具备的优势市场地位，但较高的市场知名度、良好的消费者形象，对于政府采纳专利技术进入法定标准具有积极的正面影响。因此，企业应努力加强企业专利技术的市场推广和宣传推介，通过各种渠道和方式，向政府部门、标准化组织、消费者展示企业专利技术的先进性和良好的未来前景。同时，强化与政府部门、标准化组织的密切联系和沟通。

（3）实施有效的游说政府行动。

首先，政府在设定法定标准之前需要分析、论证标准的技术水平和市场推广的可行性。一般而言，政府需要组织专业人士或委托专门机构进行调研。此时企业可积极为政府的调研行为提供场地、渠道等。其次，法定标准遴选条件一旦公布，企业应迅速根据条件，提供详尽、准确的关于企业专利技术的信息资料，并通过各种渠道与政府相关部门保持密切沟通，随时提供关于资料的深入解读。政府制订法定标准时，通常最为关心的是标准的技术水平：既要能反映技术发展的前沿水平，具有一定超前性，可带动整个行业技术水平的提高；又要考虑到技术在市场上的适用性。为此，企业应及时向政府提供权威技术机构或专家对企业的专利技术地位的鉴定结论，专利技术在国内外市场成功推广的情况，以及专利技术进入国际标准的情况等方面的资料，以增强政府对企业专利技术的信心。此外，与主要竞争对手在专利技术、专利权法律状况（过于强大、复杂的专利权法律保护在一定程度上会增加政府对该技术进行市场推广的顾虑）的对比优势，也是企业提供资料应重点展示的部分。最后，为使本企业专利技术顺利进入法定标准，企业还可向政府做出承诺，为法定标准的实施提供各种形式的帮助，甚至可适度放弃一部分专利权权益。

6.2.3.2 事实标准路径下获取标准地位的策略

在事实标准路径下，企业的专利技术自然亟待获得在市场中的事实标准地位。除去政府直接认定的法定标准外，另一种法定标准的形成方式是企业的专利技术先获得国内市场的事实标准地位，再被政府采纳形成法定标准。由此可见，两种方式下企业都需要获得事实标准地位，因此企业运用市场策略的核心均是扩大用户基数规模，放大网络效应，突破临界值。而在第二种法定标准路径下，企业专利技术需先形成事实标准，再力争上升为法定标准。所以，谁最先突破临界容量是判定哪家技术标准可能成为事实标准的标志。因为当某一技术专利产品的用户基数超过某一临界值时，将触发正反馈机制，在机制的自增强作用下，该专利技术将成为市场的主流技术，形成事实标准。

（1）先发抢占市场，奠定网络效应基础。

国外学者的研究结果显示，用户对某一技术采用的时间顺序很有可能成为该技术竞争市场标准成败的关键因素。由于先发进入市场的企业更容易获得先发优势，由此使得用户加入其网络后可以获得更大的网络外部收益，由此产生的消费者对先发企业的偏好将会使市场偏向于先发企业。因此，企业应抢在竞争对手有所动作之前先进入市场，以尽快形成一定规模的用户网络，并高度重视对消费者心理预期的引导。在选择某种技术产品时，消费者会对产品的性价比、辅助产品供应的便利程度、未来的网络规模、产品的更新换代等方面产生心理预期，企业应通过各种媒体渠道进行有效的产品预告，发布产品性能、产品承诺、企业的生产能力等信息，并采用新产品试用、用户培训等手段增强消费者的信心；在产品初步形成规模后还应及时发布市场销售额、市场占有率、互补品供应商的数量等信息，以进一步吸引消费者，从而引导消费者的预期。与此相呼应的是，非网络化产品的价格需求弹性低于技术标准产品，正是网络效应所导致的。因此，应采用低价推广的方式，以承受短期亏损的方式尽快占据市场份额。较低的定价水平既有利于引发正反馈效应，也有利于建立价格的进入壁垒，阻挡潜在的竞争者进入市场。

（2）稳固现有的用户规模。

即使企业拥有了现有客户，也会存在着众多不确定性，他们还可能在未来进行重新选择。为防止这种情况的发生，众多企业采取的方式是运用锁定策略，使用户想转换另一种技术时，难以承受转换所产生的高额成本，从而最终放弃转换，继续选择原有技术。锁定策略有很多种表现形式，如与用户以协议的方式进行合作，或者是利用道德上的指引、采取不兼容策略等几种方式。

（3）扩大市场占有份额，突破临界值。

当企业累积一定数量的用户基数，形成了一定规模的网络效应，即面临如何进一步放大现有网络效应，突破临界值，成长为市场事实标准的问题。技术的更迭在现在经济飞速发展的态势下已经成为常态。在同一市场中，多种技术的残酷竞争已成为常态。单个企业仅凭借自身资源进行专利技术的推广需要耗费较长的时间周期，而且专利技术的价值又随着时效性的降低而不断贬值，其用户安装基础的扩展速度将不断减缓，面临瓶颈，甚至用户规模会萎缩，无力突破临界值。同时，随着技术的不断发展，某一技术标准中包含必要专利的数量越来越庞大，伴随的技术含量也会越来越复杂。单个企业要完成技术标准中全部专利技术的研发在大多数产品市场中已不可能实现。技术标准中专利所有权的分散倾向愈发明显。单个企业只掌握某一技术标准中的一部分专利技术的现状使企业单独完成某一技术标准往往力不从心，几成奢望。因此，借助外部力量，以企业专利联盟和标准联盟等方式来提升企业的市场推广能力，以求突破临界值已是势在必行。专利联盟由组建联盟企业的原有用户安装基础积累和后期专利联合许可的发展组成用户安装基础，有利于缩短达到临界容量的时间，在短时间内即可建立起足够规模的用户安装基础。联盟成员在技术标准联盟中相互协调，并且联盟成员企业使用统一标准，能大大地减少市场上技术标准的类型，帮助消费者减少选择的种类，如此一来，标准化技术将受到用户的高度认可，并最终成为事实的技术标准。

6.2.4 标准垄断化阶段的策略

无论是法定标准路径，还是事实标准路径，标准垄断化阶段是不可避免的。此时，企业的专利技术已通过法定标准或依托专利权保护的事实标准地位在市场上实现了垄断。对企业而言，此时运用市场策略的目的在于：一方面，在不动摇市场地位的前提下，实现需求自身利益最大化；另一方面，推动企业专利技术在更广泛的市场（如国际市场）的推广、应用，成为国际市场的事实标准。

6.2.4.1 巩固国内市场垄断地位的策略

市场的垄断地位是企业获取利益的保证，也是企业协同转化战略的最终目标。这意味着企业当下首要的工作是巩固现有的市场地位。无论是法定标准还是事实标准，它们都是受相关法律保护的技术专利。因此，为巩固现有市场垄断地位，一是要有效运用法律武器，以技术专利所有权为出发点，打击盗用企业知识产权的行为，确保只能通过合法途径使用法定标准或事实标准中的技术专利。二是增加限制性条款，如限制专利引进方发展和改进引进的专利技术等。企业可以通过专利联营强化垄断地位。技术的更新换代是非常快速的，以技术创新专利为基础的法定标准或事实标准时刻都面临着新技术创新成果的威胁和冲击，特别是在高新技术行业。因此，要长久保持企业在市场上的垄断地位，加速技术创新，针对市场需求不断对现有技术进行更新换代，实现技术创新、专利、标准的良性循环才是保持垄断地位的根本途径。

6.2.4.2 谋取垄断利益最大化策略

对于已在国内市场实现垄断地位的企业而言，实现利益最大化的基本路径有两种：一是直接路径，二是间接路径。

（1）直接路径。

对于获得法定标准的企业，应积极协助政府、行业协会等标准化管理部门进行标准的推广，举报未按法定标准开展市场经营活动的其他企业，打击竞争对手，由此扩展并抢占市场空间，为企业获得更大的经济利益；而对于获得事实标准的企业，则应凭借垄断地位，以专利技术产品为媒介，以专利权为依托，增加对产业链上下游企业的管控，凸显企业在供应链中的核心地位，提升供应链运作水平，以更低的成本、更好的服务能力提高企业的竞争能力，提高销售业绩。

（2）间接路径。

在两种路径（法定标准和事实标准）下，企业均可凭借技术专利所有权，通过专利许可、专利联营等方式获取利益，从而实现在不违反相关知识产权法律的前提下，加入一些限制性条款，从而使企业获得更多的利益。

6.2.4.3 争夺国际市场的事实标准策略

进入标准垄断化阶段后，在法定标准和事实标准路径下，企业均面临进一步拓展国际市场，力争使企业的专利技术成为国际市场事实标准的问题。

（1）法定标准路径。

在法定标准路径下，企业应积极参与政府的对外发展战略、政策的实施，以发展中国家市场为重点，推动含有企业专利技术的法定标准国际化。具体而言，可考虑从以下两个方面着手。

一是在国家"一带一路"倡议的背景下，将企业专利技术法定标准的国际化的技术进行大力推广。企业应该以"一带一路"倡议发展为契机，以技术发展较为落后，技术标准建设相对滞后甚至处于空白状态的发展中国家为重点，或瞄准某一产业领域有技术标准建设迫切需求的其他国家，积极参与技术标准的对外输出，协助国家完成教育培训、技术标准输出资料的编撰翻译、技术标准当地化等工作，促进相关国家和地区接受、应用企业的专利技术，为后续企业进入当地市场奠定基础。

二是借助我国具有得天独厚的资金优势，进行含有企业专利技术法定标准的国际化推广。资金优势显著的中国企业越来越多，走出去实施全球化战略已成为许多国内大企业的共识。在拓展国际市场的过程中 BOT、PPP 等模式的应用越来越普遍，在项目实施的过程中，由我国金融机构提供优惠贷款和优惠出口买方信贷的情形也比较普遍。此时，企业提出使用含有本企业专利技术的中国标准是合理的。需要指出的是，这一策略在事实标准路径下也是适用的。

（2）事实标准路径。

在事实标准路径下，企业向国际市场推广专利技术的过程中，除去专利技术的质量需要达到足够高的水平外，同样需要争取政府在政策、资金等方面所予以的支持。对企业而言，面对国际市场技术竞争激烈的态势，应努力推进产业协同生态建设，在产业领域内处于配套辅助产品的供应商、供应链相同位置的其他同业企业、下游客户、相关产品生产企业等所有关联性企业的产品或服务上推广、普及企业专利技术的运用，借助关联性企业在国际市场上的用户规模和市场影响力，巩固、放大企业专利技术的网络效应，提高市场地位，并对其他潜在用户形成强大的示范效应，帮助企业专利技术成为事实标准。在事实标准路径下，企业专利技术在向国际市场推广的过程中，应通过专利技术共享、构建专利联盟或标准联盟、产品协同研发、市场共同开发等手段，推进产业协同生态建设。

6.3 政府推进技术创新、专利、标准协同转化的策略

政府在推进技术创新、专利、标准协同转化中也扮演着关键的角色。为有效发挥政府在协同转化过程中的重要作用，将按照协同转化三个阶段和两种路径的思路，结合前面影响因素和存在问题的分析结论，对政府层面协同转化策略进行具体的探究。

6.3.1 政府推进技术创新、专利、标准协同转化的基本策略

政府在推进技术创新、专利、标准协同转化的进程，必将经历技术创新成果专利化、专利标准化、标准垄断化三个阶段。科学的协同转化整体规划、完善的标准化管理体制、健全的专利标准化公共服务、多样化的产业联盟、强大的信息支持都是政府在推进技术创新、专利、标准协同转化三个阶段必备的手段。

6.3.1.1 协同转化整体规划设计策略

技术创新、专利和标准的协同转化是一个涵盖多方参与者的过程，它以最终

实现法定技术标准或事实技术标准，获取市场竞争优势为目的。政府作为协同转化的宏观管理者，如果没有进行有效的协同转化整体规划设计，将对企业等参与主体的技术创新、专利申请、标准化活动无法进行有效的指引，这无疑会增加协同转化活动的盲目性，降低转化效率，造成协同转化资源的浪费。

政府在科学制订整体规划的过程中，应着重考虑以下方面的问题。

一是保证整体规划的完整。整体规划中应完整包含协同转化的三个阶段，在不同的阶段中，实施的目标不同。第一个阶段是技术创新成果专利化阶段，应着重阐述技术创新的重点领域和方向，政府扶持政策的方式、对象和原则。在专利标准化阶段，应着重阐述适合我国经济、社会发展的特点，与不同技术标准体系的建设目标、内容、方式，以及政府的引导扶持方式、对象和原则。在标准垄断化阶段，则应重点阐述政府保障企业等专利所有人正当权益的相关政策，以及政府规制、打击凭借事实标准或法定标准所赋予的优势地位，滥用专利权利的不当行为的方式、策略。

二是突出整体规划的方向性。整体规划应突出支持国家和社会发展的重大需求，将战略性新兴产业和对国家战略、经济社会发展有重要影响的行业作为整体规划，明确整体规划的主体性。整体规划应将企业作为目标主体，战略的制订应致力于引导、支持、服务企业实现技术标准的市场竞争力和竞争优势。

三是重视区域差异性，推动区域联动。国内不同区域标准化建设水平差异较大，不同区域的发展目标和优势产业也不尽相同。政府在制订整体规划的过程中，应充分考虑到不同区域的差异性，如东部地区应着重发展高新技术，以争取在国际市场的技术标准竞争优势为目标；中部地区应将农业、能源和新兴产业作为协同转化的主要对象；西部地区则可重点推动在区域特色产业领域的技术标准化建设，中西部地区应以争取相关产业在国内市场的技术标准话语权为目标，为以后进入国际市场打好基础。在具体产业或行业选择上，应重点发挥各区域的产业优势，集中资源投入，吸引企业、科研机构的加入，发挥集群效应。同时，打破体制、机制障碍，实现技术、产业、教育、金融的深度融合，促进创新资源的流动，以实现不同区域在协同转化过程的相互联动。

6.3.1.2 标准化管理体制的优化策略

在技术协同转化的过程中，科学管理体制的构建对协同转化过程的推进必不可少，将直接影响协同转化的效率和最终效果。在协同转化的管理体制方面，我国政府也采取了一系列举措，如标准化的管理体制由二级政府管理转变为三层面管理体制。此外，具有政府管理职能的集团公司、授权协会、授权联合会等也属于管理主体，呈现出多元化的态势。虽然取得了一定的进步，但在协同转化实践中现有管理体制仍然暴露出不少弊端，主要表现在以下几个方面：一是现有标准化管理体制手续繁杂，过程缓慢；二是现有标准化管理体制与市场需求契合度不足，进而导致标准的科学性和合理性难以保证；三是现有标准化管理体制的公正性有所欠缺，从而影响到标准的公正性；四是技术创新、专利申报两方面的管理体制与标准化管理体制在一致性上不明显，这种多部门管理现状极大阻碍了协同转化的效率。

　　根据管理体制存在的弊端，政府可考虑从以下几个方面着手应对。首先，设置由技术创新、专利申报及管理、标准化管理等相关政府部门共同组成的一体化管理、协调机构，目的是实现协同转化相关事务在战略、政策和资源方面的一体化协调管理。其次，由政府授权，在协同转化整体规划的指引下，由一体化协调机构内下属的"标准化机构"，负责制订某一地区或某一行业内协同转化推进的"一揽子"计划，即协同转化的方向、目标、进度、实施细则等项目的具体实施方案，报由协调机构审批，实现审批流程的"扁平化"。再次，打造专家智库，突出企业的主导地位，以来自企业的专家为主，来自政府和科研院所的专家为辅，按照一定比例充分吸纳来自行政、法律等社会各方面的专家、学者。专家智库的作用一方面体现在对技术委员会制订的协同转化推进"一揽子"计划进行科学评价，提出修改意见，供一体化协调机构审核计划时参考；另一方面，在协同转化的核心环节——标准的具体制订过程中，由专家智库按照一定原则遴选出的专家、学者组成两个相互独立的小组，两权分立，分别负责制订标准和对所制订的标准进行评价。专家智库同时也为"标准化机构"提供了人选来源。通过专家智库的作用，有效解决了现行标准制订过程中标准的科学性和合理性难以保证和标准的公正性容易受到影响的弊端，突出标准的市场导向作用，并兼顾各方利益。

6.3.1.3 专利标准化公共服务优化策略

　　在优化专利标准化公共服务方面，政府可从两方面着手。

　　一是加强联络机制建设。联络机制的建设分为对内和对外两个方面。对外，政府应主动跟踪、收集国际上技术创新、专利、标准化建设的最新信息，如积极参加和举办各种论坛等，从而为企业的协同转化进程提供高质量的信息支持。对内，政府要充分利用好行业协会在中间的辅助功能，以帮助政府与企业的便捷合作，沟通透明化，也能让政府更好地了解企业在实现法定标准化过程中的实际需求，从而提供更好的公共服务。联络机制的建设也有利于增强政府对技术创新和专利发展状况的了解，从而能够在选择纳入法定标准的专利技术，以及在协助企业培育市场、进行市场推广时做出更为恰当的选择。同时，联络机制的构建与完善也有利于政府评估协同转化的实施效果，及时发现影响转化效率的具体问题，并制订相应的对策。

二是在提供专利标准化公共服务方面，政府应加强标准化公共服务平台的建设，如推动专利标准化方面人才中介、金融中介、管理咨询等机构的发展，鼓励、引导检验检疫、计量、认证机构的发展等。

6.3.1.4 推动产业联盟建设

产业联盟已经成为提高技术创新绩效，推动标准化建设的有力手段之一，政府应发挥政策、科技战略的引导作用。作为一种新的产业形式，技术标准、产业链、研发合作、市场合作、中小企业产业联盟等产业联盟的功能和目的各有不同，包括技术创新与专利申报、技术标准建设、市场开发等多个领域。各级政府应从宏观层面出台促进联盟发展的指导意见，通过资金、政策支持，以及动用行政手段，根据不同地区、行业和领域的实际情况，出台更为细化、充分体现差异性的政策、措施，鼓励合作，同时规范、管理联盟参与主体的行为，保护各方权益，推动多种形式产业联盟的建设。

技术创新、专利和标准协同转化过程包含了上述多种形式产业联盟的功能和目的，因此单一的产业联盟形式并不合适。政府应将协同转化产业生态圈作为未来产业联盟建设的主要形式，实现参与主体在技术创新、专利、技术标准方面的协同推进和利益共享。

6.3.1.5 信息支持策略

技术创新、专利和标准协同转化的过程是高度信息化的，各个阶段的推进和衔接无一不需要海量信息的支持。但受限于条件，企业在技术创新过程中为获得所需信息往往需要付出高昂的成本，同时所得信息的真实性、完整性、有效性不能完全保证，信息不对称的风险仍然存在。

政府不仅本身是许多信息的创造者，同时政府组织结构体系中还设置有层级完整的信息收集、处理机构。大量与技术创新有关的经济、社会、政治等信息都储存、流动在政府行政机构渠道中。由于政府本身的行政角色定位和信息处理数量的海量特征，由政府发布信息，能使企业在获取信息过程中可能遇到的问题都得到有效解决。

在强化信息支持方面，政府可采取以下几种策略：一是涵盖中央、地方、行业三个维度，构建统一的协同转化数据库，在数据库下整合技术创新、专利、标准三个子模块；二是完善信息内容，将专利信息、信息信息、政策信息等都纳入其中；三是制订合理的信息发布制度，要求中央和地方各级政府相关部门严格按照规程及时发布信息；四是以数据库为依托，打造协同转化的公众信息平台，完善公众信息平台服务功能，除去提供产业发展、技术及专利信息、标准信息等信息的发布、查询外，还应具备专利的检索、申请、转移和转让，以及标准查新、编写、动态跟踪、推广等其他功能；五是信息平台使用方式的多元化，除了传统的网站登录方式外，还应具备诸如 APP、微信公众号等多种平台使用方式。

6.3.2 技术创新成果专利化阶段的策略

Mansfield（1985）对制造业企业的调查研究结果表明，同行业竞争者可在 1 年到 1 年半的时间内获取技术创新产品及其生产流程信息。因此，技术持有者为了确立领先地位，确保自身权益，将技术申请转化为专利是他们解决的方式。但为使技术创新成果转化为专利，根据相关法律的要求技术创新必须具备新颖性、创造性和实用性等条件。为达到这一目标，企业需要动员、借助企业内部和外部的各种资源，包括信息、资金等。孔凡萍（2015）的研究指出，在科技创新领域，市场无法有效率地分配商品和劳务，典型特征就是创新活动企业的边际效用与社会整体的边际效用不相等，从而导致市场在配置资源上的非最优性。同时，一部分技术创新所需要的资源带有较强的公共产品属性，企业无力承担或出于自身利润的目的不愿承担。因此，亟待政府从中发挥作用。为保障技术创新活动的高效开展，政府可从信息、资金、基础设施建设、人力资源供给等方面予以引导、支持。在此，重点分析、探讨政府对技术创新活动的资金支持策略。

6.3.2.1 资金支持形式多样化

在促进技术创新产出方面，政府除了使用财政直接拨款、财政贴息、税收返还等资产形式外，还应积极拓展资金支持形式。具体可考虑以下两种：一是以协同转化整体规划为指引，以技术创新研发项目为依托，形成系列课题，以课题经费的方式予以资金支持；二是设立专项奖励资金，对完成技术创新研发项目过程中做出重大贡献的组织、个人给予奖励。

6.3.2.2 合适的资金支持时机

事前和事中补贴均能提升企业的创新能力。反之，当期和滞后一期融资约束会阻碍创新发展；对于处于生命周期引入期和衰退期的企业，任何时期投入资金进行政府补贴均能提升企业的创新能力；对于处于成长期的企业，补贴最好于事中投入；当企业进入成熟期以后，最佳补贴时机应为事前。因此，资金投入的时机尤为重点，政府应建立企业数据库，通过大数据技术收集、建立企业运营数据库，通过区块链技术建立实时监控、审核平台，根据企业的生命周期和所面临的投资约束情况进行分类审核、发放政府创新支持资金，并监控资金的使用效率。

6.3.2.3 风险投资的引入

在政府直接资金支持力度相对有限的情况下，风险投资的注入无疑是对技术创新资金支持的一个很好补充，能够起到有力的激励作用。有学者研究发现，风险投资之所以能够有力推动企业技术创新的发展与成功，主要原因在于企业技术创新的成果能为其带来较高的回报率。然而，就现实情况而言，国内外风险投资更青睐于传统行业，对电子技术、信息网络、生物技术等高新技术行业的投入力度相对不足，而这些行业正是我国技术标准水平相对较低，与国外同行业存在较大差异，技术创新活动风险更大的领域。因此，各级政府在制订促进风险投资发展的政策及国家设立风险投资基金时应体现出更为明确的导向性：向高新技术行业，尤其是处于种子期和初创期的行业倾斜，具体可供选择的措施有：一是提供风险投资税收优惠。二是完善风险投资资本市场建设，打通风险投资融资、投资、退资三个主要环节，为投资者规避风险、收回投资及收益提供有效渠道，从而打消风险投资者的顾虑。三是推动风险投资中介机构建设。中介机构是连接风险投资各部门的重要桥梁。除去会计师事务所、资产评估事务所、项目评估公司等一般中介机构外，政府应规定严格的市场准入条件和监管机制，努力推动知识产品评估机构、标准认证机构、科技项目评估机构等与技术创新活动风险融资密切相关的特殊中介机构的发展。四是为吸引风险投资进入高新技术创新领域，政府可采取政府注资与民间风险投资混合注资或政府提供风险担保等措施，以增强风险投资者的信心。

上海浦东新区创业风险投资引导基金就是政府风险投资引入的成功案例。2006年10月21日，浦东新区宣布启动全国首支由地方政府倡导设立的创业风险投资引导基金——浦东新区创业风险投资引导基金，政府投入的资金额为10亿元，重点投资浦东新区的生物医药、集成电路、软件、新能源与新材料、科技农业等高科技产业，助力高科技产业的技术创新。

引导基金采取两种创新的合作模式：其一，与国内外知名专业机构建立契约合作关系，双方联合投资，并由该机构进行项目投资决策和管理；其二，作为出资人直接加入创业风险投资基金，共同委托专业管理机构管理。引导基金以不高于1：3的比例与海内外知名的专业机构合作，并通过优先受授、优先退出、让利于民等方式，把项目快速增长的政府受益部分奖励给合作方，引导更多的民间资金进入并关注高新技术产业发展。引导基金不以营利为目的，在市场缺位时起到补位作用。在与风险资本合作时，可以适度分担风险，鼓励风险资本投向急需资金的早期、中期创新创业型企业；在条件成熟时引导基金优先退出，实现可持续发展；投资盈利时，投资者可以获得高于投资比例的利润分成。

借助成功创业投资项目的示范效应和引导基金的直接带动，引导国内民间资金形成风险资本，投入浦东高科技企业，使浦东成为国内风险资本的募集中心。同时，政府在税收、土地使用、人力资源等方面为接受风险投资的高科技企业提供优惠待遇。

浦东新区创业风险投资引导基金运作方式的成功在于以下几点：一是改变了政府传统的科技投入方式，着力从完善创业企业孵化机制、强化创业资金集聚机制、构建区域性创业资本退出机制和完善行业自律机制四个环节展开，真正实现政府资金引导社会资本向科技创新创业领域集聚；二是与国内外知名风险投资专业机构和管理机构合作，并将实际运作交由对方负责，实现"专业的人做专业的事"，减少投资风险；三是共担风险，打消民间投资者的顾虑，同时不以营利为目的，让利于民，刺激投资热情；四是提供全方位服务，进一步增强对投资者的吸引力，同时也有利于接受风险投资的高科技企业的后续经营。

6.3.3 专利标准化阶段的策略

宏观管理策略和引导支持策略是政府在专利标准化阶段可供实施的主要策略。

就事实标准而言，要使企业的专利技术成为市场的事实标准，需要技术专利有足够大的市场安装基数，占据足够的市场份额。虽然企业是抢占市场份额的直接当事人，但政府仍可通过有效的引导支持策略，协助企业培育市场，扩大市场份额。同时，法定标准虽然已得到政府认可，但仍需要得到市场的认可，以巩固法定地位，因此政府的引导支持策略也必不可少。

6.3.3.1 政府采购策略

在诸多手段中，政府采购的作用尤为重要。有研究表明，只有能引发正反馈的临界容量的专利技术才能成为事实标准。政府采购有助于某种专利技术迅速抢占市场主流，成为标杆。政府拥有的强大市场购买力不仅可以为企业创造较大的市场空间，同时，政府所固有的公信力和权威性也能在无形中为专利技术及其产品带来示范效应。当市场存在多种不同方向的专利技术，而消费者又处于等待、观望状态时，政府对某专利技术及其产品的采购，将极大增强消费者对该专利技术及其产品的信心，促进消费者的采纳、购买行为，从而加大该专利技术及其产品的市场份额，促使其成为事实标准。

在政府采购过程中，相较于完善采购流程、加强监督等一般性问题外，如何选择采购对象，即选择什么样的企业专利技术加以采购，协助其获得事实标准地位的问题显得尤为重要。一是考虑技术创新的技术特征。技术创新可以分为较强的突破性技术创新和较弱的渐进性技术创新。两者对技术标准的形成所起的作用有很大差异。突破性技术创新对于提高技术标准的技术含量，形成更高起点、带来更大市场回报的领先性技术标准，或缩短与国际、国内先进技术标准的"代差"作用更为明显；而渐进性技术创新的意义更多体现在对现有技术标准的完善或小幅提升。一般而言，临近产品化、市场化时期的突破性技术创新的不确定性会有所降低，早期才应是其不确定性最大的阶段，此时的突破性技术创新缺乏强有力的支持，极易"夭折"。政府采购向突破性技术创新倾斜，有利于开拓、培育相关市场，快速提高市场对这类技术创新的接受、认可程度，平稳渡过早期阶段。二是考虑标准中专利技术的自主知识产权特征。不仅政府采购要向拥有自主知识产权的技术标准倾斜，而且对于采购此类产品的企业、组织、个人，还可给予财政补助，以实现间接的政府采购。

6.3.3.2 配套协作网络培育支持策略

为放大网络效应，在市场中保持优势地位，企业必须重视专利技术及其产品配套协作网络的培育与发展，以及互补、配套和兼容技术及其产品的研发和市场推广。政府同样可在这方面实施有效的引导和支持策略。一是对积极推广技术标准产业化项目，取得较好成果的，经审核后由政府给予嘉奖；二是参照《中华人民共和国专利法》中关于强制许可、专利许可费中的相关条款，由政府或政府委派的代表公众利益的第三方组织，如行业协会，协助技术标准使用人与专利权利人进行沟通协商，放宽许可条件，助力技术标准的推广；三是对从事互补、配套和兼容技术及其产品研发和市场推广的企业、组织、个人,给予政府补贴优惠政策。

6.3.3.3 预留市场空间策略

在可能的情况下,延迟对外来或非自主知识产权技术标准的开放时间。为保证本国企业的市场优势,政府应鼓励拥有自主知识产权的技术标准上升为事实标准或法定标准,而市场空间是技术标准竞争的必备条件和宝贵资源,因此政府应尽可能创造条件,延迟外来或非自主知识产权技术标准进入国内市场的时间。

6.3.4 标准垄断化阶段的策略

进入标准垄断化阶段以后,企业持有的技术创新专利业已上升为法定标准或市场事实标准。由于技术创新专利属于企业的私有财产,本质上具有相关法律所赋予的垄断特性。一旦进入标准,凭借法定标准的强制性或事实标准所代表的市场地位,使专利持有者在某一特定市场获得垄断地位。企业必然会巩固自身的垄断地位,并不断借此获取经济利益回报,实现利益最大化。市场监管策略是政府在标准垄断化阶段应实施的主要策略之一:一方面可加强对以专利为代表形式的企业知识产权的保护,以保证在法定标准或事实标准的应用过程中企业利益不受非法侵犯;另一方面可打击在标准制订环节的一些不当行为,同时还能打击在标准应用过程中某些企业滥用权力的行为。这些不当行为虽然发生在标准制订过程中——即专利标准化阶段,但其危害却主要暴露在标准垄断化阶段。

6.3.4.1 法律法规完善策略

无论是在法定标准还是事实标准路径下,政府市场监管的重心都在于确保企业技术创新专利的合法权益不受侵犯,不被滥用。随着相关法律法规的颁布和实施,企业技术创新专利的合法权益得到了较为妥帖的保护,但企业滥用专利权的现象却仍然存在。目前我国相关法律法规在打击企业滥用专利权、获取过度垄断地位、谋取不正当竞争优势方面的力度较为薄弱,未来法律法规完善应将重心放在这一方面。

6.3.4.2 监管水平提高策略

在标准垄断化阶段,在相关法律法规的约束和指引下,对于法定标准路径,政府需要监管市场上企业执行法定标准的情况,以及企业对技术创新专利的保护状况;对于事实标准路径,政府监管的重点在于专利权保护和使用问题。政府要密切监管企业是否存在随意使用标准地位、反竞争和严重垄断行为。

(1) 构建多方参与、多种监督手段并行的监督体系。

现有的监管完全依赖于政府，面对纷繁复杂、变化迅速的市场和涉及不同行业的数量庞大的技术标准和专利，政府往往力不从心。在监管主体上，应打破政府"唱独角戏"的局面，发挥行业协会的辅助监管作用，鼓励企业加强自身监管和企业间相互监管，亦可引入独立于技术创新、专利、技术标准协同转化主体之外的第三方监管。在监管手段上，除去政府的法律监管和行政监管手段外，应注意发挥社会公众监管的作用，通过新闻报刊、公众信息平台、APP、微信公众号及其他信息渠道，将协同转化的相关信息予以发布，接受社会公众的监管。

(2) 提高监管队伍的监管水平。

首先，通过各种培训方式，提高专业监管人员的技能和素养，并拓宽监管队伍组成人员的来源范围，从专家智库中挑选，将相关领域的技术专家纳入执法队伍，以应对监管过程中遇到的各类问题；其次，政府市场监管体系应与法定标准建设部门分离，以保证监督的独立性；最后，建立监管工作的监督体系，包括对监管过程中的失职行为和失职人员的投诉、执法部门和人员的绩效考核等。在对政府监管工作的监督过程中，应将政府相关部门的工作主动性考核作为一个重要方面纳入体系，改变出现问题再事后补救的现状。

6.4 行业协会推进技术创新、专利、标准协同转化的策略

行业协会的推进策略主要包括技术支持、行业管理、信息交流几个方面。为有效发挥行业协会在协同转化过程中的重要作用，将按照协同转化三个阶段和两种路径的思路，结合前文对影响因素和存在问题的分析结论，对行业协会的协同转化策略进行具体的分析。

6.4.1 技术创新成果专利化阶段的策略

在技术创新成果专利化阶段，行业协会主要实施的是以企业为对象的技术支持策略和信息交流策略。

6.4.1.1 技术支持策略

从行业协会的角度而言，其对技术创新活动的技术支持主要表现在以下几个方面。一是根据对行业技术发展趋势的研判，影响政府对行业技术创新、专利、标准协同转化整体战略的制订，争取政府更多利好政策和资源的投入，为行业技

术创新活动营造更好的外部环境；二是结合政府的整体战略，以技术路线图、创新发展规划等形式为行业内企业的技术创新活动指明方向；三是组织、协调技术创新活动的开展，包括项目论证、资源整合、进度协调、技术援助、专利利益分配等；四是提供技术创新的基础服务，包括人才、资金、场地等诸多方面。

（1）建设专家智库。

实现行业协会技术支持策略，离不开相关领域技术专家的支持。以影响政府对行业技术创新、专利、标准协同转化整体战略的制订，争取政府更多利好政策和资源的投入，为行业的技术创新活动开展营造更好的外部环境为例。要达到这一目的，需要熟悉本行业的技术水平现状，能追踪国际技术发展前沿，深刻理解行业技术发展规律的技术专家的参与。在技术创新、专利、标准的协同转化过程中，涉及专利权保护、反不正当竞争等法律问题，因此整体战略的制订离不开法律方面专业人士的参与，同样也需要诸如了解政府政策、市场等方面的专家加入。因此，行业协会需要建设自己的专家智库，从企业、政府、科研院所这三个主要渠道，以专职和兼职两种方式，拓展自己的专家团队。

（2）建设行业协会信用担保制度。

技术支持策略的主要内容之一是为技术创新活动提供人才、资金、场地等基础性服务。然而，大多数行业协会不具备雄厚的经济实力，因此有必要另辟蹊径，通过其他方式间接为会员企业提供基础性服务。建设行业协会信用担保制度就是一种较好的方式。

行业协会在长期的运作过程中，通过发挥其服务企业，为消费者和社会大众监督企业的产品质量和服务质量，以及在一定程度上替代政府行使监管成员企业的职能，社会认可度高，拥有较好的信用优势。同时，相较于银行，行业协会更加了解企业的经营状况和信息情况。因此，建设以行业协会为核心的信用担保制度，有利于减低银行信贷风险和业务成本，增强银行的信贷信心，为单个企业节约融资成本。在具体操作过程中，行业协会可在协会章程中增加关于信用担保的相关内容，规定会员企业应提供自身真实的经营运作信息和情况，同时，协会需承担核实相关信息的义务。在此基础上，银行与行业协会签署授信协议，由行业协会对会员企业进行授信，由银行发放贷款。行业协会信用担保制度的核心在于会员企业在法律上共同承担连带保证，通过集体共同担保的方式降低银行的贷款风险。同时，行业协会还可以争取政府加入担保团体，或由政府注入一部分资金、会员企业自筹一部分资金，建立担保基金，以进一步降低银行的贷款风险。

6.4.1.2 信息交流策略

在技术创新成果专利化阶段，企业迫切需要与技术创新相关的技术、市场、政策等信息；同样，为有效地服务和管理会员企业，行业协会也需要掌握会员企业的经营、财务和资产状况、过往信用等信息。因此，有效的信息交流是推进技术创新成果专利化必不可少的基础。

(1) 完善信息资源的储备建设。

为在行业协会和会员企业之间实现有效的信息交流，实现信息资源效用的最大化，行业协会需要努力完善信息资源的储备建设，具体可从两个方面展开。一方面，鉴于技术创新相关信息和会员企业相关信息数据的海量性，以及数据的安全性、保密性和使用便捷性等特点，要求行业协会必须建设自己的技术创新专业数据库；另一方面，信息资源必须丰富而全面，应涵盖技术创新和会员企业信息两大方面。技术创新信息应包括国内外技术研发信息、专利申请信息、行业发展状况、政府资助项目申报和立项信息、政府政策和法律法规等信息；会员企业信息应包括会员企业的生产经营、资产状况、财务和过往信用等信息。同时，专业数据库应实现和其他公共数据库的互联，能从外部自动筛选、采集相关数据信息，保证专业数据库信息的动态实时更新。

(2) 实现信息交流渠道的多样化。

行业协会传统的信息交流主要是通过线下的方式进行，如编发协会内部刊物或简报，举办会员企业参与的交流论坛或考察活动，发布月度、季度或年度的统计报告等。在互联网技术大行其道的时代，除线下的方式，还可依托所开发建设的技术创新专业数据库，通过行业协会门户网站、移动终端APP、微信应用小程序等线上手段实现信息的上传下载，丰富信息交流渠道的类型。

(3) 信息交流功能智能化。

行业协会开发建设的技术创新专业数据库不仅应具备一般的信息查询、信息上传和下载功能，还应做到根据用户的需求实现对用户所采集数据信息的统计分析。以技术创新项目的专利申请信息调研为例，专业数据库不仅可以查询到已有类似技术创新专利的相关信息，还可对这些信息进行进一步的深入加工、分析，并以文字、图表等形式提供关于现有专利的技术水平、专利期限、入选技术标准状况、专利授权和保护状况等方面的分析结果。

信息交流功能智能化还体现在信息交流的主动性上，即技术创新专业数据库可智能性地根据用户订阅，或者根据用户查阅数据库的历史记录，分析用户的数据需求，并主动向客户推送相关信息。

6.4.2 专利标准化阶段的策略

在法治完善的国家，行业管理的职责通常被政府委托给行业协会承担。所以行业协会作为企业与政府之间的沟通枢纽，具有政府在过程监管和事后监管所不具备的优势，可通过制订行业规范和公益诉讼等多种方式和手段对市场进行自律和监管。因此，在专利标准化阶段，行业协会可依托协同转化产业生态圈实施行业管理策略。由于协同转化生态圈与企业间往往存在较为紧密的利益关系，在拥有较强话语权的核心龙头企业的支持下，行业协会的管理效果会更为显著。

6.4.2.1 强化调解和仲裁机制建设

在法定标准路径下，企业可通过政府直接认可，将企业技术创新专利上升为法定标准，而专利进入法定标准的过程在"小政府、大社会"的时代背景下，通常是由行业协会负责完成具体操作。由于在技术创新、专利、标准的协同转化过程经常发生纠纷，因此由行业协会出面调解是非常有效的一种途径。

强化调解和仲裁机制建设是行业协会充分、有效发挥行业管理职责的基石。为此，应解决好以下几个问题：一是厘清行业协会内部调解、仲裁和外部调解、仲裁案件的范围、界限，防止与其他诉讼制度产生冲突。二是做好调解、仲裁机构建设。已在行业协会内设立了专门负责技术创新、专利、标准相关事宜专业委员会的，可在专业委员会内已有处理行业协会处罚事宜机构的基础上，设立独立的调解机构和仲裁机构；没有设立专业委员会的，应在行业协会组织机构体系中设立调解机构和仲裁机构，由专业小组辅助执行。三是落实行业协会处罚权，应结合不同行业的实际情况，建立科学合理的调解、仲裁程序。

6.4.2.2 完善行业协会处罚机制建设

相较于行政处罚，我国行业协会的处罚方式也是多样的，包括但不限于名誉惩罚、经济制裁、集体抵制、开除会籍，其行使处罚权具有民主性高、效果好、灵活性大等优点。在现阶段，应完善行业协会处罚机制建设，为行业协会能够依法依规行使处罚权提供保障。具体可从以下几个方面着手。

第一，根据相关法律法规，结合行业的实际情况，确定成员企业在技术创新、专利、标准方面的哪些行为属于行业处罚权的实施范围，哪些行为属于政府行政处罚或法律制裁的对象，不在行业协会处罚范围内。

第二，明确处罚主体，以行业协会本身为惩罚主体而行使的惩罚权限于协会章程范围，以政府部门为惩罚主体而行使的惩罚权则来源于政府委托。明确处罚主体，有利于一旦出现不当惩罚的后续司法救济。

第三，建立规范的惩罚程序，行业协会应在相关规定的基础上构建完整的行业程序规范，包括陈述申辩制度、听证制度、回避制度、审查分离制度、申诉制度等。涉及技术创新、专利和标准领域的处罚由专门负责技术创新、专利、标准相关事宜的专业委员会内相互独立的调查分支和处罚决定分支参照制度执行，或在行业协会内设立调查委员会和处罚决定委员会，并由专业小组协助执行。

第四，建立有效的惩罚权行使监督制度，包括外部的行政监督制度和司法监督审查制度。可试行行业协会处罚备案审查制度，以完善在行政方面的监督。对涉及协同转化方面的处罚向各级知识产权局、标准化管理委员报备审查。另外，将被处罚人对行业协会行使处罚权的反馈纳入考核指标，并在行业协会年检中体现出来，对于规范行业协会也是大有裨益的。同时，应从司法监督方面加强对行业协会的监督，将司法权力列为对行业协会权力规制的最重要的手段。对于影响重大的行业协会处罚应提交法院审查，如行业协会因在标准垄断化阶段频繁在专利许可协议中加入限制性条款，以对某一企业做出通报批评，从而对被处罚企业的企业形象和商誉及后续经营带来负面效应，而某一条款一旦被认定为限制性条款，对其他类似的专利许可协议产生显著的示范作用，此时法院应介入司法审查。在司法监督过程中，法院应突出对行业协会处罚程序合理性和处罚限度合理性两方面的审查。

第五，建立行政救济和司法救济相结合的外部救济机制。当企业对行业协会的处罚措施不服时，可以向知识产权局、标准化管理委员会等政府部门提起申诉，或通过民事诉讼程序向法院提请撤销行业协会的处罚并赔偿所遭受的损失。

在专利标准化阶段，虽然行业协会主要实施的是行业管理策略，但同样要重视信息交流策略的实施，将专利技术法定标准遴选、调解和仲裁、处罚等方面的信息向会员企业进行传达。

6.4.3 标准垄断化阶段的策略

在标准垄断化阶段，企业已获得法定标准或事实标准的优势市场地位，必然会巩固自身的市场地位，并不断获得更大的经济利益回报。此时，行业协会仍可发挥行业管理之功能——对不执行法定标准和专利侵权行为进行持续打击。同时，将工作的重心转移到规范和管制会员企业在标准垄断阶段可能产生的不当的反竞争行为和过度垄断行为，如不披露相关专利信息、在专利池建立过程中滥用职权、抵制必要专利的出入、滥用专利拒绝许可等。这些不当行为虽然发生在标准制订过程中，即发生在专利标准化阶段，但其危害却主要暴露在标准垄断化阶段。在标准垄断化阶段中，仍需注意发挥协同转化产业生态圈的作用。

6.4.3.1 强化日常监督，防范过度垄断的行为

一般而言，依据协会章程，行业协会通常拥有对归属企业进行常规检查和建议整顿的职能。行业协会熟悉行业专利标准化状况，对于专利权人滥用标准优势，实施反竞争行为和过度垄断行为，行业协会能更早察觉。在此类行为刚开始出现时，行业协会即可行使管理职能，通过教育训诫、内部调解等方式进行制止，避免产生更大的危害。如果专利权人的不当行为已经造成了一定的后果，行业协会则可启动处罚机制。

6.4.3.2 联合对抗实施过度垄断行为的专利权人

行业协会是团结中小企业的堡垒，其在反垄断、反独占等方面能够发挥出巨大的作用。对专利权人无视行业规则的行为，行业协会可依据相关权利对其进行内部仲裁和处罚。另外，行业协会可利用自身影响力，联合正当权益受到侵害的会员企业，特别是中小企业，实施联合抵制行为，迫使专利权人纠正其滥用标准优势的反竞争行为和过度垄断行为。

6.4.3.3 建立行业协会与反垄断执法部门的协作机制

对于在标准垄断化阶段出现的各种反竞争行为和过度垄断行为，行业协会除采取措施在协会内部进行处理外，还可与反垄断执法部门建立有效的协作机制。行业协会在专业技术、信息和公信力等方面具有独到的优势，可协助反垄断执法机构对专利标准执行过程中的滥用行为的性质进行准确认定，并使反垄断执法机构对专利权人的滥用行为所采取的措施得到顺利执行。

6.4.4 行业协会自身优化建设的策略

为保障行业协会在技术创新、专利、标准协同转化的不同阶段有效发挥作用，确保各种推进策略能够做到位，行业协会自身的优化建设也是必不可少的。

6.4.4.1 设立专业委员会或专业小组

由于时间跨度大、技术含量高等限制性因素的影响，围绕技术创新、专利、标准的协同转化是一项旷日持久的工程。因此，处在高新技术行业或其他技术作用明显、技术更新换代快行业的行业协会，应根据行业特点设立专门负责与技术

创新、专利、标准协同转化相关的技术支持、行业管理和信息交流等方面事宜的专业委员会；而其他行业则可成立类似的专业小组，协助行业协会开展工作。

6.4.4.2 设立监督机构

如果缺乏有效的监督，行业协会在履行职能的过程中，将无法发挥标准化对经济和社会发展带来的正面效果。因此，在行业协会内部应设立监事会一类的监督机构，或在监事会内专设一个专门委员会，对行业协会履行协同转化相关职能的情况进行监督，其组成人员应与负责协同转化事务运作的专业委员会分离。

6.4.4.3 建立"专项资金+政府购买+创收"的经费筹措机制

行业协会需要增加经费来源方式，建立"专项资金+政府购买+创收"的经费筹措机制。具体可实施以下方面的策略：一是争取政府对协同转化专项资金的支持。二是积极参与政府购买行为，通过向政府提供行业许可证发放和资质核查、调研、规则制订、产品或服务价格协调、技术培训、行业统计、承办会展、选优评优等方面的服务，获取资金来源。三是创新创收模式。行业协会可利用自身较好的社会公信力和在行业内的影响力，从幕后走到台前，与会员企业联合进行技术创新，获取专利，并推动其标准化，从中获取收益；进而再投入到支持技术创新、专利、标准协同转化的工作中，实现良性循环。

经费问题的解决不仅有利于行业协会有效实施各种协同转化推进策略，还有利于在行业协会内建设一支高水平的协同转化专职人员队伍，从而更好地服务于协同转化进程。

第7章

结 论

无论是从理论演化过程，还是从现实案例看，技术创新、专利、标准三者之间都存在着必然的相互影响、相互制约关系。它们的关系是：先有技术创新的成果，后有专利，最后才有专利进入标准，在市场上扩散形成垄断。技术创新成果专利化、专利标准化、标准垄断化的三阶段转化进程，意味着一项或一族群技术或产品在市场化的决胜竞争，是由技术创新、专利、标准三者螺旋式循环上升的协同转化过程所决定的。而在协同转化过程中，主体层面涉及政府、中介组织、企业、法律制定，要素方面涉及技术、市场、管理、政策、法律。为此，我们按"协同转化关系分析→协同转化影响因素分析、协同转化核心问题分析、协同转化路径分析→协同转化推进策略"的研究思路，从三个层面（政府、行业协会、企业）和五个方面（技术、市场、管理、政策、法律）针对技术创新、专利、标准的协同转化进行了全面深入的研究，得到以下五方面的研究成果。

7.1 关于技术创新、专利、标准协同转化的关系

（1）技术创新成果在市场化的过程中存在三种形态：技术创新成果、专利、标准，它们转化次序的关系是：技术创新成果转化为专利，技术创新成果转化为标准，专利转化为标准，不存在反向次序。如果以技术创新为起点、标准为终点，则三者的协同转化存在唯一形式：技术创新→专利→标准。所以，在以技术创新成果为起点、以市场标准（含事实标准和法定标准）为终点、以市场竞争为战场的现实环境中，技术创新、专利、标准协同转化的过程包括技术创新成果专利化、专利标准化、标准垄断化三个不可逆的递进阶段，存在三条协同转化路

线：一是"技术创新成果专利化→专利标准化（法定标准Ⅰ）→标准垄断化（市场化实现）"，即先进行专利法定标准化再进行市场化的协同转化过程；二是"技术创新成果专利化→专利标准化（市场化实现）→标准垄断化（以事实标准演进）"，即先进行专利市场化再进行事实标准化的过程；三是"技术创新成果专利化→专利标准化（市场化实现）→标准垄断化（以法定标准Ⅱ演进）"，即先进行专利市场化再进行法定标准化的过程。在这个过程中，市场化是源动力，标准化是直接动力。

（2）技术创新、专利、标准的协同转化是在技术的市场化过程中实现的，协同转化并非独立进行，在整个协同转化过程中会受到技术、市场、政府、企业的影响，结合熊彼特范式和技术创新、专利、标准的协同关系，提出了技术创新、专利、标准协同转化的关系模型。该模型从技术、市场、政府和企业四个方面分析了"发明→技术研发→创新成果专利化""创新→产品开拓→专利标准化""扩散→市场垄断→标准垄断化"三个层次，以及在市场化过程中技术创新、专利、标准的协同转化关系。

（3）在分析技术创新、专利、标准协同转化的空间组织形式和主体的空间行为的基础之上，构建了相应的数理模型并加以诠释，得出一个基本结论：从空间的维度出发，技术创新、专利、标准协同转化是在以市场环境（线上市场、平台市场、线下市场）和法理环境为核心的外部环境中，通过"四功能流（技术流、信息流、资本流、物流）、五结构链（技术链、信息链、产业链、资本链、供应链）"形成内部具有结构层次性、法理性和外部具有实物性、空间地理性的空间组织，其空间组织形式主要包括物化形式和法理形式等市场化形式。在这个空间组织中，技术创新、专利、标准是基础和动力，信息是导向，资本是实质，物流是平台，各国法律和国际条约或协定是保障，它们共同构建这个空间组织的协同运行机制，维持和保障以技术创新为第一生产力的全球化市场经济生态圈的空间协同转化。技术创新、专利、标准协同转化通常表现为一定程度的空间集中和空间依赖。

7.2 关于技术创新、专利、标准协同转化的影响因素

（1）借助于类波特钻石模型，构建了技术创新、专利、标准协同转化的影响因素钻石模型，得出政府、企业是主体因素，市场是外部环境因素，技术是内

部条件因素，四者之间相互作用，共同构成技术创新、专利、标准协同转化的主要影响因素；战略契机、商业文化具有无形特征的因素，对四个主要影响因素产生潜移默化的辅助作用。进一步以此模型所演示的四个主要影响因素、两个辅助因素的相互关系为基础，运用理论推导、文献回顾的分析思路，并结合专家问卷调查打分和层次分析（AHP）之法，构建出技术创新、专利、标准协同转化的影响因素指标体系，以及关键影响因素指标体系。

（2）创新成果专利化首先取决于对技术创新成果技术水平的认知，企业层面的因素次之，政府层面的因素排第三，市场层面的因素排在最后，这说明创新成果专利化阶段主要还是取决于技术自身，特别是具有行业突破性、创造性的技术更容易转化为专利。在要素层指标中，技术的突破性、新颖性、创造性、实用性指标权重较大，表明突破性技术更容易转化为专利，而技术的新颖性、创造性、实用性则是《中华人民共和国专利法》规定技术转化为专利所必须具备的技术条件；市场层面的关键指标包括市场安装基础、竞争者、替代者和模仿者的影响，表明技术持有者将技术转化为专利是一种市场行为；政府层面的关键指标包括知识产权的保护力度和政策引导，表明政府加强法律规制和出台相关知识产权政策，能促进技术创新成果转化为专利；企业层面的关键指标是领导层的专利意识，说明决策层重视创新成果转化为专利，在企业管理过程中就能做到有意识地引导全员开展创新成果专利化活动。

（3）在专利标准化阶段，政府层面的因素居首，市场次之，企业排第三，技术权重排在最后，说明政府的主导作用很重要，而选择什么样的专利进入标准，则与专利技术的市场化程度和市场化作用有很大关系。从要素层指标分析，技术层面的关键影响因素是必要专利，表明标准中引入的专利一定是必要专利，它是制定标准时绕不过的技术；市场安装基础是这个阶段市场层面的关键影响因素，产品的市场安装基础代表了产品的市场化程度；政府的知识产权保护力度和标准化导向能力是政府层面的关键影响因素，说明政府的法律规制、导向对专利标准化有着举足轻重的作用，政府必须营造良好的法制环境，制定中长期战略引领专利标准化过程；企业知识产权防御强度是企业层面的关键影响因素，说明企业是否构建灵活的专利策略，专利布局及维护自身专利技术的权益能力的知识产权防御体系，对企业参与专利标准化活动有重要作用。

（4）在标准垄断化阶段，政府的权重最大，企业次之，市场的权重有所掉落，技术的权重排序最后。从要素层指标分析，技术层面的关键影响因素是必要专利，表明要实现标准垄断，技术必然是必要专利技术，它是标准体系内绕不过的技术；市场层面的关键影响因素是市场安装基础，这表明该阶段市场关注的重点是维护已有的市场安装基础，并不断扩大新的市场，通过开拓市场占有率，获得标准垄断；政府层面的关键影响因素有知识产权保护力度、标准化导向能力、标准战略，说明政府工作的重点仍然是加强维护公平、公正知识产权保护的法制环境，从长远的视角引导标准在更大范围的推广与运用；企业层面的关键影响因素有知识产权防御强度、市场领导力；说明标准垄断阶段，企业更应该注重运用知识产权防御体系保护并扩张产品的市场范围，努力掌握行业话语权，从而确保企业专利在标准范围内获得更大的推广应用。

此外，在市场层面，基于市场需求，技术创新、专利、标准协同转化可以由市场推进。在政府层面，基于国家战略，技术创新、专利、标准协同转化可以由政府推进。

7.3 关于技术创新、专利、标准协同转化的核心问题

（1）技术创新成果专利化的核心问题。

从技术、市场、管理、政策和法律五个方面，针对基于原始创新、引进再创新和集成创新三种创新类型的创新成果专利化问题进行问卷、计算与分析，得出三点结论。

①对原始创新成果专利化而言，在技术、市场、管理、政策和法律五大问题中，技术、政策是名列前两位的问题。技术问题主要取决于创新者的能力与水平，政策问题取决于政府的能力与服务意识。从要素角度分析，技术要素、本国政策、技术竞争情况、他国政策是前四个关键性问题。可见，原始创新成果专利化的关键问题有二：一是企业能否在技术方面具有独特的优势，所产生的创新成果能否真正做到技术上的先进性、新颖性和实用性；二是政府能否真正树立起一切为了企业创新服务的意识，打造出有利于原始创新成果不断涌现的营商环境。

②对引进再创新成果专利化而言，在技术、市场、管理、政策和法律五大问题中，市场和管理是影响引进再创新成果专利化的两个关键问题。市场方面的问题主要取决于成果所有者对市场的预测和把握，而管理方面的问题主要取决于成果所有者对核心技术的了解，减少专利化过程中的成本。从要素角度分析，专利关系处理、市场选择、信息管理、专利机构的设置是关键性问题。由此可见，引

进再创新成果专利化的关键有两点：一是成果所有者能否处理好与第一代核心技术的关系，并能做好充分的产能和市场需求预测；二是成果所有者是否对第一代相关技术信息有充分的了解和管理，避免遭遇壁垒，从而为创新成果顺利进入市场铺平道路。

③对集成创新成果专利化而言，在技术、市场、管理、政策和法律五大问题中，管理和法律是影响集成创新成果专利化的两个关键问题。与引进再创新成果专利化类似，成果所有者要重视对相关技术的管理，而法律方面要求成果所有者妥善处理好法律纠纷。从要素角度分析，专利机构设置、诉讼纠纷、信息管理和法律保护程度是影响集成创新成果专利化的四个关键性问题。由此可见，集成创新成果专利化的关键有两个：一是成果所有者能否了解相关技术的专利信息及技术秘密，避免使用已经纳入专利池中的技术，减少侵权纠纷；二是国家应当重视对本国专利的保护，让企业有强大的后盾及动力进行技术创新。此外，集成创新成果涉及多项技术，很容易引起法律纠纷，成果所有者应当有妥善处理法律纠纷的能力，这是创新成果专利化最后一道防线。

(2) 专利标准化的核心问题。

从技术、市场、管理、政策和法律五个方面，针对专利角逐标准、专利影响标准、专利占领标准和专利垄断标准四个专利标准化阶段的问题进行问卷、计算与分析，得出四个结论。

①专利角逐标准阶段。从广域的角度来说，技术和政策是影响专利角逐阶段的两大问题。技术方面问题主要取决于技术的创新性、兼容性和延续性，因为在标准化的初始阶段，技术必须过硬才能赢得政府和市场的青睐。而政策方面的问题主要取决于政府对技术创新的意识，即政府是否想要促进本国的技术创新及如何有效率地出台政策对角逐中的专利进行资助。从具体的要素问题来看，技术的创新性、兼容性、延续性及本国政策的扶持是影响专利角逐的四个关键性问题。由此可见，专利角逐标准阶段的关键有两点：一是专利所有者必须在技术方面有自己的优势，如果在技术的创新性、兼容性等方面不强，就很难在激烈的角逐中取得胜利，政府对其扶持的意义也就不大；二是政府必须能够为专利标准化营造一个良好的环境，专利所有者能够率先抓住政策先机，进而从竞争中脱颖而出。

②专利影响标准阶段。在技术、市场、管理、政策和法律五大问题中，市场和管理是专利影响标准阶段需要解决的两个关键问题。市场方面问题的解决主要取决于专利所有者如何进行市场扩张，增强本专利的用户使用数量。管理方面的

问题主要取决于管理层如何打造一个良好的外部竞争环境，为专利的市场扩张提供支柱。从具体的要素角度来看，如何培育配套协作网络、加强营销管理、抵御现有标准体系的打压、进行政府关系管理是专利影响标准阶段的四个关键性问题。由此可见，专利影响标准阶段的关键有两点：一是专利所有者如何让所拥有的标准形成一个协作网络，以提高自身的市场竞争力，最终赢得用户安装基础；二是专利所有者如何运用自己的管理职能，重视关系管理，与政府、同行间形成良性关系，唯有如此，才能很好地获取政策信息、减少外部干扰，为专利的成长营造良好的外部环境。

③专利占领标准阶段。在技术、市场、管理、政策和法律五大问题中，市场和技术是影响专利占领标准的两个问题。市场方面问题的解决关键在于专利所有者是否拥有一个专利族群，继而利用这个专利族群拓展市场。技术层面问题的解决在于专利所有者能否将基础专利进行拓展，衍生出其他相关专利，这是形成专利族群的前提和基础。对于要素层面而言，如何构建专利族群、是否形成技术共生系统、专利信息管理问题、是否有配套技术是影响专利占领标准的四个关键性问题。由此可见，专利占领标准阶段的关键有两点：一是能否构建专利族群，以此产生网络外部效应，形成正反馈回路，进而扩大用户安装基础；二是善于拓展配套专利，形成专利共生系统，这是稳定市场并扩大安装基础的基础。

④专利垄断标准阶段。从广域的角度来看，管理和法律问题的权重在五大问题中排在前两位，是影响专利垄断标准的两个关键问题。此阶段，市场上的专利不多，并且在行业中具有影响力，因此对于管理方面的问题主要取决于政府如何对垄断进行管控，引导其朝着经济发展方向前进；而法律层的问题主要取决于专利法是否对不正当的垄断行为有效力。从具体的要素角度来看，如何对垄断进行管控、是否能对垄断专利的不正当行为进行制约和专利管理部门的建立三个问题属于第一优先级的关键问题，政策是否能够对垄断进行调控、是否能够有效地处理法律诉讼和垄断专利如何在制约下发展三个问题属于第二优先级的关键问题。由此可见，专利垄断标准阶段的关键有两点：一是政府能否出台相关政策，对垄断专利进行正确的引导，使其朝着有利于国家技术创新发展的方向前进；二是国家是否有有效的专利法，能够对不正当的垄断行为进行控制，以保障新兴专利的新一轮成长和竞争。

（3）标准垄断化的核心问题。

从技术、市场、管理、政策和法律五个方面，针对事实标准和法定标准两种标准垄断化过程中的问题进行问卷、计算与分析，得出两个结论。

①对事实标准垄断化而言，从宏观的角度来看，技术层问题和管理层问题是影响事实标准垄断化的两大问题。技术方面的问题主要取决于技术的可替代性、先进性和动态时效性问题。管理层问题在于能否通过私有协议和企业间专利联营的方式，为标准垄断化营造一个良好的外部条件。从具体的要素分析，技术的创新性问题、事实标准主体的关系管理问题、技术的动态时效性问题是属于第一优先级要处理的关键问题，而技术的必要性问题、能否对市场持续锁定问题、事实标准专利池的管理问题则是属于第二优先级处理的关键问题。由此可见，事实标准垄断化的关键问题有两个：一是标准所有者能够保持技术方面的持续优势，就很容易在市场竞争中击败竞争对手，获得事实标准的垄断地位；二是要重视标准主体的关系管理，在团队意识占主流的时代中，光靠企业单打独斗是很难使标准形成垄断的，必须借助其他标准主体的力量，达成协议或者实现专利联营促成标准垄断化地位的实现。

②对法定标准垄断化而言，从广域的方面来说，管理层问题、政策层问题和法律层问题是影响法定标准垄断化的三个主要问题。管理层的问题主要取决于对标准主体的关系进行处理及标准管理部门的设立，因为法定标准垄断化的实现是以政府标准化部门或者组织为依托，所以需要处理好与政府部门的关系；政策层问题主要取决于政府政策的有效性，以及政策体系的完善度；防止反垄断诉讼与制止不正当的垄断行为是法律层需要特别关注的问题。从具体的要素分析，在法定标准垄断化的过程中，如何对法定标准主体关系进行管理、是否有专门的管理机构对标准进行管理、如何提高政策对技术研发的鼓励力度三个问题属于第一优先级要处理的关键问题，而专利法是否能够制止不正当的垄断行为、如何对专利许可义务进行规定和政策体系是否完善的问题则属于第二优先级要处理的关键问题。可见，法定标准垄断化的关键问题有三个：一是标准所有者对政府标准部门的关系管理，以及把握政策的契机；二是政府政策的有效性与体系的完善性，以甄别、鼓励技术创新；三是相关法律法规对防止与制止标准垄断化中不正当行为的有效性，以为标准市场运行提供良好的营商环境。

7.4 关于技术创新、专利、标准协同转化的路径

技术标准的形成有两条路径，一是法定形成路径，二是市场形成路径。通过

法定路径形成的标准为法定标准，通过市场路径形成的标准为事实标准。

（1）技术创新成果、专利、标准协同转化的基础是技术，而对技术创新成果、专利、标准协同转化是否成功进行检验的最终场所是市场；同时，由于技术创新成果对象的重要程度不同，在实际的协同转化过程中，推进技术创新、专利、标准协同转化的路径将会有很大的不同。以技术创新、专利、标准协同转化模式为因变量，以对象的重要度、技术水平及市场化程度为自变量，并将技术水平、市场化程度、对象的重要度三个维度分为高、低两个档次，从而构建起技术创新、专利、标准协同转化的三维模型，得到技术创新成果、专利、标准协同转化的八种模式类型。

（2）依据对象的重要度的高低，技术创新、专利、标准协同转化的路径有两条：一是政府推进路径；二是市场选择路径。在政府推进路径下，依据技术水平和市场化程度的高低不同，有 A 型、B 型、C 型、D 型四种类型，分别对应的是技术水平较低和市场化程度较低的政府主导型（A 型）、技术水平较低和市场化程度较高的政府规范型（B 型）、技术水平较高和市场化程度较低的政府引导型（C 型），以及技术水平较高和市场化程度较高的政府服务型（D 型）。

（3）在市场选择路径下，依据技术水平和市场化程度的高低不同，有 E 型、F 型、G 型、H 型四种类型，分别对应的是技术水平较高和市场化程度较低的技术领先型（E 型）、技术水平较高和市场化程度较高的超级企业型（F 型）、技术水平较低和市场化程度较高的市场领先型（G 型），以及技术水平较低和市场化程度较低的企业联营型（H 型）。

（4）针对八种模式，分别从典型特征、机理分析、转化策略、实施条件、相关案例五个方面展开了具体的讨论与介绍。

7.5　关于技术创新、专利、标准协同转化的推进策略

（1）技术创新、专利、标准协同转化的策略框架。

技术创新、专利、标准的协同转化基本上都需经历"技术创新成果化→成果专利化→专利市场化→专利标准化→标准垄断化"的过程，而最终成为垄断市场的法定标准或事实标准。鉴于企业、政府和中介组织是协同转化的基本参与主体，它们的行为都是在相关法律法规的框架中展开的。因此，技术创新、专利、标准协同转化的推进策略体系至少是由政府、企业、中介组织和法律四个策略层

所组成。四个层面之间存在着紧密的相互关系：法律对政府、企业、中介组织三个层面具有约束、规范作用；政府和中介组织对企业都具有指导、管理、控制作用，但侧重点各不相同；而企业则是技术创新、专利、标准协同转化中的最终落实者。

（2）企业推进技术创新、专利、标准协同转化的策略。

企业在推进技术创新、专利、标准协同转化的进程必将经历技术创新成果专利化、专利标准化、标准垄断化三个阶段。在这三个阶段中，企业的推进策略各有针对性。

①基本策略。良好的企业内部环境和企业外部环境是企业在推进技术创新、专利、标准协同转化的三个阶段必备的基础。构建与协同转化相适应的组织结构、实施"团队激励+个人激励"和"物质激励+知识激励+成就激励+声望激励"相组合的柔性激励机制、打造有利于协同转化的企业思想或精神氛围都是营造良好的企业内部环境之策略。推动促进技术创新、专利、标准协同转化产业生态圈建设则是营造良好的企业外部环境之策略。

②技术创新成果专利化阶段的策略。在此阶段，企业可选择采用的主要策略有管理和技术两方面的策略。在管理方面，企业可考虑采取"以信息为导向+能力管理"的管理策略；而在技术方面，可供选择的策略有企业资源调动策略和技术创新模式选择策略。

③专利标准化阶段的策略。在此阶段，企业可选择采用的策略主要是市场策略，但因标准化路径的不同，市场策略的具体内容有所不同。在法定标准路径下，企业的市场策略应该是"游说认可策略"，即"信息收集、整理+市场推广和宣传推介+游说政府"的策略；而在事实标准路径下，企业的市场策略应该是"先发制人策略+预期管理策略"，即通过先发抢占市场，扩大用户基数规模，放大网络效应，进而突破临界用户安装基础值，触发正反馈机制，最终成为事实标准。

④标准垄断化阶段的策略。对企业而言，在此阶段运用市场策略的目的在于：一方面在不动摇市场地位的前提下，实现自身利益最大化；另一方面推动企业专利技术在更广泛的市场（如国际市场）的推广、应用，成为国际市场的事实标准。为此，可供采用的策略有巩固国内市场垄断地位之策略、谋取垄断利益最大化之策略和争夺国际市场事实标准之策略。

（3）政府推进技术创新、专利、标准协同转化的策略。

政府在推进技术创新、专利、标准协同转化中扮演着关键的角色，其在协同转化的三个阶段可采取的策略主要根据可能遇到的困难或障碍不同而有所不同。

①基本策略。科学的协同转化整体规划、完善的标准化管理体制、健全的专利标准化公共服务、多样化的产业联盟、强大的信息支持都是政府在推进技术创新、专利、标准协同转化三个阶段必备的宏观管理策略。

②技术创新成果专利化阶段的策略。在此阶段，为保障技术创新活动的高效开展，政府可从信息、资金、基础设施建设、人力资源供给等方面予以引导、支持，而政府对技术创新活动的资金支持则是重中之重。可采用的资金支持策略具体有资金支持形式多样化之策略、资金支持时机之策略和风险投资引入之策略。

③专利标准化阶段的策略。宏观管理策略和引导支持策略是政府在专利标准化阶段可供实施的主要策略。而政府采购策略、配套协作网络培育支持策略和预留市场空间策略则是政府引导支持策略的具体内容。

④标准垄断化阶段的策略。市场监管策略是政府在标准垄断化阶段应实施的主要策略之一。为确保市场监管策略的有效实施，法律法规完善之策略和监管水平提高之策略必须落到实处。

（4）行业协会推进技术创新、专利、标准协同转化的策略。

行业协会层面的推进策略主要包括技术支持、行业管理、信息交流几个方面，但具体到协同转化的三个阶段则各有侧重点。

①技术创新成果专利化阶段的策略。在此阶段，行业协会主要实施的是以企业为对象的技术支持策略和信息交流策略。技术支持策略主要体现为"专家智库+游说政府+信用担保制"的服务模式；而信息交流策略主要表现为"信息资源储备+信息交流渠道多样化+信息交流功能智能化"的服务模式。

②专利标准化阶段的策略。在此阶段，行业协会主要依托协同转化产业生态圈实施行业管理，因此强化调解与仲裁机制建设、完善行业协会处罚机制建设是落实行业管理的基本策略。

③标准垄断化阶段的策略。此时，行业协会的行业管理之功能是对不执行法定标准和专利侵权行为的持续打击。具体可采取的管理策略主要有强化日常监督防范过度垄断行为、联合对抗实施过度垄断行为的专利权人、建立行业协会与反垄断执法部门的协作机制。

④行业协会自身优化建设的策略。设立专业委员会或专业小组、设立监督机构、建立"专项资金+政府购买+创收"的经费筹措机制是保障行业协会在技术创新、专利、标准协同转化的不同阶段都能够有效发挥作用，进而确保各种推进策略能够做到位的自身优化建设之策略。

参考文献

[1] 曹建飞. 行业协会处罚权制度研究 [D]. 呼和浩特：内蒙古大学，2015：35.

[2] 曾洁. 技术创新政策对企业突破性技术创新作用实证研究 [D]. 长沙：中南大学，2012：47-48.

[3] 陈军. 技术标准、专利与技术创新的联动模式研究 [J]. 质量技术监督研究，2008（4）：14-19.

[4] 陈艳. 我国风险投资对企业技术创新影响的机理研究 [D]. 苏州：苏州大学，2014：144.

[5] 陈晓雪. 技术创新、专利、标准的协同转化关系研究 [D]. 南昌：江西财经大学，2019：31-42.

[6] 程恩富，谢士强. 从技术标准看技术性贸易壁垒中的知识产权问题 [J]. 经济问题，2007（7）：18-20.

[7] 程虹，刘芸. 利益一致性的标准理论框架与体制创新——"联盟标准"的案例研究 [J]. 宏观质量研究，2013（02）：92-106.

[8] 董亮，任剑，新于飞. 基础创新与最优专利侵权补偿机制 [J]. 科研管理，2016，37（5）：78-86.

[9] 董新凯，陈晔. 谈专利标准化中行业协会的竞争促进功能 [J]. 科技管理研究，2014（9）：122-126.

[10] 范佩庆，唐建辉，伍航. 专利与技术标准转化研究 [J]. 中国标准化，2013（7）：74-77.

[11] 高俊光. 基于TER模型的技术标准生命周期机理实证研究 [J]. 科技与经济，2012，24（6）：11-15.

[12] 高俊光. 面向技术创新的技术标准形成路径实证研究 [J]. 研究与发展管理，2012（1）：11-17.

[13] 高莉. 科技创新市场化的专利制度回应 [J]. 江苏大学学报（社会科学版），2017，38（1）：63-69.

[14] 高璐. 专利和技术标准协同转化的途径与核心问题研究 [D]. 南昌：江西财经大学，2017（41）：47.

[15] 赟金洲，赵树宽，鞠国华. 技术标准化与技术创新过程中的网络外部性研究综述 [J]. 经济学动态，2012（5）：91-94.

[16] 郭春东. 企业技术创新模式选择与发展路径研究 [D]. 北京：北京理工大学, 2013：107.

[17] 郭金光, 盛世豪. 技术全球化视野下的技术变革及空间组织 [J]. 科学学与科学技术管理, 2007（11）：33-37.

[18] 韩汉君, 曹国琪. 现代产业标准战略：技术基础与市场优势 [J]. 社会科学, 2005（1）：15-21.

[19] 胡培战. 基于生命周期理论的我国技术标准战略研究 [J]. 国际贸易问题, 2006（2）：84-89.

[20] 胡苏. 产业技术创新战略联盟发展中的政府角色研究 [D]. 北京：中国石油大学, 2014：41.

[21] 姜南. 自主研发、政府资助政策与产业创新方向——专利密集型产业异质性分析 [J]. 科技进步与对策, 2017, 34（3）：49-55.

[22] 蒋明琳. 技术创新成果、专利、标准的转化机理研究 [D]. 南昌：江西财经大学, 2015：34-46.

[23] 蒋明琳, 林晓伟, 舒辉. 政府推进专利实现标准垄断化的路径与模式 [J]. 科技管理研究, 2016（21）：178-185.

[24] 蒋明琳, 舒辉. 专利实现标准垄断化的市场推进路径与模式研究 [J]. 齐齐哈尔大学学报（哲学社会科学版）, 2019（8）：25-29.

[25] 蒋明琳, 舒辉, 林晓伟. 政府为主导的技术创新与技术标准协同管理研究 [J]. 经济体制改革, 2014（6）：102-106.

[26] 孔凡萍. 企业技术创新中的政府科技投入影响效应研究 [D]. 济南：山东大学, 2015：17.

[27] 李保红, 吕廷杰. 从产品生命周期理论到标准的生命周期理论 [J]. 世界标准化与质量管理, 2005（9）：12-14.

[28] 李利利. 行业协会承接政府购买服务中不对等现象分析 [J]. 行政管理改革, 2018（8）：79-84.

[29] 李利利. 事中事后监管中政府与行业协会协作机制分析 [J]. 重庆工商大学学报（社会科学版）, 2018, 35（3）：76-81.

[30] 李明星. 以市场为导向的专利与标准协同发展研究 [J]. 科学学与科学技术管理, 2009（10）：43-47.

[31] 李永强, 等. 企业家社会资本的负面效应研究：基于关系嵌入的视角 [J]. 中国软科学, 2012（10）：104-116.

[32] 梁玲玲, 陈松. 过于严厉的专利制度不利于创新——基于国外文献的综述 [J]. 科研管

理，2011，32（10）：104-108.

[33] 林军，张丽芸．企业履行社会责任对企业家社会资本的扩大机理分析［J］．生产力研究，2017（2）：136-140.

[34] 林鸥．专利标准化垄断的法律规制［J］．现代管理科学，2014（5）：118-120.

[35] 刘佳．辽宁省发明专利寿命计量分析［D］．大连：大连理工大学，2013：27-30.

[36] 刘静．标准化的反垄断法规制制度［D］．成都：西南财经大学，2010：18-19.

[37] 刘任重．从技术标准引进到自主创新的进化机理研究［D］．哈尔滨：哈尔滨工业大学，2008：108.

[38] 刘芸．专利标准化演化核心问题分析［J］．科技管理研究，2017，37（12）：137-145.

[39] 刘芸．基于标准生命周期的技术标准中专利许可问题研究［D］．南昌：江西财经大学，2015：23-38.

[40] 龙小宁，王俊．中国专利激增的动因及其质量效应［J］．世界经济，2015（6）：115-142.

[41] 卢军朋．风险投资对技术创新的作用研究［D］．杭州：浙江工商大学，2015：53.

[42] 骆品亮，殷华祥．标准竞争的主导性预期与联盟及福利效应分析［J］．管理科学学报，2009，12（6）：1-11.

[43] 吕淑丽．企业家社会资本对技术创新绩效的影响［J］．情报杂志，2010，29（5）：107-112.

[44] 梅术文．创新驱动发展战略下专利政策法律化路径研究［J］．科技进步与对策，2014，31（1）：110-115.

[45] 孟雁北．规制与规制的限制：透视中国反垄断法视野中的知识产权许可行为［J］．中国社会科学院研究生院学报，2012（1）：82-86.

[46] 彭洪江，鞠基刚．标准生命周期的分析及信息管理研究［J］．科学管理研究，1999，17（4）：20-25.

[47] 蒲伟芬，赵武，李晓华．多元价值追求下政府购买公共服务的包容性创新［J］．技术经济，2015，34（1）：46-52.

[48] 漆艳茹，刘云，侯媛媛．基于专利影响因素分析的区域创新能力比较研究［J］．中国管理科学，2013，11（21）：594-599.

[49] 任坤秀．我国技术进步与国家标准发展关系研究［J］．科技进步与对策，2013（5）：1-6.

[50] 邵忠银．正式标准中的垄断问题探析［J］．工商管理研究，2007（8）：22-24.

[51] 沈颂东，房建奇．民营企业家社会资本与技术创新绩效的关系研究——基于组织学习的中介作用和环境不确定性的调节作用［J］．吉林大学社会科学学报，2018，58（2）：

60-72.

[52] 盛盼盼. 技术标准中的专利垄断行为及其构成要件分析 [J]. 科学与财富, 2015 (10): 468-469.

[53] 时良艳. 技术集成创新中的专利管理问题初探 [J]. 科学学与科学技术管理, 2007 (2): 28-32.

[54] 舒辉, 刘芸. 基于标准生命周期的技术标准中专利许可问题的研究 [J]. 江西财经大学学报, 2014 (5): 49-59.

[55] 舒辉, 刘芸. 技术标准化问题的研究综述 [J]. 科技管理研究, 2015 (13): 151-157.

[56] 舒辉, 刘芸. 技术创新成果标准化的模式与时机分析 [J]. 科技管理研究, 2014 (17): 171-177.

[57] 舒辉, 刘芸. 浅析标准利益相关者的协调问题 [J]. 质量探索, 2017 (4): 31-39.

[58] 舒辉, 刘芸. 自主创新与专利关系研究综述 [J]. 首都经济贸易大学学报, 2014 (4): 107-116.

[59] 舒辉, 陈晓雪. 基于政府协会主导的技术创新成果标准化分析 [J]. 中共贵州省委党校学报, 2018, 1 (1): 85-93.

[60] 舒辉, 陈晓雪. 促进江西省技术标准与技术创新协同管理之策略 [J]. 质量探索, 2018 (3): 35-43.

[61] 舒辉, 高璐. 专利和技术标准协同转化的核心问题分析 [J]. 科技进步与对策, 2016, 33, (21): 111-116.

[62] 舒辉, 高璐. 专利和技术标准协同转化的模式 [J]. 中共贵州省委党校学报, 2020 (1): 29-39.

[63] 舒辉, 高璐. 专利与技术标准转化的影响因素述评 [J]. 软科学, 2016 (7): 11-14.

[64] 舒辉, 王媛. 市场推进技术创新、专利、标准协同转化路径分析 [J]. 科技进步与对策, 2018 (6): 57-63.

[65] 舒辉, 王媛. 政府推进技术创新成果标准化的模式分析 [J]. 江西社会科学, 2018 (4): 82-89.

[66] 舒辉, 卫春丽. 基于自主创新与技术标准融合的管理体制构建 [J]. 珞珈管理评论, 2013 (7): 27-31.

[67] 舒辉, 卫春丽. 自主创新与技术标准融合的协同机制研究 [J]. 科技进步与对策, 2013 (8): 19-24.

[68] 舒辉, 董超. 经济、技术与环境——全国经济管理院校工业技术学研究会第九届学术年会论文集 [C]. 西安: 陕西人民教育出版社, 2008: 185-191.

[69] 舒辉, 蒋明琳. 市场竞争为主导的 TI&TS 协同管理体制研究 [J]. 科技管理研究, 2015

(9): 202-206.

[70] 舒辉, 彭媛. 基于技术创新的专利与标准协同监管体制的构建 [J]. 中共贵州省委党校学报, 2019 (4): 68-74.

[71] 舒辉, 石爱敏. 技术标准战略关键影响要素的关联性分析 [J]. 中国标准化, 2011 (9): 57-62.

[72] 舒辉, 肖敏. 企业技术创新战略与技术标准战略的关联性分析 [J]. 江苏商论, 2009 (5): 100-102.

[73] 舒辉. 基于标准形成机制的技术创新模式分析 [J]. 当代财经, 2013 (9): 72-79.

[74] 舒辉. 技术标准战略关键影响因素的识别与分析 [J]. 软科学, 2011 (8): 31-34.

[75] 舒辉. 江西实施基于技术创新的技术标准战略思考 [J]. 科技管理研究, 2009 (11): 182-184.

[76] 舒辉. 江西实施技术标准战略的思考 [J]. 中国标准化, 2009 (4): 44-47.

[77] 舒辉. 试论标准战略中的三类影响因素 [J]. 科技管理研究, 2008, 28 (4): 201-204.

[78] 舒辉. 标准竞争中的市场策略分析 [J]. 商业经济与管理, 2008, 199 (5): 23-28.

[79] 舒辉. 促进知识产权与技术标准协同发展之思路探析 [J]. 中国标准化, 2012 (10): 1149-1153.

[80] 舒辉. 基于标准形成机制的技术创新模式分析 [J]. 当代财经, 2013 (9): 72-79.

[81] 舒辉. 基于市场竞争的技术创新成果标准化分析 [J]. 中共贵州省委党校学报, 2018 (6): 18-27.

[82] 舒辉. 知识产权与技术标准协同发展之策略探析 [J]. 情报科学, 2015, 33, (2): 25-30.

[83] 舒辉. 技术标准战略: 基于创新融合的视角 [M]. 北京: 经济管理出版社, 2014: 189-193.

[84] 帅旭, 陈宏民. 网络外部性与市场竞争: 中国移动通信产业竞争的网络经济学分析 [J]. 世界经济, 2003 (4): 45-51.

[85] 孙秋碧, 任劭喆. 标准竞争、利益协调与公共政策导向 [J]. 社会科学家, 2014 (3): 67-72.

[86] 孙耀吾, 曾科, 赵雅. 基于专利组合的高技术企业技术标准联盟动力与策略研究 [J]. 中国软科学, 2008 (11): 11-13.

[87] 谭清美. 区域创新资源有效配置研究 [J]. 科学学研究, 2004, 22 (5): 96-98.

[88] 唐要家, 尹温杰. 标准必要专利歧视性许可的反竞争效应与反垄断政策 [J]. 中国工业经济, 2015 (8): 66-81.

[89] 陶长琪, 齐亚伟. 专利长度、宽度和高度的福利效应及最优设计 [J]. 科学学研究,

2011, 29 (12): 1829-1834.

[90] 田富俊. 技术创新主体的柔性激励研究 [D]. 沈阳: 东北大学, 2008: 56.

[91] 王黎萤, 陈劲, 杨幽红. 技术标准战略、知识产权战略与技术创新协同发展关系研究 [J]. 中国软科学, 2008 (11): 123-126.

[92] 王珊珊, 许艳真, 李力. 新兴产业技术标准化: 过程、网络属性及演化规律 [J]. 科学学研究, 2014, 32 (8): 25-30.

[93] 王硕, 费树岷, 夏安邦. 关键技术选择与评价的方法论研究 [J]. 中国管理科学, 2000 (S1): 69-75.

[94] 王涛. 企业家社会资本对中小企业技术创新能力的影响研究 [D]. 济南: 山东大学, 2016 (50), 63-69.

[95] 王玉丽. 产业技术创新联盟知识共享影响因素研究 [D]. 大连: 大连理工大学, 2015: 96-97.

[96] 吴欣望. 专利经济学 [M]. 北京: 社会科学文献出版社, 2005: 153.

[97] 袭希. 知识密集型产业技术创新演化机理及相关政策研究 [D]. 哈尔滨: 哈尔滨工程大学, 2013: 152.

[98] 薛卫, 雷家骕. 标准竞争——闪联的案例研究 [J]. 科学学研究, 2008, 26 (6): 1231-1237.

[99] 闫涛. ICT 产业技术标准动态博弈及企业标准竞争战略研究 [D]. 北京: 北京交通大学, 2008: 31.

[100] 杨蕙馨, 王硕, 王军. 技术创新、技术标准化与市场结构——基于 1985—2012 年 "中国电子信息企业百强" 数据 [J]. 经济管理, 2015 (6): 21-31.

[101] 杨林村, 杨擎. 集成创新的专利管理 [J]. 中国软科学, 2002 (12): 119-123.

[102] 杨少华, 李再杨. 全球标准化的形成与扩散: 以移动通信为例 [J]. 西北大学学报 (哲学社会科学版), 2007, 37 (4): 116-120.

[103] 杨武. 专利技术创新法与经济学分析 [M]. 北京: 科学出版社, 2013: 35.

[104] 姚远, 宋伟. 技术标准的网络效应与专利联盟 [J]. 科学学与科学技术管理, 2011, 32 (2): 29-35.

[105] 姚远, 宋伟. 专利标准化趋势下的专利联盟形成模式比较——DVD 模式与 MPEG 模式 [J]. 科学学研究, 2010, 28 (11): 1683-1690.

[106] 叶静怡, 李晨乐, 雷震, 等. 专利申请提前公开制度、专利质量与技术知识传播 [J]. 世界经济, 2012 (8): 115-133.

[107] 于潇宇, 庄芹芹. 政府补贴对中国高技术企业创新的影响——以信息技术产业上市公司为例 [J]. 技术经济, 2019, 38 (4): 15-22.

[108] 张红娇. 我国行业协会纠纷调解制度研究 [D]. 石家庄：河北经贸大学，2016：10.

[109] 张建山. 发明专利申请早期公开的利与弊 [J]. 企业科技与发展，2009 (5)：40-41.

[110] 张米尔，张美珍，冯永琴. 技术标准背景下的专利池演进及专利申请行为 [J]. 科研管理，2012，33 (7)：67-73.

[111] 张平，马骁. 技术标准战略与知识产权战略的结合（下）[J]. 电子知识产权，2003 (02)：42-45.

[112] 张卫，王永贞. 基于制度与技术协同转化视角的经济发展 [J]. 淮北师范大学学报（哲学社会科学版），2015，36 (3)：52-55.

[113] 章新蓉，刘谊，陈煦江. 基于生命周期的高新技术企业政府补贴时机抉择——政府补贴、融资约束与创新能力的调节效应 [J]. 技术经济，2019 (1)：153-160.

[114] 赵旭梅. 专利保护宽度的国际趋同与创新博弈 [J]. 科研管理，2015，36 (9)：128-133.

[115] 周荃. 人民法院委托行业协会调解的实践及其规制——以金融纠纷调解为视角 [J]. 上海政法学院学报（法治论丛），2012，27 (1)：131-136.

[116] 周勇涛. 企业专利战略变化及实证研究 [M]. 北京：中国社会科学出版社，2013：87.

[117] 朱星华，刘彦，高志前. 标准化条件下应对专利壁垒的战略对策 [J]. 中国软科学，2005 (10)：11-25.

[118] 朱雪忠，乔永忠，万小丽. 基于维持时间的发明专利质量实证研究——以中国国家知识产权局1994年授权的发明专利为例 [J]. 管理世界，2009 (1)：49-55.

[119] Achilladelis B, Schwarzkopf A, Cines M. The Dynamics of Technological Innovation: The Case of the Chemical Industry [J]. Research Policy, 1990, 19 (1): 1-34.

[120] Achilladelis B. The Dynamics of Technological Innovation: The Sector of Antibacterial Medicines [J]. Research Policy, 1993, 22 (4): 279-308.

[121] Ames E. Research, Invention, Development and Innovation [J]. The American Economic Review, 1961, 51 (3): 370-381.

[122] Andersen B. The Hunt for S-shaped Growth Paths in Technological Innovation: A Patent Study [J]. Journal of Evolutionary Economics, 1999, 9 (4): 487-526.

[123] Andersson R, Quigley J M, Wilhelmsson M. Agglomeration and the Spatial Distribution of Creativity [J]. Papers in Regional Science, 2005, 84 (3): 445-464.

[124] Arthur W B. Competing Technologies, Increasing Returns, and Lock-in by Historical Events [J]. The Economic Journal, 1989, 99 (394): 116-131.

[125] Audretsch D B, Feldman M P. R&D Spillovers and the Geography of Innovation and Production [J]. The American economic review, 1996, 86 (3): 630-640.

[126] Baudry M, Dumont B. Patent Renewals as Options: Improving the Mechanism for Weeding Out Lousy Patents [J]. Review of Industrial Organization, 2006, 28 (1): 41-62.

[127] Blind K, GAUCH S. Research and Standardisation in Nanotechnology: Evidence from Germany [J]. The Journal of Technology Transfer, 2009, 34 (3): 320-342.

[128] Brockhoff K K. Instruments for Patent Data Analyses in Business Firms [J]. Technovation, 1992, 12 (1): 41-59.

[129] Burrows J H. Information Technology Standards in a Changing World: The Role of the Users [J]. Computer Standards and Interfaces, 1993, 15 (1): 49-56.

[130] Byrne B M, Golder P A. The Diffusion of Anticipatory Standards with Particular Reference to the ISO/IEC Information Resource Dictionary System Framework Standard [J]. Computer Standards & Interfaces, 2002, 24 (5): 369-379.

[131] Chan G Y M. Administrative Monopoly and the Anti-monopoly Law: An Examination of the Debate in China. Journal of Contemporary China, 2009: 18 (59), 263-283.

[132] Chang Y S, Baek S J. Limit to Improvement: Myth or Reality? Empirical Analysis of Historical Improvement on Three Technologies Influential in the Evolution of Civilization [J]. Technological Forecasting and Social Change, 2010, 77 (5): 712-729.

[133] Churchill Jr G A. A Paradigm for Developing Better Measures of Marketing Constructs [J]. Journal of Marketing Research, 1979 (16): 64-73.

[134] Colangelo M. Reverse Payment Patent Settlements in the Pharmaceutical Sector under EU and Us Competition Laws: A Comparative Analysis [J]. Social Science Electronic Publishing, 2017 (3): 471-503.

[135] Dunn S C, Seaker R F, Waller M A. Latent Variables in Business Logistics Research: Scale Development and Validation [J]. Journal of Business Logistics, 1994 (15): 145-145.

[136] Farrell J, Saloner G. Installed Base and Compatibility: Innovation, Product Preannouncements and Predation [J]. The American Economic Review, 1986, 76 (5): 940-955.

[137] Fornahl D, Brenner T. Geographic Concentration of Innovative Activities in Germany [J]. Structural Change and Economic Dynamics, 2009, 20 (3): 163-182.

[138] Freeman C. The National System of Innovation in Historical Perspective [J]. Cambridge Journal of Economics, 1995, 19 (1): 5-24.

[139] Ganglmair B, Werden G J. Patent Hold-up and Antitrust: How a Well-intentioned Rule Could Retard Innovation [J]. The Journal of Industrial Economics. 2012, 609 (2): 249-273.

[140] Gao L, Porter A L, Wang J, et al. Technology Life Cycle Analysis Method Based on Patent Documents [J]. Technological Forecasting and Social Change, 2013, 80 (3): 398-407.

[141] Gilbert R. Sharpiro C. Optimal Patent Length and Breadth [J]. The RAND Journal of Economics, 1990 (21): 106-112.

[142] Godin B. The Linear Model of Innovation the Historical Construction of an Analytical Ramework [J]. Science, Technology & Human Values, 2006, 31 (6): 639-667.

[143] Green J, Scotchmer S. On the Division of Profit in Sequential Innovation [J]. RAND Journal of Economics, 1995, 26 (1): 20 -33.

[144] Greenstein S M. Did Installed Base Give Anincumbentany (Measurable) Advantages in Federal Computer Procurement [J]. Rand Journal of Economics, 1993, 24 (1): 19-39.

[145] Haupt R, Kloyer M, Lange M. Patent Indicators for the Technology Life Cycle Development [J]. Research Policy, 2007, 36 (3): 387-398.

[146] Hemphill T A. Technology Standards-setting in the US Wireless Telecommunications Industry: A Study of Three Generations of Digital Standards Development [J]. Telematics and Informatics, 2009, 26 (1): 103-124.

[147] Hikkerova L, Kammoun N, Lantz J S. Patent Life Cycle: New Evidence [J]. Technological Forecasting and Social Change, 2014 (88): 313-324.

[148] Kamien M I, Schwartz N L. Patent Life and R&D Rivalry [J]. American Economic Review, 1974 (64): 183-187.

[149] Kang B, Motohashi K. Essential Intellectual Propertyrights and Inventors' Involvement in Standardization [J]. Research Policy, 2015, 44 (2): 483-492.

[150] Kaplan S, Tripsas M. Thinking About Technology: Applying A Cognitive Lens to Technical Change [J]. Research Policy, 2008, 37 (5): 790-805.

[151] Katz M L, Shapiro C. Network Externalities, Competition, and Compatibility [J]. The American Economic Review, 1985, 75 (3): 424-440.

[152] Langlois R N. The Vanishing Hand: The Changing Dynamics of Industrial Capitalism [J]. Industrial and Corporate Change, 2003, 12 (2): 351.

[153] Lanjouw J O, Schankerman M. Patent Quality and Research Productivity: Measuring Innovation with Multiple Indicators [J]. The Economic Journal, 2004 (114): 441-465.

[154] Lubica Hilclcerova, Niaz Kammoun, Jean-sebastien Lantz. Patent Life Cycle: New Evidence [J]. Technological Forecasting & Social Change, 2014 (88): 313-324.

[155] Maclaurin W R. The Sequence From Invention to Innovation and Its Relation to Economic Growth [J]. The Quarterly Journal of Economics, 1953, 67 (1): 97-111.

[156] Mansfield E. How Rapidly Does New Industrial Technology Leak Out [J]. The journal of Industrial Economics, 1985, 34 (2): 217-223.

[157] Meek B. There are too Many Standards and There are too Few [J]. Computer Standards and Interfaces, 1993, 15 (1): 35-41.

[158] Melero E, Palomeras N, Wehrheim D. The Effect of Patent Protection on Inventor Mobility [J]. Social Science Electronic Publishing, 2017, 12 (19): 186-201.

[159] Michael E, Porter. The Competitive Advantage of Nations [M]. New York: the Free Press, 1990: 855.

[160] Miller R, Olleros X, Molinie L. Innovation Games: A New Approach to the Competitive Challenge [J]. Long Range Planning, 2008 (41): 378-394.

[161] Moreno R, Paci R, Usai S. Spatial Spillovers and Innovation Activity in European Regions [J]. Environment And Planning A, 2005, 37 (10): 17-93.

[162] Murphree M, Dan B, Altschul B A, et al. Standards, Patents and National Competitiveness [J]. Information Security & Communications Privacy, 2017 (04): 247-265.

[163] Myers S, Marquis D G. Successful industrial Innovations: A Study of Factors Underlying Innovation in Selected Firms [M]. Washington DC: National Science Foundation, 1969: 17-69.

[164] Nahapiet J, Ghoshal S, Social Capital, Intellectual Capital, and the Organizational Advantage [J]. Academy of Management Review, 1998, 22 (2): 242-266.

[165] Pakes A. Patents as Options: Some Estimates of the Value of Holding European Patent Stocks [J]. Econo Metrica, Econometric Society, 1986, 54 (4): 755-784.

[166] Robey T N, John S. Management Controls in Industrial Research Organizations [J]. Nursing Research, 1954, 2 (3): 139.

[167] Rogers, E. M. Diffusion of Innovations [M]. New York: Free Press, 1983: 27-322.

[168] Ruttan V W. Usher and Schumpeter on Invention, Innovation, and Technological Change [J]. The quarterly journal of economics, 1959, 73 (4): 596-606.

[169] Scherer Fredrick M. Scherer F M. Nordhaus' Theory of Optimal Patent Life: A Geometric Reinterpretation [J]. The American Economic Review, 1972, 62 (3): 422-427.

[170] Schmookler J. Invention and Economic Growth [M]. Cambridge, Mass: Harvard, 1966: 322.

[171] Shane S. Prior Knowledge and the Discovery of Entrepreneurial Opportunities [J]. Organization Science, INFORMS, 2000, 11 (4): 448-469.

[172] Suh J H. Exploring the Effect of Structural Patent Indicators in Forward Patent Citation Networks on Patent Price from Firm Market Value [J]. Technology Analysis & Strategic Management, 2015, 27 (5): 485-502.

[173] Swann P. The Economics of Standardization: An Update [J]. Innovation and Skills (BIS), 2010, 5 (27): 1-61.

[174] Tang Y J, Yin W J. Anticompetitive Effects of Discriminatory Patent License Fee of Standard Essential Patents and Antimonopoly Policy [J]. China Industrial Economics, 2015 (8): 66-81.

[175] Tassey G. Standardization in Technology-based Markets [J]. Research Policy, 2000, 29 (4): 587-602.

[176] Thomas R E. Debugging Software Patents: Increasing Innovation and Reducing Uncertaining in the Judicial Reform of Software Patent Law [J]. Santa Clara High Technology law Journal, 2008 (25): 191.

[177] Utterback J M, Abernathy W J. A Dynamic Model of Process and Product Innovation [J]. Omega, 1975, 3 (6): 639-656.

[178] Utterback J M. Innovation in Industry and the Diffusion of Technology [J]. Science, 1974, 183 (4125): 620-626.

[179] Utterback J M. Radical Innovation and Corporate Regeneration [J]. Research-Technology Management, 1994, 37 (4): 10.

[180] Verspagen B, Schoenmakers W. The Spatial Dimension of Patenting by Multinational Firms in Europe [J]. Journal of Economic Geography, 2004, 4 (1): 23-42.

[181] Waguespack D M, Fleming L. Scanning the Commons? Evidence on the Benefits to Startups Participating in Open Standards Development [J]. Management Science, 2009, 55 (2): 210-223.

附 录

附录 1

技术创新、专利、标准协同转化影响因素专家认可度咨询表

第一部分 填写说明

您好!

感谢您在百忙之中参与问卷调查。

技术创新、专利、标准协同转化指技术创新的技术成果成功转化为专利后,专利进入标准,在市场上扩散,最后涉及专利的标准在市场上形成垄断,经历了技术创新成果专利化、专利标准化和标准垄断化三个演化进程。为实现我国自主创新产品成为涉及专利的标准并垄断市场,提升我国的核心技术竞争力,本调研试图通过对技术创新、专利、标准协同转化所经历的技术创新成果专利化、专利标准化和标准垄断化三个具体演化阶段的影响因素进行甄别和解析,旨在为我国企业的技术创新、专利、标准协同转化的发展路径提供事实与理论依据。

本调研仅供学术探讨,采用匿名的方式,我们对您所填写的信息绝对保密。烦请您在百忙中拨冗时间协助回答问卷,您的答案和意见对我们的研究帮助非常大。

真诚渴望得到您的热情帮助!

填表说明

本问卷共分三大部分,第一部分为填写说明,第二部分为具体的调研内容,第三部分为基本信息。

打分说明

每个影响因素后面都有三个选择项:认可、不确定、不认可。如果您认可该

影响因素，请在该影响因素的认可选项打钩（√），如果您不认可该影响因素，请在该影响因素的不认可选项打钩（√），如果您不确定，请在该影响因素的不确定选项打钩（√）。

第二部分　评价分析表

附表 1-1　第一阶段：技术创新成果专利化

目标层	准则层	影响因素层	认可度选项
技术创新成果专利化阶段	技术层面	突破性	认可（　）不确定（　）不认可（　）
		新颖性	认可（　）不确定（　）不认可（　）
		创造性	认可（　）不确定（　）不认可（　）
		实用性	认可（　）不确定（　）不认可（　）
	市场层面	市场的竞争机制	认可（　）不确定（　）不认可（　）
		市场技术替代者的影响	认可（　）不确定（　）不认可（　）
		消费者的预期	认可（　）不确定（　）不认可（　）
		客户价值的实现程度	认可（　）不确定（　）不认可（　）
		市场竞争者的影响	认可（　）不确定（　）不认可（　）
		市场模仿者的影响	认可（　）不确定（　）不认可（　）
	政府层面	政府对知识产权的保护力度	认可（　）不确定（　）不认可（　）
		政府对市场的引导	认可（　）不确定（　）不认可（　）
		国家创新战略	认可（　）不确定（　）不认可（　）
		国家知识产权战略	认可（　）不确定（　）不认可（　）
		政府的政策引导	认可（　）不确定（　）不认可（　）
技术创新成果专利化阶段	企业层面	企业领导层的专利意识	认可（　）不确定（　）不认可（　）
		企业专利战略	认可（　）不确定（　）不认可（　）
		企业开展专利研究的资金支持	认可（　）不确定（　）不认可（　）
		对市场机会的识别能力	认可（　）不确定（　）不认可（　）
		企业的自主研发创新能力	认可（　）不确定（　）不认可（　）
		企业的专利管理水平	认可（　）不确定（　）不认可（　）
		现代化管理水平	认可（　）不确定（　）不认可（　）
		技术发展战略	认可（　）不确定（　）不认可（　）

附表 1-2　第二阶段：专利标准化阶段

目标层	准则层	影响因素层	认可度选项
专利标准化阶段	技术层面	兼容性	认可（　）不确定（　）不认可（　）
		专利的内在价值	认可（　）不确定（　）不认可（　）
		突破性	认可（　）不确定（　）不认可（　）
		必要专利	认可（　）不确定（　）不认可（　）
	市场层面	消费者的预期	认可（　）不确定（　）不认可（　）
		市场安装基数	认可（　）不确定（　）不认可（　）
		客户价值的实现程度	认可（　）不确定（　）不认可（　）
	政府层面	国家对知识产权的保护力度	认可（　）不确定（　）不认可（　）
		国家标准战略	认可（　）不确定（　）不认可（　）
		标准化导向能力	认可（　）不确定（　）不认可（　）
		标准公共服务和管理水平	认可（　）不确定（　）不认可（　）
		政府的战略眼光	认可（　）不确定（　）不认可（　）
	企业层面	企业标准战略	认可（　）不确定（　）不认可（　）
		技术市场的推广能力	认可（　）不确定（　）不认可（　）
		企业知识产权防御强度	认可（　）不确定（　）不认可（　）
		专利与标准的管理水平	认可（　）不确定（　）不认可（　）
		市场领导力	认可（　）不确定（　）不认可（　）
		现代化管理水平	认可（　）不确定（　）不认可（　）
		市场导向能力	认可（　）不确定（　）不认可（　）

附表 1-3　第三阶段：标准垄断化阶段

目标层	准则层	影响因素层	认可度选项
标准垄断化阶段	技术层面	必要专利	认可（　）不确定（　）不认可（　）
		兼容性	认可（　）不确定（　）不认可（　）
		突破性	认可（　）不确定（　）不认可（　）
		代继性	认可（　）不确定（　）不认可（　）
	市场层面	较大的安装基数	认可（　）不确定（　）不认可（　）
		网络效应	认可（　）不确定（　）不认可（　）
		消费者的预期	认可（　）不确定（　）不认可（　）
		客户价值的实现程度	认可（　）不确定（　）不认可（　）

续表

目标层	准则层	影响因素层	认可度选项
标准垄断化阶段	政府层面	标准公共服务和管理水平	认可（ ）不确定（ ）不认可（ ）
		政府的政策和资金支持	认可（ ）不确定（ ）不认可（ ）
		标准化的导向能力	认可（ ）不确定（ ）不认可（ ）
		知识产权保护力度	认可（ ）不确定（ ）不认可（ ）
		国家标准战略	认可（ ）不确定（ ）不认可（ ）
	企业层面	企业知识产权防御体系	认可（ ）不确定（ ）不认可（ ）
		企业标准战略	认可（ ）不确定（ ）不认可（ ）
		技术联盟	认可（ ）不确定（ ）不认可（ ）
		市场领导力	认可（ ）不确定（ ）不认可（ ）

第三部分　基本信息

1. 您在哪里工作？　　　　　　　　　　　政府部门□　高校□　社会中介机构□　企业□
2. 您在单位从事哪方面的工作？　　　　　_____
3. 您参与过专利的申请和管理工作吗？　　是□　否□
4. 您参与过专利转化为标准的工作吗？　　是□　否□
5. 您参与过涉及专利的标准的推广工作吗？是□　否□
6. 请问在做这个调查的过程中，您是否有需要补充的内容？　_____

再次真诚地感谢您的作答！

如果您想要最终的结果，请留下您的邮箱，在成果最终完成后，我们会把相关的数据发送给您。您的邮箱是_____

附录 2

技术创新、专利、标准协同转化影响因素评价指标咨询表

第一部分 填写说明

您好!

感谢您在百忙之中参与问卷调查。

技术创新、专利、标准协同转化指技术创新的技术成果成功转化为专利后,专利进入标准,在市场上扩散,最后涉及专利的标准在市场上形成垄断,经历了技术创新成果专利化、专利标准化和标准垄断化三个演化进程。为实现我国自主创新产品成为涉及专利的标准并垄断市场,提升我国的核心技术竞争力,本调研试图通过对技术创新、专利、标准协同转化所经历的技术创新成果专利化、专利标准化和标准垄断化三个具体演化阶段的影响因素进行甄别和解析,旨在为我国企业的技术创新、专利、标准协同转化的发展路径提供事实与理论依据。

本调研仅供学术探讨,采用匿名的方式,我们对您所填写的信息绝对保密。烦请您在百忙中拨冗时间协助回答问卷,您的答案和意见对我们的研究帮助非常大。

真诚渴望得到您的热情帮助!

填表说明

1. 本问卷共分三大部分,第一部分为填写说明,第二部分为具体的调研内容,第三部分为基本信息。

2. 本书采用 AHP 层次分析法,请您客观打分,也不要漏掉某些选项,部分题目需要您手写输入内容。

打分说明

AHP 打分规则：对同一层次的两个不同变量之间用 1~9 打分，如附表 2-1 所示。

附表 2-1 打分标准

标度	相对比较（就某一准则而言）
1	同样重要
3	稍微重要
5	明显重要
7	重要得多
9	绝对重要
2、4、6、8	作为上述相邻判断的插值
上列各数的倒数	另一因素对原因素的反比

例如，A1 技术（纵向因素）与 A2 市场（横向因素）相比，同样重要，则打 1 分；若绝对重要则打 9 分；反之，A2 市场与 A1 技术相比绝对重要，则打 1/9 分。

第二部分 评价分析表

（1）原始创新成果专利化。

附表 2-2 技术创新成果专利化阶段准则层因素影响程度评分

	A1 技术	A2 市场	A3 政府	A4 企业
A1 技术	××			
A2 市场	××	××		
A3 政府	××	××	××	
A4 企业	××	××	××	××

附表 2-3 技术要素层对准则层的影响程度评分

	B1 新颖性	B2 创造性	B3 实用性	B4 突破性
B1 新颖性	××			
B2 创造性	××	××		
B3 实用性	××	××	××	
B4 突破性	××	××	××	××

附表 2-4　市场要素层对准则层的影响程度评分

	B5 竞争者、替代者和模仿者的影响	B6 消费者的预期	B7 客户价值的实现程度
B5 竞争者、替代者和模仿者的影响	××		
B6 消费者的预期	××	××	
B7 客户价值的实现程度	××	××	××

附表 2-5　政府要素层对准则层的影响程度评分

	B8 政策引导	B9 市场引导	B10 知识产权战略	B11 知识产权保护力度
B8 政策引导	××			
B9 市场引导	××	××		
B10 知识产权战略	××	××	××	
B11 知识产权保护力度	××	××	××	××

附表 2-6　企业要素层对准则层的影响程度评分

	B12 企业专利战略	B13 领导层的专利意识	B14 自主研发创新能力	B15 现代化管理水平	B16 市场机会识别
B12 企业专利战略	××				
B13 领导层的专利意识	××	××			
B14 自主研发创新能力	××	××	××		
B15 现代化管理水平	××	××	××	××	
B16 市场机会识别	××	××	××	××	××

（2）专利标准化。

附表 2-7　影响专利标准化的准则层因素影响程度评分

	C1 技术	C2 市场	C3 政府	C4 企业
C1 技术	××			
C2 市场	××	××		
C3 政府	××	××	××	
C4 企业	××	××	××	××

附表 2-8　技术要素层对准则层的影响程度评分

	D1 兼容性	D2 突破性	D3 必要专利
D1 兼容性	××		

续表

	D1 兼容性	D2 突破性	D3 必要专利
D2 突破性	××	××	
D3 必要专利	××	××	××

附表 2-9　市场要素层对准则层的影响程度评分

	D4 消费者预期	D5 市场安装基数	D6 客户价值的实现程度
D4 消费者预期	××		
D5 市场安装基数	××	××	
D6 客户价值的实现程度	××	××	××

附表 2-10　政府要素层对准则层的影响程度评分

	D7 知识产权保护力度	D8 标准战略	D9 标准化导向能力	D10 公共服务和管理水平
D7 知识产权保护力度	××			
D8 标准战略	××	××		
D9 标准化导向能力	××	××	××	
D10 公共服务和管理水平	××	××	××	××

附表 2-11　企业要素层对准则层的影响程度评分

	D11 企业标准战略	D12 专利和标准管理水平	D13 现代化管理水平	D14 技术市场推广能力	D15 市场领导力	D16 知识产权防御程度
D11 企业标准战略	××					
D12 专利和标准管理水平	××	××				
D131 现代化管理水平	××	××	××			
D14 技术市场推广能力	××	××	××	××		
D15 市场领导力	××	××	××	××	××	
D16 知识产权防御程度	××	××	××	××	××	××

（3）标准垄断化。

附表 2-12　影响标准垄断化的因素的影响程度评分

	E1 技术	E2 市场	E3 政府	E4 企业
E1 技术	××			
E2 市场	××	××		

续表

	E1 技术	E2 市场	E3 政府	E4 企业
E3 政府	××	××	××	
E4 企业	××	××	××	××

附表 2-13　技术要素层对准则层的影响程度评分

	F1 必要专利	F2 兼容性	F3 突破性	F4 代继性
F1 必要专利	××			
F2 兼容性	××	××		
F3 突破性	××	××	××	
F4 代继性	××	××	××	××

附表 2-14　市场要素层对准则层的影响程度评分

	F5 消费者预期	F6 市场安装基数	F7 网络效应	F8 客户价值的实现程度
F5 消费者预期	××			
F6 市场安装基数	××	××		
F7 网络效应	××	××	××	
F8 客户价值的实现程度	××	××	××	××

附表 2-15　政府要素层对准则层的影响程度评分

	F9 标准战略	F10 知识产权保护力度	F11 标准化导向能力	F12 公共服务和管理水平
F9 标准战略	××			
F10 知识产权保护力度	××	××		
F11 标准化导向能力	××	××	××	
F12 公共服务和管理水平	××	××	××	××

附表 2-16　企业要素层对准则层的影响程度评分

	F13 企业标准战略	F14 知识产权防御体系	F15 市场领导力	F16 技术联盟
F13 企业标准战略	××			
F14 知识产权防御体系	××	××		
F15 市场领导力	××	××	××	
F16 技术联盟	××	××	××	××

第三部分　基本信息

1. 您在哪里工作？	政府部门□　高校□　社会中介机构□　企业□
2. 您在单位从事哪方面的工作？	_____
3. 您参与过专利的申请和管理工作吗？	是□　否□
4. 您参与过专利转化为标准的工作吗？	是□　否□
5. 您参与过涉及专利的标准的推广工作吗？	是□　否□
6. 请问在做这个调查的过程中，您是否有需要补充的内容？	_____

再次真诚地感谢您的作答！

如果您想要最终的结果，请留下您的邮箱，在成果最终完成后，我们会把相关的数据发送给您。您的邮箱是_____

附录 3
创新成果专利化关键问题评价指标问卷表

第一部分 填写说明

您好!

感谢您在百忙之中参与问卷调查。

创新成果专利化一般分为原始创新、引进再创新和集成创新专利化三种类型。各种创新成果在专利化的过程中都会遇到许多问题,但每种成果遇到的关键性问题是有所差别的,应当有所侧重地去解决。本调研试图对这三种创新成果专利化过程中的问题进行甄别,找出在创新成果专利化过程中遇到的关键性问题,旨在为创新成果所有者实现专利化提供事实与理论依据。

本调研仅供学术探讨,采用匿名的方式,我们对您所填写的信息绝对保密。烦请您在百忙中拨冗时间协助回答问卷,您的答案和意见对我们的研究帮助非常大。

真诚渴望得到您的热情帮助!

填表说明

1. 本问卷共分三大部分,第一部分为填写说明,第二部分为具体的调研内容,第三部分为基本信息。

2. 本书采用 AHP 层次分析法,请您客观打分,也不要漏掉某些选项,部分题目需要您手写输入内容。

打分说明

AHP 打分规则:对同一层次的两个不同变量之间用 1~9 打分,如附表 2-1 所示。

第二部分　评分表

（1）原始创新成果专利化。

附表 3-1　原始创新成果专利化准则层评分

	A1 技术	A2 市场	A3 管理	A4 政策	A5 法律
A1 技术	××				
A2 市场	××	××			
A3 管理	××	××	××		
A4 政策	××	××	××	××	
A5 法律	××	××	××	××	××

附表 3-2　技术层要素对准则层的影响程度评分

	A11 技术要素	A12 技术竞争情况	A13 技术生命周期
A11 技术要素	××		
A12 技术竞争情况	××	××	
A13 技术生命周期	××	××	××

附表 3-3　市场层要素对准则层的影响程度评分

	A21 专利关系处理	A22 市场选择
A21 专利关系处理	××	
A22 市场选择	××	××

附表 3-4　管理层要素对准则层的影响程度评分

	A31 信息管理	A32 成本管理	A33 机构设置
A31 信息管理	××		
A32 成本管理	××	××	
A33 机构设置	××	××	××

附表 3-5　政策层要素对准则层的影响程度评分

	A41 本国政策	A42 他国政策
A41 本国政策	××	
A42 他国政策	××	××

附表3-6　法律层要素对准则层的影响程度评分

	A51 保护程度	A52 权力归属	A53 诉讼纠纷
A51 保护程度	××		
A52 权力归属	××	××	
A53 诉讼纠纷	××	××	××

（2）引进消化再吸收成果专利化。

附表3-7　引进消化再吸收成果专利化准则层评分

	B1 技术	B2 市场	B3 管理	B4 政策	B5 法律
B1 技术	××				
B2 市场	××	××			
B3 管理	××	××	××		
B4 政策	××	××	××	××	
B5 法律	××	××	××	××	××

附表3-8　技术层要素对准则层的影响程度评分

	B11 技术要素	B12 技术竞争情况	B13 技术生命周期
B11 技术要素	××		
B12 技术竞争情况	××	××	
B13 技术生命周期	××	××	××

附表3-9　市场层要素对准则层的影响程度评分

	B21 专利关系处理	B22 市场选择
B21 专利关系处理	××	
B22 市场选择	××	××

附表3-10　管理层要素对准则层的影响程度评分

	B31 信息管理	B32 成本管理	B33 机构设置
B31 信息管理	××		
B32 成本管理	××	××	

续表

	B31 信息管理	B32 成本管理	B33 机构设置
B33 机构设置	××	××	××

附表 3-11　政策层要素对准则层的影响程度评分

	B41 本国政策	B42 他国政策
B41 本国政策	××	
B42 他国政策	××	××

附表 3-12　法律层要素对准则层的影响程度评分

	B51 保护程度	B52 权力归属	B53 诉讼纠纷
B51 保护程度	××		
B52 权力归属	××	××	
B53 诉讼纠纷	××	××	××

（3）集成创新成果专利化。

附表 3-13　集成创新成果专利化准则层评分

	C1 技术	C2 市场	C3 管理	C4 政策	C5 法律
C1 技术	××				
C2 市场	××	××			
C3 管理	××	××	××		
C4 政策	××	××	××	××	
C5 法律	××	××	××	××	××

附表 3-14　技术层要素对准则层的影响程度评分

	C11 技术要素	C12 技术竞争情况	C13 技术生命周期
C11 技术要素	××		
C12 技术竞争情况	××	××	
C13 技术生命周期	××	××	××

附表 3-15　市场层要素对准则层的影响程度评分

	C21 专利关系处理	C22 市场选择
C21 专利关系处理	××	
C22 市场选择	××	××

附表 3-16　管理层要素对准则层的影响程度评分

	C31 信息管理	C32 成本管理	C33 机构设置
C31 信息管理	××		
C32 成本管理	××	××	
C33 机构设置	××	××	××

附表 3-17　政策层要素对准则层的影响程度评分

	C41 本国政策	C42 他国政策
C41 本国政策	××	
C42 他国政策	××	××

附表 3-18　法律层要素对准则层的影响程度评分

	C51 保护程度	C52 权力归属	C53 诉讼纠纷
C51 保护程度	××		
C52 权力归属	××	××	
C53 诉讼纠纷	××	××	××

第三部分　基本信息

1. 您的性别？	男□　女□
2. 您在何种组织从事（过）与专利标准相关的工作？	企业□　高校□　政府及事业单位□
3. 您从事专利相关工作的年限？	大于 10 年□　7~10 年□　4~6 年□　0~3 年□
4. 您的职称情况？	高级职称□　副高级职称□　中级□　初级及以下□
5. 您认为自己对指标熟悉程度如何？	熟悉□　比较熟悉□　一般□　不太熟悉□

再次真诚地感谢您的作答！

如果您想要最终的结果，请留下您的邮箱，在成果最终完成后，我们会把相关的数据发送给您。您的邮箱是_____

附录 4
专利标准化关键问题评价指标问卷表

第一部分　填写说明

您好！

感谢您在百忙之中参与问卷调查。

专利标准化分为四个阶段：专利角逐标准、专利影响标准、专利占领标准、专利影响标准。专利在标准化的过程中都会遇到许多问题，但每个阶段遇到的关键性问题是有差别的，应当有所侧重地去解决。本调研试图对专利标准化四个阶段的问题进行甄别，找出在专利标准化过程中遇到的关键性问题，旨在为专利所有者实现标准化提供事实与理论依据。

本调研仅供学术探讨，采用匿名的方式，我们对您所填写的信息绝对保密。烦请您在百忙中拨冗时间协助回答问卷，您的答案和意见对我们的研究帮助非常大。

真诚渴望得到您的热情帮助！

填表说明

1. 本问卷共分三大部分，第一部分为填写说明，第二部分为具体的调研内容，第三部分为基本信息。

2. 本书采用 AHP 层次分析法，请您客观打分，也不要漏掉某些选项，部分题目需要您手写输入内容。

打分说明

AHP 打分规则：对同一层次的两个不同变量之间用 1~9 打分，如附表 2-1 所示。

第二部分　评分表

(1) 专利角逐标准阶段。

附表 4-1　专利角逐标准阶段准则层评分

	A1 技术	A2 市场	A3 管理	A4 政策	A5 法律
A1 技术	××				
A2 市场	××	××			
A3 管理	××	××	××		
A4 政策	××	××	××	××	
A5 法律	××	××	××	××	××

附表 4-2　技术层要素对准则层的影响程度评分

	A11	A12	A13
A11	××		
A12	××	××	
A13	××	××	××

注：A11 代表技术是否具有创新性，A12 代表技术是否具有良好的兼容性，A13 代表技术是否具备良好的延续性。

附表 4-3　市场层要素对准则层的影响程度评分

	A21	A22
A21	××	
A22	××	××

注：A21 代表如何处理好市场上相关专利的关系，A22 代表如何扩大用户基数。

附表 4-4　管理层要素对准则层的影响程度评分

	A31	A32	A33
A31	××		
A32	××	××	
A33	××	××	××

注：A31 代表专利信息的管理，A32 代表专利人才培养体系的问题，A33 代表战略规划问题。

附表4-5　政策层要素对准则层的影响程度评分

	A41	A42
A41	××	
A42	××	××

注：A41代表如何利用本国政策的扶持，A42代表是否对他国政策进行了解。

附表4-6　法律层要素对准则层的影响程度评分

	A51	A52	A53
A51	××		
A52	××	××	
A53	××	××	××

注：A51代表专利法是否能够充分保障专利权，A52代表是否对其他国家的法律进行了解，A53代表是否能有效地处理法律诉讼。

(2) 专利影响标准。

附表4-7　专利影响标准阶段准则层评分

	B1 技术	B2 市场	B3 管理	B4 政策	B5 法律
B1 技术	××				
B2 市场	××	××			
B3 管理	××	××	××		
B4 政策	××	××	××	××	
B5 法律	××	××	××	××	××

附表4-8　技术层要素对准则层的影响程度评分

	B11	B12	B13
B11	××		
B12	××	××	
B13	××	××	××

注：B11代表厘清专利技术的必要性问题，B12代表如何穿越"专利丛林"，B13代表如何增强对专利引用关系的控制能力。

附表4-9　市场层要素对准则层的影响程度评分

	B21	B22
B21	××	
B22	××	××

注：B21代表是否打造配套协作网络，B22代表如何抵御现有标准体系的打压。

附表 4-10　管理层要素对准则层的影响程度评分

	B31	B32	B33
B31	××		
B32	××	××	
B33	××	××	××

注：B31 代表如何加强营销管理，B32 代表如何进行同行之间的关系管理，B33 代表如何进行政府关系管理。

附表 4-11　政策层要素对准则层的影响程度评分

	B41	B42
B41	××	
B42	××	××

注：B41 代表如何利用本国政策的扶持，B42 代表是否对他国政策进行了解。

附表 4-12　法律层要素对准则层的影响程度评分

	B51	B52
B51	××	
B52	××	××

注：B51 代表专利法是否能够对打压行为进行抵制，B52 代表专利纠纷的处理效率问题。

（3）专利占领标准。

附表 4-13　专利占领标准准则层评分

	C1 技术	C2 市场	C3 管理	C4 政策	C5 法律
C1 技术	××				
C2 市场	××	××			
C3 管理	××	××	××		
C4 政策	××	××	××	××	
C5 法律	××	××	××	××	××

附表 4-14　技术层要素对准则层的影响程度评分

	C11	C12	C13
C11	××		
C12	××	××	
C13	××	××	××

注：C11 代表是否有配套技术，C12 代表是否促进了技术共生系统的形成，C13 代表是否构建技术联盟。

附表 4-15　市场层要素对准则层的影响程度评分

	C21	C22	C23
C21	××		
C22	××	××	
C23	××	××	××

注：C21 代表如何构建专利族群，C22 代表如何利用网络的外部性，C23 代表如何找到合适的正反馈回路。

附表 4-16　管理层要素对准则层的影响程度评分

	C31	C32
C31	××	
C32	××	××

注：C31 代表政府如何对专利市场进行管理，C32 代表专利所有者对专利信息的管理。

附表 4-17　政策层要素对准则层的影响程度评分

	C41	C42
C41	××	
C42	××	××

注：C41 代表政府是否能够对标准化建设进行全面的指导和协调，C42 代表政府如何立足战略性的高度推动专利与标准的融合。

附表 4-18　法律层要素对准则层的影响程度评分

	C51	C52
C51	××	
C52	××	××

注：C51 代表专利法如何打击专利信息的隐瞒行为，C52 代表是否能够对专利权进行有效的保护。

（4）专利垄断标准。

附表 4-19　专利垄断标准准则层评分

	D1 技术	D2 市场	D3 管理	D4 政策	D5 法律
D1 技术	××				
D2 市场	××	××			
D3 管理	××	××	××		
D4 政策	××	××	××	××	
D5 法律	××	××	××	××	××

附表 4-20 技术层要素对准则层的影响程度评分

	D11	D12
D11	××	
D12	××	××

注：D11 代表如何避免被新兴技术取代的风险，D12 代表如何致力于技术闭环的形成。

附表 4-21 市场层要素对准则层的影响程度评分

	D21	D22	D23
D21	××		
D22	××	××	
D23	××	××	××

注：D21 代表如何形成强大的专利网络，D22 代表如何对市场进行锁定，D23 代表如何成为国际市场的垄断标准。

附表 4-22 管理层要素对准则层的影响程度评分

	D31	D32
D31	××	
D32	××	××

注：D31 代表政府如何对垄断进行管控，D32 代表专利标准化的管理部门的建立。

附表 4-23 政策层要素对准则层的影响程度评分

	D41	D42	D43
D41	××		
D42	××	××	
D43	××	××	××

注：D41 代表政府是否能够有效地调控垄断，D42 代表专利企业如何在政策制约下发展，D43 代表对他国的专利法进行了解。

附表 4-24 法律层要素对准则层的影响程度评分

	D51	D52
D51	××	
D52	××	××

注：D51 代表专利法是否有效遏制垄断专利的不正当行为，D52 代表是否能有效处理法律诉讼。

第三部分　基本信息

1. 您的性别？	男□　女□
2. 您在何种组织从事（过）与专利标准相关的工作？	企业□　高校□　政府及事业单位□
3. 您从事专利相关工作的年限？	大于10年□　7~10年□　4~6年□　0~3年□
4. 您的职称情况？	高级职称□　副高级职称□　中级□　初级及以下□
5. 您认为自己对指标熟悉程度如何？	熟悉□　比较熟悉□　一般□　不太熟悉□

再次真诚地感谢您的作答！

如果您想要最终的结果，请留下您的邮箱，在成果最终完成后，我们会把相关的数据发送给您。您的邮箱是＿＿＿＿＿＿＿＿＿＿＿＿＿＿＿＿＿＿＿＿＿

附录 5

标准垄断化关键问题评价指标问卷表

第一部分 填写说明

您好！

感谢您在百忙之中参与问卷调查。

标准垄断化分为事实标准垄断化和法定标准垄断化两种类型。标准在实现垄断化的过程中都会遇到许多问题，但两种标准化遇到的关键性问题是有差别的，应当有所侧重地去解决。本调研试图对两类标准垄断化过程中的问题进行甄别，找出两种标准在垄断化过程中遇到的关键性问题，旨在为专利所有者实现垄断化提供事实与理论依据。

本调研仅供学术探讨，采用匿名的方式，我们对您所填写的信息绝对保密。烦请您在百忙中拨冗时间协助回答问卷，您的答案和意见对我们的研究帮助非常大。

真诚渴望得到您的热情帮助！

填表说明

1. 本问卷共分三大部分，第一部分为填写说明，第二部分为具体的调研内容，第三部分为基本信息。

2. 本书采用 AHP 层次分析法，请您客观打分，也不要漏掉某些选项，部分题目需要您手写输入内容。

打分说明

AHP 打分规则：对同一层次的两个不同变量之间用 1~9 打分，如附表 2-1 所示。

第二部分 评分表

（1）事实标准垄断化。

附表 5-1　事实标准垄断化准则层评分

	A1 技术	A2 市场	A3 管理	A4 政策	A5 法律
A1 技术	××				
A2 市场	××	××			
A3 管理	××	××	××		
A4 政策	××	××	××	××	
A5 法律	××	××	××	××	××

附表 5-2　技术层要素对准则层的影响程度评分

	A11	A12	A13
A11	××		
A12	××	××	
A13	××	××	××

注：A11 代表技术是否具有创新性，A12 代表技术是否具有必要性，A13 代表技术是否具备良好的动态时效性。

附表 5-3　市场层要素对准则层的影响程度评分

	A21	A22	A23
A21	××		
A22	××	××	
A23	××	××	××

注：A21 代表事实标准是否能持续锁定市场，A22 代表如何不断扩大网络效应，A23 代表事实标准是否能持续推进正反馈回路。

附表 5-4　管理层要素对准则层的影响程度评分

	A31	A32
A31	××	
A32	××	××

注：A31 代表事实标准主体的关系管理，A32 代表事实标准中专利池的管理。

附表 5-5　政策层要素对准则层的影响程度评分

	A41	A42
A41	××	
A42	××	××

注：A41 代表是否对事实标准进行了全面的规划，A42 代表是否对标准垄断化进行适当干预。

附表 5-6　法律层要素对准则层的影响程度评分

	A51	A52
A51	××	
A52	××	××

注：A51 代表私有协议引起反垄断诉讼问题，A52 代表强制许可对垄断化进程形成阻碍的问题。

(2) 专利影响标准。

附表 5-7　法定标准垄断化准则层评分

	B1 技术	B2 市场	B3 管理	B4 政策	B5 法律
B1 技术	××				
B2 市场	××	××			
B3 管理	××	××	××		
B4 政策	××	××	××	××	
B5 法律	××	××	××	××	××

附表 5-8　技术层要素对准则层的影响程度评分

	B11	B12	B13
B11	××		
B12	××	××	
B13	××	××	××

注：B11 代表法定标准中专利技术替代性问题，B12 代表法定标准中专利技术先进性问题，B13 代表法定标准中专利技术的动态时效性问题。

附表 5-9　市场层要素对准则层的影响程度评分

	B21	B22
B21	××	
B22	××	××

注：B21 代表如何完善相关的市场配套，B22 代表法定标准是否积极强化"锁定效应"。

附表 5-10　管理层要素对准则层的影响程度评分

	B31	B32	B33
B31	××		
B32	××	××	
B33	××	××	××

注：B31 代表如何对法定标准的主体关系进行管理，B32 代表企业是否具有较好的专利管理能力，B33 代表是否有专门的管理机构对这些标准进行管理。

附表 5-11　政策层要素对准则层的影响程度评分

	B41	B42
B41	××	
B42	××	××

注：B41 代表政府相关政策对技术研发的鼓励力度，B42 代表政府相关政策体系是否完善。

附表 5-12　法律层要素对准则层的影响程度评分

	B51	B52
B51	××	
B52	××	××

注：B51 代表如何对法定标准中的专利许可义务进行规定，B52 代表专利法是否能有效地制止不正当的垄断行为。

第三部分　基本信息

1. 您的性别？　　　　　　　　　　　　男□　女□
2. 您在何种组织从事（过）与专利标准相关的工作？　　　企业□　高校□　政府及事业单位□
3. 您从事专利相关工作的年限？　　　大于 10 年□　7~10 年□　4~6 年□　0~3 年□
4. 您的职称情况？　　　　　　　　　高级职称□　副高级职称□　中级□　初级及以下□
5. 您认为自己对指标熟悉程度如何？　熟悉□　比较熟悉□　一般□　不太熟悉□

再次真诚地感谢您的作答！

如果您想要最终的结果，请留下您的邮箱，在成果最终完成后，我们会把相关的数据发送给您。您的邮箱是＿＿＿＿＿＿＿＿＿＿＿＿＿＿＿＿＿＿